반도를 떠나
대륙을 품다

나남
nanam

김현주 교수의 홀로 세계여행기

반도를 떠나 대륙을 품다

2014년 3월 1일 발행
2014년 3월 1일 1쇄

지은이 • 김현주
발행자 • 趙相浩
발행처 • (주) 나남
주소 • 413-120 경기도 파주시 회동길 193
전화 • (031) 955-4601(代)
FAX • (031) 955-4555
등록 • 제 1-71호(1979.5.12)
홈페이지 • http://www.nanam.net
전자우편 • post@nanam.net

ISBN   978-89-300-8740-7
ISBN   978-89-300-8655-4(세트)

책값은 뒤표지에 있습니다.

김현주 교수의 홀로 세계여행기

반도를 떠나
대륙을 품다

나남
nanam

더는 늦출 수 없었던 세계 여행!

지난 4년 반 동안 갖은 사연을 엮어준 세계의 산과 들, 도시와 바다가 눈에 밟힌다. 인생을 살면서 여행보다 강렬한 기억이 또 있을까? 언제 그 많은 낯선 곳들을 헤맸느냐는 듯 지금은 능청스레 일상으로 돌아와 있지만 눈앞에는 겁 없이 도전했던 미지의 세계가 여러 겹의 잔상이 되어 자꾸만 어른거린다.

'세계 여행'이란 나 혼자만의 로망은 아닐 듯하다. 분주한 일상과 씨름하며 지내야 하는 우리 모두에게 세계 여행은 마음속으로만 그리는 꿈일지도 모른다. 1984년 미국 유학길에 오르기 위해 이 땅을 떠난 것이 나에게는 첫 세계 여행이었다. 김포국제공항을 이륙한 노스웨스트 항공기는 인천 앞바다에서 크게 한 바퀴 돌며 동쪽으로 방향을 틀더니 속력을 내어 한반도를 횡단했다. 20분 남짓 걸렸을까? 창밖으로 강릉 앞바다 백사장이 보였다. 일본의 1/4, 터키의 1/8, 인도의 1/30, 호주의 1/77, 중국의 1/97, 미국의 1/98, 러시아의 1/173 …. 대한민국, 참 작은 나라이다. 그 안에서 28년 동안 갇혀 산 청춘이 억울하기까지 했다. 그날 이후 드넓은 세계를 품고 싶다는 꿈을 그친 적은 없지만 실행에 옮길 엄두는 내지 못했다.

무언가 해야 할 일이 있는 것 같아서, 미리 계획한 일이 있어서, 참석해야 할 회의가 있어서, 마감 날짜가 임박한 논문이 있어서, 아니면 동행할 친구가 없어서 망설이고 미루었다. 그렇게 시간이 흘러 어느덧 중년의 나이가 되었다. 더는 늦출 수 없었다. 튼튼한 두 다리가 있고 세계에 대한 호기심과 열정이 여전히 식지 않은 지금, 바로 결행하기로 작정했다. 여정은 가야 할 곳과 가고 싶은 곳, 그리고 갈 수 있는 곳 사이에서 타협하며 자유롭게 꾸몄다. 그리고 매 여행마다 동반자를 모집하는 것이 어려워 아예 솔로 여행으로 시작해보기로 했다. 다행히 솔로 여행에 금방 익숙해졌다. 아니, 솔로 여행의 매력에 점점 빠져들었다.

여행을 통해 세계인들을 만나면 만날수록 인간은 아름다운 존재임을 확인하게 되었다. 인종의 차이, 언어의 차이, 이데올로기의 차이 … 그 어느 것도 인류가 추구하는 보편적 가치 앞에서는 의미가 없었다. 누구나 자유로운 가운데 인간으로서의 존엄을 누리고 싶어 하고, 명예를 중시하며, 건강하고 안전하게 살고 싶어 한다. 그리고 부모를 정성껏 잘 모시고 싶어 하며 자녀를 좀더 좋은 환경에서 키우고 싶어 한다는 것을 확인했다.

해마다 여름과 겨울이 되면 어딘가로 떠나기를 4년 반. 떠났다 하면 짧게는 보름, 길게는 한 달 넘게 미지의 세계 구석구석을 탐방했다. 횟수로는 총 13번, 56개국 수백 개의 도시를 지나쳤다. 거리로 환산한다면 총 32만 킬로미터로, 지구를 8번 돈 셈이다. 항공권 발권부터 숙소,

현지 이동수단 예약까지 모든 준비는 혼자 했다. 그 과정에서 겪는 시행착오는 산지식이 되었다. 여행지에 대한 정보가 많을수록 시간과 비용을 절약할 수 있고 정신적으로도 풍요로운 여행이 된다는 것 또한 깨달았다. 세상은 넓고 가보고 싶은 곳은 많지만 그러기엔 인생이 길지 않음을 아쉬워했다. 하나하나 계획했던 여행을 무사히 마칠 때마다 성취감에 도취되기도 했다. 첫 여행지 인도네시아를 시작으로 인도, 중동, 지중해와 남유럽, 북아프리카, 동유럽과 서유럽을 지나 남아메리카까지 진출했다. 틈틈이 인도차이나와 중앙아시아를 다녀왔고 중국 내륙, 오세아니아와 태평양, 동아프리카, 그리고 시베리아를 다녀오니 나의 세계지도를 점점 정복할 수 있었다.

그 과정에서 수많은 세계인들을 만났다. 말레이시아 고도(古都) 말라카에서 만났던 파란 눈의 중국인, 인도 콜카타 테레사 하우스까지 태워준 사연 많은 얼굴의 릭샤 노인, 예루살렘의 속살을 보여주겠다며 안내를 자청했던 이스라엘 청년 일란, 바게트 샌드위치를 두 통이나 건네준 명랑한 이탈리아 시칠리 가족, 슬금슬금 경찰 눈치를 보면서도 할 말은 다하는 스페인 마드리드 이민자 대변인 페루 목사, 모스크바 국제공항에서 만난 북한 남성 김현성, 불가리아 소피아대학 한국어과 출신 남성 몸칠, 브라질 상파울루에서 만난 고운 차림의 교포 할머니들, 박칼린을 똑 닮은 중국 시안 서양시(西洋市) 카페 여주인, 중국 윈난 성 쿤밍에서 긴 시간 말동무가 되어준 늠름한 티베트인 3부자, 일요 미사에서 환영사를 해주어 나를 감동케 한 동티모르 신부, 배 멀미로 탈진한 내가 기운을 차릴 때까지 곁에서 돌봐준 탄자니아 아주머니 등 생각나는 얼굴이 한둘이 아니다. 이처럼 가는 곳마다 만난 많은 이들의 응원 덕분에 고된 여행길을 힘을 내어 이어갈 수 있었다.

여행을 다니는 동안 기록한 여행기도 방대한 양에 도달했다. 원고지 4천 매, 책 1,080쪽의 분량이다. 이를 줄이고 줄여 책 한 권의 분량으로 엮는 일은 예삿일이 아니었다. 나름대로 각각 사연이 있는 이야기인데 그것들을 잘라내는 것은 마치 추억의 한 토막을 도려내는 것 같았다. 줄이다 보니 남아메리카, 중국 내륙, 동아프리카, 그리고 시베리아 이렇게 4편의 여행기가 남았다. 마침 모두 지리적으로 멀거나 상대적으로 낯선 지역이다 보니 《반도를 떠나 대륙을 품다》라는 그럴싸한 책 제목이 나온다.

졸고가 세상에 나오기까지 많은 분들의 격려가 있었다. 요즘 세상에 아무나 하는 것이 세계 여행인데 단순히 개인 블로그 정도에 공개하면 충분할 것을 새삼스레 책을 출간하려 하느냐며 망설이는 나를 떠밀다시피 한 분들도 있었지만 어떤 분들은 세계 일주라는 것을, 그것도 중년이 지난 나이에 아무나 할 수 있는 일은 아니라며 격려의 말씀을 해주셨다. 세계 여행이 완성되기까지 나의 부재를 너그러이 이해해준 동료 교수들께 미안하고 고마운 마음을 이제야 전한다. 눈치를 주기는커녕 매번 장도(壯途)를 응원하면서 건네준 인사는 큰 힘이 되었다. 또한 방학마다 연락이 잘되지 않는 것을 이상히 여긴 몇몇 지인들이 나의 세계여행을 눈치채기 시작하면서 해준 많은 격려 또한 큰 힘이 되었다.

누구보다도 고마워해야 할 사람은 아내이다. 매번 마음 졸이며 남편이자 가장의 무사귀환을 기다리게 한 것에 대한 미안함이 가장 크다. 다녀온 여행지가 점점 늘어나면서 이러다가는 세계일주 여행이 되겠다는 겁 없는 욕심이 들 무렵까지 끝내 싫은 내색 하지 않고 나의 별난 여행을 끝까지 격려해준 아내에게 고맙다.

　나남출판 조상호 사장은 어수룩한 원고를 출간할 기회를 열어준 것만으로도 고마운데 여행 에세이는 이렇게 쓰는 것이 옳지 않겠는가 하며 글재주 없는 필자에게 방향을 잡아주었다. 파주출판단지에 있는 출판사를 드나들며 책을 준비하는 과정에서 그와 나눈 대화들이 소중하다. 언론의병장을 칭하며 나남을 출판명가(名家)로 키운 그의 철학을 접하는 것은 큰 배움이었다.

　곧 책이 나올 법도 한데 더디기만 한 나남의 편집작업에 한동안 조바심이 나기도 했다. 그러나 나남을 통해 세상에 나온 수천 권의 책 하나하나가 여러 사람의 섬세한 눈길을 거쳤다는 것을 깨달으면서 조바심은 고마움으로 바뀌었다. 저널리즘보다 훨씬 더 엄격한 팩트 체킹(fact checking) 절차를 거쳐야 했다. 아무리 에세이라지만 검증되지 않은 주장, 공감을 불러일으키기 어려운 의견은 한갓 감상에 지나지 않는다는 것을 나남 편집진이 시시각각 보내오는 교정지를 통해 깨닫게 되었다. 초라한 민낯의 원고가 깔끔하게 단장한 얼굴로 독자를 만나게 되니 여간 기쁜 일이 아니다. 내가 걸으며 느꼈던 세계가 독자들의 가슴속에도 벅찬 감동을 줄 수 있다면 더할 나위 없는 보람일 것이다.

2014년 2월

여심(旅心)을 자극하는 안개가 깔린 늦겨울 밤

김 현 주

나남신서 1740

김현주 교수의 홀로 세계여행기

반도를 떠나 대륙을 품다

차 례

남아프리카공화국 –
남아메리카 여행
Republic of South Africa -
South America

2011. 12. 25 ~ 2012. 1. 22

서울·인천 — 홍콩 — 요하네스버그 — 케이프타운 — 리우데자네이루 — 상파울루 —
발파라이소 — 키토 — 쿠스코 — 마추픽추 — 리마 — 푼타아레나스 — 토레스 델 파이네 —
산티아고 — 이과수 폭포 — 부에노스아이레스 — 요하네스버그 — 홍콩 — 서울·인천

키토

마추픽추

리마

브라질

쿠스코

상파울루   리우데자네이루

이과수 폭포

태평양

산티
아고

발파라이소

부에노스아이레스

아르헨티나

토레스 델 파이네

푼타아레나스

대서양

남아프리카
공화국

출발

요하네스버그

케이프타운

인도양

남아메리카는 우리나라에서 지구 반대편 아득히 먼 곳이다. 쉽게 갈 수 있는 곳이 아니지만 그곳은 아프리카와 함께 앞으로의 인류성장 터전인 동시에 마지막 남은 기회의 땅이다. 거대한 이 대륙에는 여행자를 유혹하는 곳이 많다. 세계 최대의 이과수폭포(Iguazu Falls), 잉카의 슬픈 전설이 깃든 페루 마추픽추(Machu Picchu), 눈 덮인 안데스(Andes)의 연봉, 칠레 파타고니아 해안의 피오르드와 빙하, 바닷길이 그물처럼 얽힌 대륙 남쪽 끝 마젤란해협(Magellan Strait) 등 가 보고 싶은 곳이 많으니 이번 여행이 더욱 기대된다.

남아메리카는 어린 시절부터 내 마음을 설레게 했다. 언젠가 쓸모 있으리라 기대하며 젊은 시절 스페인어를 배우기도 했다. 브라질로 이민 간 소꿉친구에 대한 그리움, 사이먼 앤 가펑클(Simon and Garfunkel)의 〈엘 콘도르 파사〉(El Condor Pasa)를 들으며 동경하게 된 잉카 … 마음속에 품은 지 오래된 남아메리카로 드디어 떠난다.

유럽에 있는 이베리아 반도(Iberia Peninsula)를 여행하며 언젠가 꼭 남아메리카를 다녀오리라 굳은 결심을 했다. 이제는 유럽의 낙오자라는 오명을 썼지만 스페인과 포르투갈은 유럽 세력 중 가장 먼저 바닷길에 올라 전 세계에 걸친 제국을 건설한 나라가 아닌가? 나는 그들이 대서양 너머 신대륙에 세운 문명을 보고 싶었고, 그곳에 퍼뜨린 언어를 직접 듣고 싶었다.

마드리드의 솔 광장(Plaza de la Puerta del Sol)을 가득 메우고 주일 미사를 드리는 페루 이민자들의 고향, 바르셀로나의 람블라스 거리(Ramblas Street) 남쪽 끝 광장에 서있는 콜럼버스 동상의 손가락 끝이 가리키는 대서양 건너에 닿고 싶었다.

북반구에 위치한 한국과 계절이 정반대인 남반구, 남아메리카로 떠나는 여행은 시기를 정하는 것부터 결정이 쉽지 않다. 남아메리카의 여름, 다시 말해 한국의 계절이 겨울일 때 떠나려 하니 모임이 많은 연말(年末), 연말연시(年末年始), 설 명절 등이 마음에 걸린다. 그 시기에 한 달 이상의 시간을 내기란 쉽지 않았다.

게다가 한국에서 남아메리카까지, 그리고 현지에서도 명소들의 이동거리가 먼 까닭에 준비해야 할 것들이 많았다. 국제선 항공권, 남아메리카대륙 일주에 필요한 항공권(총 11구간), 마추픽추 국립공원 입장권, 마추픽추의 관문인 아과스칼리엔테스(Aguascalientes)행 열차표 등을 챙기느라 수많은 웹사이트를 들락거렸다. 마지막으로 대학시절에 배운 스페인어에 대한 기억을 되살리고 스페인어 포켓 사전까지 장만하니 여행준비는 완료됐다.

1
서울 → 홍콩 → 요하네스버그

일차 성탄절 저녁 8시, 아시아나항공을 타고 홍콩으로 향한다. 항공기는 만석이다. 가장 저렴한 항공권을 예매했는데 비즈니스석으로 배정되었다. 앞으로의 긴 여행을 응원해주는 좋은 징조라 생각하며 편안히 이동한다. 이륙한 지 3시간 30분 만에 도착한 홍콩 국제공항 출국장은 늦은 시각인데도 많은 사람들로 붐빈다.

남아메리카로 향하는 다양한 항공노선　서울에서 남아메리카로 가는 노선은 매우 다양하다. 서울의 대척점의 위치에 있는 상파울루까지 가는 노선은 대한항공에서 운영하는 서울-로스앤젤레스-상파울루 노선 외에도 서울-캐나다-상파울루(캐나다항공), 서울-유럽-상파울루(프랑크푸르트항공), 서울-이스탄불-상파울루(터키항공), 서울-도하-상파울루(카타르항공), 서울-두바이-상파울루(아랍에미리트항공) 등으로 매우 다양하다.

　이 중에서 나는 남아프리카공화국을 방문하고자 요하네스버그를 경유하는 남아프리카항공(South African Airways)을 선택했다.

인도양을 가로지르다　홍콩에서 요하네스버그까지는 10,700킬로미터, 13시간 30분이 걸리는 장거리 노선인지라 걱정이 많았는데 다행히 옆 좌석이 비어 편하게 이동했다. 항공기는 인도차이나 반도, 태국 남부, 말레이시아 반도, 인도네시아 수마트라 섬을 횡단하여 인도양 망망대해 위를 난다. 수많은 탐험가, 무역상, 식민자, 그리고 노예들이 지나간 길이다.

2 프리토리아 → 요하네스버그 → 케이프타운

일차 홍콩을 출발한 지 10시간이 지나니 마다가스카르 상공이다. 요하네스버그까지 3시간 남았다. 자로 그은 듯 반듯한 아프리카대륙 동남부 해안선을 만난 지 한 시간이 지난 오전 7시 (현지시각) O. R. 탐보 국제공항(O. R. Tambo)에 도착했다. 입국 절차는 매우 신속하게 이루어졌다. 입국카드를 작성할 필요도 없다. 입국장을 나와 수하물 보관소에 가방을 맡기고 오후 5시 45분 케이프타운행 항공 출발시각까지 프리토리아(Pretoria)와 요하네스버그 시내 일부를 탐방하기로 한다.

남아프리카공화국 개관 남아프리카공화국 인구는 5천 3백만 명(2012년 기준), 면적은 122만 제곱킬로미터로 남한의 12배가 넘는다. 1인당 GDP는 7,508달러(2012, World Bank)로서 아프리카에서는 꽤 높은 편이지만 빈부격차가 심하다. 인구는 백인 11%, 흑인 77%(기타 12%)로 구성되어 있지만 공항 같은 곳에는 압도적으로 백인이 많다.

1652년에 시작된 백인들의 케이프타운으로의 이주와 함께 1910년 2차 보어(Boer) 전쟁을 기점으로 시작된 백인 통치는 1994년 넬슨 만델라(Nelson Mandela)가 이끄는 아프리카민족회의(ANC)에 의해 끝이 났다.

요하네스버그는 사하라 이남 아프리카 GDP의 10%를 담당하는 아

남아메리카공화국 주요 도시

프리카 최대 도시로, 네덜란드 개척자들이 마타벨레족(Matabele)을 몰아내고 건설한 도시이다. 요하네스버그는 도심이 높은 범죄율과 인구이탈로 인해 쇠락할 즈음 도시외곽 샌튼(Sandton, 1973년 설립), 로즈뱅크(Rosebank, 1976년 설립)와 같은 지역이 도심기능을 분담해 더욱 발전하였다.

  2010년 월드컵에 맞춰 개통한 초고속 도시철도 가우트레인(Gautrain)을 타고 시내로 향한다. 칼튼센터(Carlton Center)를 비롯하여 멀리 요하네스버그 도심의 스카이라인이 보인다. 요하네스버그는 해발 1,800미터 내륙고원에 위치하기 때문에 강우량이 적고 여름 기후가 매우 선선하다. 곳곳에 있는 널찍한 공원은 미국이나 유럽 도시 못지않게 아름답다. 남아프리카공화국 사람들은 요하네스버그가 세계 제일의 녹색도시라는 자부심을 갖고 있다. 과거 백인주거지역 중심의 녹화사업이 이제는 도심 외곽 유색인종주거지역으로까지 확장되고 있다니 다행스런 일이다.

대중교통이 불편한 요하네스버그   요하네스버그를 비롯한 남아프리카 공화국의 도시 내 대중교통은 매우 불편하다. 가우트레인은 요금이 비싸기 때문에 대중교통이라고 말하기는 어렵다. 제대로 된 버스노선도 없는데다 연휴기간인 까닭에 그나마 다니던 버스들도 다니질 않는다. 가난한 흑인들은 먼 거리를 걸어 학교와 직장을 다닐 수밖에 없으니 참 안타깝다. 얼마 전 경기도청에 근무하는 지인으로부터 요하네스버그의 시 당국자들이 한국의 대중교통 시스템에 대해 배우기 위해 다녀갔다는 얘기를 들은 것이 생각난다.

이곳의 대중교통이 열악한 이유는 유색인종들이 백인주거지역에서 함부로 돌아다니지 못하게 하기 위한 아파르트헤이트(Apartheid, 인종차별정책)와 관련이 있지 않을까 생각한다. 인종차별이 철폐된 지 20년 가까이 되었지만 아파르트헤이트 시절의 흔적이 곳곳에 남아 있어 침울한 분위기가 감돈다.

도시 외곽 빈민촌   시내 초입 말보로(Marlboro)역에 내려 프리토리아행 가우트레인 열차로 환승한다. 말보로역은 요하네스버그의 대표적인 흑인주거지역인 알렉산드라(Alexandra) 귀퉁이에 자리 잡고 있지만 역 구내는 경비가 삼엄하기 때문에 치안 걱정을 할 필요는 없다. 역 입구부터 흑인 하층민들의 누추한 집들이 쭉 이어진다. 포장도로도 녹지도 없는 그야말로 먼지만 날리는 황량한 땅이다.

열차는 프리토리아를 향하여 드넓은 초원을 가로질러 북쪽으로 달린다. 잘 경작된 땅, 그 옆으로 종횡무진 이어진 도시고속도로 … 알렉산드라 빈민촌의 절망적인 모습이 프리토리아 외곽의 부유한 백인주거지역과 무척이나 대비된다. 생각에 잠겨 있는 사이 열차는 프리토리아 중앙역에 닿는다. 오전 9시쯤 된 시각이다.

남아프리카공화국 행정수도 프리토리아　요하네스버그에서 북쪽으로 50킬로미터 위치에 있는 프리토리아는 남아프리카공화국의 행정수도로서 1855년 네덜란드 개척자 집단의 리더 프레토리우스(Pretorius)가 건설한 도시이다. 프리토리아는 아프리카너(Afrikaner, 남아프리카 백인)들의 활동 중심지인데다 백인의 구성비가 높은 도시였지만 1994년 유니언빌딩(Union Buildings)에서의 넬슨 만델라의 대통령 선서를 통해 남아프리카 인종차별의 중심지라는 오명을 벗었다.

프리토리아 시내 풍경　프리토리아 역은 아프리카 블루 트레인(Blue Train)의 시발점으로서 콜로니얼 양식의 역사(驛舍)가 눈에 띈다. 휴일 이른 아침인지라 거리에 사람이 드문데다 흑인 몇 명만이 어슬렁거리고 있어 공연히 긴장하지만 곧 익숙해진다. 역에서 두 블록쯤 걸으니 시청사, 시청사 광장의 프레토리우스(Pretorius) 동상, 그리고 트란스발박물관(Transvaal Museum)이 한데 모여 있다. 휴일인데도 박물관이 개장해 반가운 마음으로 관람한다. 동·식물, 광물 등 전시물이 방대하다.

　행정수도라는 타이틀 때문인지 거리는 넓고 깨끗하며 공원녹지가 잘 가꾸어져 있다. 인근에 문화사박물관(Museum of Cultural History)이 있지만 안타깝게도 휴관이다. 교통편이 없어 한참을 걸어 폴 크루거(Paul Kruger) 하우스까지 가보았지만 역시 휴관이다. 터덜터덜 걸

남아프리카공화국 정부종합청사 프리토리아 유니언빌딩

어 되돌아오는데 웬일인지 츠와니 처치 광장(Tshwane Church Square) 근처로 사람들이 늘기 시작한다. 처치 스트리트(Church Street)를 따라 하염없이 걸으니 국립극장이 보인다. 1981년에 건립한 것으로 오페라, 오케스트라, 발레 등 다양한 공연이 열리는 곳이다.

역사의 현장 유니언빌딩　국립국장에서 동쪽으로 약 20분을 더 걸으니 유니언빌딩, 즉 정부종합청사가 보인다. 넓은 잔디밭을 지나 언덕 위에 위치한 유니언빌딩은 전형적인 영국식 설계로 되어 있다. 넬슨 만델라의 대통령 취임식이 열렸던 역사(歷史)의 현장에 올라서니 감개무량하다. 세계의 환호가 쏟아졌던 바로 그곳이다. 노천계단과 공원 사이에는 전몰장병 추모벽이 있고 한국전 참전 희생자(전사 30명, 실종 8명) 명단도 있다. 여기저기를 둘러본 후 언덕 위, 유니언빌딩에서 도시를 바라보니 그 풍경이 일품이다.

아직 사라지지 않은 아파르트헤이트　미니버스를 타고 햇즈필드 가우
트레인역으로 향했다. 아프리카 최초의 도시고속철도로 객실 안에는
최신 교통수단이 신기한 듯 구경삼아 나온 가족단위 승객들이 많다.
모두가 열차 앞에서 사진을 찍느라 분주하다.

　유독 백인이 많은 열차 안은 아파르트헤이트 시절을 떠올리게 한다.
인종차별정책이라는 제도는 사라졌을지 모르나 아직 현실에는 알게 모
르게 그 흔적이 남아 있을 것이다. 수백 년의 백인통치로 인한 유색인
종 차별과 불평등은 사람들의 마음과 기억 속에 오랫동안 남아 있을 것
이다.

　40분 후 가우트레인은 로즈뱅크 종점에 도착한다. 로즈뱅크역 바로
앞에는 쇼핑몰과 벼룩시장이 있다. 로즈뱅크를 벗어나 샌튼역으로 이
동한다. 근처에는 요하네스버그에서 가장 큰 쇼핑몰인 미켈란젤로 쇼
핑몰(Michaelangelo Mall)이 있고 그 가운데에는 넬슨 만델라 광장
(Nelson Mandela Square)이 있다. 넬슨 만델라 동상 앞에서는 많은 사
람들이 사진을 찍느라 정신없다. 쇼핑몰 또한 많은 사람들이 인산인해
를 이룬 것이 세계 여느 도시와 다를 바 없다.

요하네스버그공항 풍경　케이프타운행 출발시각에 맞추어 공항으로
향한다. 이곳 시내와 공항에는 한국 기업들의 존재가 두드러진다. 공
항 내부의 모니터는 삼성 혹은 LG가 주를 이루고 한국 자동차도 자주
눈에 띈다. 케이프타운 국제공항에는 의외로 말레이시아항공, 싱가포
르항공, 카타르항공, 에미레이트항공 등 아시아와 중동 계열 항공기
들도 운행된다. 두 시간 정도 휴식을 취한 후 케이프타운행 항공기에

넬슨 만델라 동상 앞에서 기념사진을 찍느라 분주한 사람들의 모습

몸을 싣고 케이프 플래츠로 이동한다.

케이프 플랫츠　공항 청사 입구에서 공항셔틀버스(약 8천 원)를 타고 시내로 들어간다. 그 길가에 케이프 플랫츠(Cape Flats) 빈민가가 끝없이 펼쳐진다. 지대가 낮고 평평해 플랫츠라는 이름이 지어진 이 지역은 백인 차별정부가 유색인주거지역으로 지정한 곳으로, 정부는 유색인들에게 백인전용지역인 도심을 떠나 이곳에 정착하도록 강요했다. 이 지역은 '아파르트헤이트의 쓰레기장'이라고도 불린다. 주거지역 지정, 통행증, 인구등록법과 같은 악명 높은 차별제도가 몸서리치게 한다.

숙소는 공항버스 종점인 시빅 센터(Civic Centre)에서 걸어서 5~6분 거리에 있지만 어둡고 인적이 드문 거리를 홀로 걸어야 하는 게 부담이다. 누군가 뒤에서 쫓아오는 것 같아 괜스레 신경 쓰인다. 나 또한 잘못된 편견 때문에 공연히 신경 쓰는 것 아닐까? 남아프리카공화국에 온 지 겨우 하루가 지났을 뿐이니 적응이 필요한 것이라 생각하며 스스로를 달래본다.

인천공항을 떠난 후 비행기에서 19시간, 게다가 하루 종일 프리토리아, 요하네스버그 시내를 탐방했더니 몸이 고단하다. 숙소에 들어와 휴식의 시간을 갖는다. 침대에 누우니 천국이 따로 없다.

3

케이프타운

일차

케이프타운 약사 남아프리카공화국의 입법수도인 케이프타운은 네덜란드 동인도회사가 유럽에서 아프리카 대륙 동해안, 인도, 아시아로 항해하는 선박의 보급기지로 개발한 도시이다. 1486년 포르투갈인 바르솔로미우 디아즈(Bartholomew Diaz)가 희망봉을 발견해 인도양 항로를 개척했다고 하지만 포르투갈의 흔적은 찾아보기 어렵다. 대신 1652년 얀 반 리벡(Jan van Riebeeck)이 남아프리카에 정착한 최초의 유럽인으로 기록된다. 19세기 후반 골드러시에 따른 요하네스버그의 급성장 이전까지 남아프리카 최대의 도시였던 케이프타운은 1795년 영국이 잠시 점령했다가 네덜란드에 돌려주었으나 결국 영국에 할양되어 케이프 식민지의 수도가 되었다. 서구 열강의 각축장이었던 이곳은 세계에서 가장 분주한 항로 중 하나인 남대서양 항로의 중심 항구로서 발전을 거듭하고 있다.

시티투어버스 시차 적응을 위해 어젯밤 챙겨 먹은 멜라토닌과 가벼운 수면제가 제 역할을 했는지 가벼운 발걸음으로 하루를 시작한다.

깨끗하고 널찍한 거리에서는 노점상들이 개점 준비를 한다. 성 조지 몰(St. George Mall)을 거슬러 올라가 시티투어버스 승차장에서 2층 버스를 탔다(1일 자유권 약 2만 원). 요하네스버그와는 달리 케이프타운에서는 15분 간격으로 시티투어버스가 운행하니 고마울 따름이다.

과거 백인주거지역이었던 시내의 분위기는 여느 유럽 도시와 같이 우아하고 고즈넉하다. 네덜란드식 혹은 영국식 주택, 공원, 그리고 교

케이프타운 시가지 뒤로 모습을 드러낸 테이블 마운틴

회가 늘어선 거리를 지나니 유대인박물관이 보인다. 의사당, 디스트릭트 식스(District Six)를 지난 버스는 굿호프 성(Castle Good Hope) 앞에 정차한다. 펜타곤 구조의 성으로 17세기 네덜란드 정착자들이 이민족들의 침입을 막기 위해 축조한 곳이다.

보카프(Bo Kaap) 말레이 주거지역을 지나 클로프넥(Klopf Neck)에 오르니 테이블 마운틴(Table Mountain)행 케이블카역(Lower Cable Station)이다. 테이블 마운틴행 케이블카 왕복표(약 3만 원)를 구입하고 정상에 오른다. 4분 만에 해발 1,086미터 정상에 닿는다. 1929년부터 운행을 시작한 이 케이블카는 둥근 내부구조로, 회전을 하기 때문에 어디에서든 사방을 조망할 수 있다.

아프리카 대륙 남쪽 끝에 와서 대서양을 조망하는 감회가 깊다. 저 멀리 만델라가 18년 동안 투옥되었던 형무소가 있는 로벤섬(Robben Island)이 보인다.

남아프리카공화국의 언어와 아프리칸스어 남아프리카공화국에서는 영어, 줄루어(Isizulu) 등 다양한 언어가 통용된다. 언어학에 관련해서는 문외한이지만 굳이 느낀 바를 말하자면 남아프리카 영어의 억양은 미국식 영어와 비슷하다. 차이가 있다면 문장 끝을 올려 말하는 것이 특징인 것 같다. 남아프리카공화국은 음운학적으로 분류할 때 영국, 미국, 인도, 호주와 함께 세계 5대 영어권에 속한다. 이곳에서 통용되는 언어가 많기도 하고 매우 복잡해 박물관과 같은 공공시설에는 10여 개의 언어가 동시 표기되어 있을 정도다. 방송도 마찬가지다. 주로 영어로 방송되지만 아프리칸스어(Afrikaans language)와 줄루어로 방송되는 경우도 자주 있다.

여러 공용어 중 아프리칸스어는 네덜란드어를 뿌리로 하지만 영어, 토착어, 말레이어, 아랍어 등이 섞여 만들어진 일종의 피진어(pidgin)로서 융합 네덜란드어인 셈이다. 여담으로 네덜란드와 앙숙이었던 영국인들은 아프리칸스어를 '세상에서 가장 추한 언어'라고 싫어했다고 한다.

세계 7대 자연경관 테이블 마운틴 산 정상이 평평하고 넓은 테이블 마운틴은 그 이름처럼 책상 모양을 하고 있다. 각종 희귀 동·식물이 분포하여 세계 천연자원 보호지로 지정된 명소인 이곳은 올해(2011년) 제주도 등과 함께 세계 7대 자연경관에 선정되었다. 안타깝게도 오늘은 구름에 갇혀 빼어난 경관이 제대로 보이지 않아 아쉽다.

날씨와 풍광으로 축복받은 케이프타운　테이블 마운틴 케이블카역을 떠난 투어버스는 대서양을 지나 빅토리아 앤 알프레드 워터프런트 (Victoria & Alfred Waterfront)로 향한다. 이곳 사람들이 세상에서 가장 아름다운 해안이라고 자랑스러워하는 곳이다. 캠프스 베이(Camps Bay) 해변에 도착하니 뜨거운 햇살이 산 정상에서 느꼈던 한기를 녹여준다. 육지의 오염물을 바다로 쓸어내는 강한 동남풍(이곳 사람들은 이 바람을 'Cape Doctor'라고 부른다) 때문인지 공기가 한없이 상쾌하다. 해변에 있는 사람들의 표정은 모두 하나같이 밝다. 설레는 마음으로 대서양 바닷물에 발을 담가본다. 한여름의 날씨임에도 바닷물은 매우 차다. 해변을 걸으며 아름다운 날씨와 풍광을 만끽하니 조물주께 감사드리지 않을 수 없다.

빅토리아 앤 알프레드 워터프런트　긴 해변도로를 따라 달린 버스는 빅토리아 앤 알프레드 워터프런트에서 운행을 끝낸다. 노벨 광장(Nobel Square)에는 남아프리카공화국의 노벨상 수상자 루툴리(Luthuli), 투투 (Tutu), 데클레르크(de Klerk), 그리고 만델라(Mandela)의 동상이 있다. 일부러 불균형적으로 만든 동상은 처음 보는 관광객들에게 친근감을 준다. 워터프런트는 휴일 인파와 차량으로 가득하다. 서서히 구름이 걷히고 저 멀리 테이블 마운틴이 보인다.

위터프런트에서 점심식사 후 오전에 익힌 투어버스 노선을 따라 도시 명소 몇 곳을 더 방문하기 위해 버스에 올랐다. 부두를 떠나 컨벤션센터(CTICC: Cape Town International Convention Centre)를 지나니 로터리 가운데에 바르솔로미우 디아즈 동상이 옛 포르투갈의 영광을 말해준다. 시내 중심의 애덜리(Adderley) 거리에는 전몰용사 추모비가 있다. 성 조지 성당(St. George Cathedral)에서 하차한 뒤 퀸 빅토리아 거리(Queen Victoria Street)를 걷는다. 성 조지 성당은 1989년 9월 13일 3만 명이 운집하여 케이프타운 평화행진(Cape Town Peace March)을 시작한 곳이다. 컴퍼니(Company) 정원에는 많은 시민들이 그늘에 앉아 여유를 즐긴다.

인구등록법 퀸 빅토리아 거리를 따라 오르다보면 오른쪽에 오래된 석조건물이 하나 있는데, 바로 그곳이 고등법원 부속건물로서 아파르트헤이트 시절 악명을 떨친 인종분류국(Race Classification Board)이 자리했던 곳이다. 건물 앞에는 '유색인전용'(Non-Whites Only)이라는 단어가 새겨진 벤치가 상징적으로 남아 있다.

1950~1991년까지 남아프리카공화국 국민들은 인구등록법(Population Registration Act)에 따라 백인부터 반투족(Bantu)까지 피부색이나 곱슬머리 여부 등 신체 형질에 따라 7등급으로 분류되었다. 인종 분류라고 하지만 지극히 단순하고 주먹구구였다. '명백히 백인으로 보이지 않으면 비(非)백인' 식이었다. 그러다 보니 한 가족이 서로 다른 인종으로 분류되기도 하고 유색인이 백인으로 분류되는 일도 있었다고 한다.

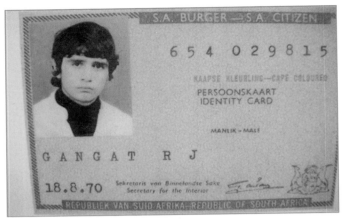

인구등록법에 따른 신분증으로
인도계로 보이는 사진 속 인물은 유색인종으로 분류되어 있다.

디스트릭트 식스 박물관   이어서 찾아간 곳은 디스트릭트 식스(District Six) 박물관이다. 이곳은 원래 유색인종지역이었으나 20세기 초반 항구 확장에 따라 도심 주거지가 부족해지자 백인전용지역으로 변경되었다고 한다. 이 지역의 모든 집들은 멸실되고 6만 명이 넘는 유색인종 주민들은 다른 지역으로 강제 이주되었다.

인종구역 간 경계는 고속도로나 오염된 하천으로 구분되었고, 그러한 구분이 없는 곳에는 두 구역 사이에 군부대나 골프장을 배치했다고 한다. 박물관 입구 외벽에는 "피부색으로 인해 정든 곳을 떠나야 했던 수많은 사람들에게 용서를 구한다"라는 글을 실은 현판이 있어 마음을 먹먹하게 한다.

보카프(말레이) 지역   버스가 언덕길을 오르니 보카프 지역이다. 네덜란드인들이 케이프타운 항구를 확장하면서 부족한 노동력을 확보하기 위해 인도네시아 등지에서 데려온 노예들의 후손이 거주하는 지역이다. 네덜란드 동인도회사는 인도네시아(당시 이름 바타비아) 뿐만 아니라 모잠비크, 앙골라 등에서도 노예를 데리고 왔다.

참고로 네덜란드는 17세기 초 동인도회사 설립 직후부터 제2차 세계대전 직후까지 350여 년 동안 인도네시아를 통치했다. 1834년 12월 1일 노예해방일(Emancipation Day) 이후 해방된 인도네시아 노예들이 정착한 곳이 바로 보카프이다.

언덕 위 양지바른 곳에 자리 잡은 보카프 지역에서는 멀리 대서양과 테이블 마운틴이 온전히 보인다. 다양한 색으로 외벽을 칠한 집들과 군데군데 위치한 이슬람 사원이 독특한 분위기를 자아낸다. 바다를 바라보며 떠나온 고향을 그리워했을 그들의 모습이 떠오른다. 거리를 오가는 사람들은 어느 인종에 속하는지 알 수 없을 만큼 모두 비슷하다. 겹겹이 쌓인 케이프타운의 역사를 말해주는 듯하다. 어느 집에서는 카레향이 나고 이슬람 사원 확성기는 코란 낭송을 시작한다. 케이프타운이 전 세계에서 가장 다인종, 다문화 도시라는 말을 실감한다.

고마운 바람, 케이프 닥터 보카프에서 시내에 있는 숙소까지 걷다 보니 센트럴마켓을 지나친다. 오후 5시가 조금 지났을 뿐인데 상가들이 문을 닫는다. 그 대신 근처에 있는 노점상들이 야시장을 열기 위해 준비하기에, 잠시 기다렸다가 포도를 푸짐하게 샀다. 숙소로 돌아와 여행일지를 정리하는데 강한 바람이 불어 야자수를 흔든다. 바로 케이프 닥터 바람이다.

남아프리카공화국에서의 이틀째 밤이 이렇게 저문다. 너무 많이 걸었는지 발에 물집이 잡혔다. 낯선 곳에 대한 호기심이 아니라면 무엇이 이 고단함을 견디게 해줄까?

4주 후, 남아메리카에서 귀국하는 길에 요하네스버그에서 하루를 더 보내며 아파르트헤이트박물관을 방문할 계획이다. 남아프리카공화국 여행에서 가장 중요한 일정이지 않을까 한다. 혼자 하는 여행이기에 상대적으로 안전한 지역 위주로 다니다 보니 소웨토(SOWETO; Southwestern Township: 요하네스버그 남서부의 흑인 거주구역) 등 남아프리카공화국의 다른 모습은 보지 못해 아쉽다.

4

일차 **케이프타운 → 요하네스버그 환승 → 브라질 상파울루**

케이프타운 시내 아침 풍경　오늘부터 또다시 긴 이동을 한다. 요하네스버그까지 이동한 후 남대서양을 건너 상파울루(São Paulo) 까지 10시간(8,700킬로미터)의 긴 비행을 해야 한다. 브라질은 한국의 대척점(*antipode*)으로 어떤 루트를 선택하든 서울에서 출발하면 비행시간만 최소 27시간이 걸리는 먼 곳이다.

아침에 일어나니 구름 한 점 없이 하늘이 맑아 테이블 마운틴이 온전히 모습을 드러낸다. 케이프타운의 아침거리는 출근 인파로 분주하다. 말끔하게 차려입은 사람들이 중앙역 통근열차에서 내려 바쁜 걸음으로 일터로 향한다.

케이프타운 중앙역 앞 대로에는 세계 각국의 전쟁에 참여한 남아프리카공화국 전사들의 영혼을 위로하는 추모비가 있다. 또한 영국연방군으로 참전한 한국전 희생자들을 추모하는 조형물도 있다. 시빅 센터에서 출발한 공항버스는 20분도 채 안 되어 케이프타운 국제공항에 도착한다. 2박 3일간의 짧은 일정이었지만 아프리카의 과거, 현재, 미래의 모습을 모두 볼 수 있었다.

케이프타운공항 보딩브리지(boarding bridge) 벽면에는 우리나라의 현대자동차가 독점광고를 하고 있다. 자동차 위주의 교통체계를 가진 남아프리카공화국이 아주 거대한 자동차 시장이라는 점을 우리나라 기업이 주시하고 있다는 뜻이다.

요하네스버그행 여객기가 정시에 이륙한다. 창밖으로 아프리카 대륙 서남단 희망봉 해안 절벽으로 대서양의 거친 파도가 부딪쳐 부서지는 모습이 보인다. 희망봉의 처음 지어진 이름이 '폭풍의 곶'인 이유를 알 것 같다.

요하네스버그에 도착한 뒤 환승하기 위해 서둘러 움직인다. 게이트에 사람들이 점점 모이기 시작한다. 인종이 매우 다양하다. 브라질의 인종 구성을 미리 엿본다. 상파울루행 항공기는 다행히 듬성듬성 빈자리가 있다. 나는 항공기 장거리 이동일 경우 뒷좌석을 선호한다. 소음이 크긴 하지만 가끔씩 빈 좌석이 있어 몸을 움직일 여유공간이 생기기 때문이다.

남아메리카 대륙에 발을 딛다　상공에서 바라본 인도양이 그랬듯이 대서양 또한 섬 하나 없는 망망대해다. 북반구가 육반구(陸半球)라면 남반구는 수반구(水半球)라는 지리 교과서의 설명이 정확하게 맞다. 요

브라질 주요 도시

하네스버그 이륙 후 9시간 30분, 브라질 시각으로 밤 11시 45분에 상파울루 과룰류스(Guarulhos) 국제공항에 도착함으로써 남아메리카 대륙에 첫발을 디딘다. 인류는 적도 너머 남반구에도 이렇게 찬란한 문명을 건설했다. 브라질 인구는 1억 9천만 명(2011년 기준), 면적은 세계 5위(러시아, 캐나다, 미국, 중국, 브라질 순), 그리고 1인당 소득은 1만 1천 달러(2012, World Bank)이다.

브라질의 역사는 1500년 포르투갈인 페드로 알바레스 카브랄(Pedro Alvaréz Cabral)이 브라질을 발견하고 식민화하면서 시작된다. 바르솔로미우 디아즈와 바스코 다 가마가 희망봉과 동방항로를 개척한 바로 그 시기다. 에스파냐가 신대륙을 발견하고 국토회복(La Reconquista, 이베리아 반도 기독교도들의 이슬람세력 축출)을 이룬 것 또한 이 시기이니, 돌이켜보면 이베리아 반도에 서광이 비추었던 때이다.

5

일차

상파울루 → 리우데자네이루

터미널행 공항버스에 오른다. 30분 후 도착한 치에테(Tietê) 버스터미널은 규모가 매우 크다. 브라질 전역은 물론이고 우루과이, 파라과이, 아르헨티나, 칠레 등으로 가는 장거리 국제버스도 있다고 한다. 연말연시에 버스표를 구하는 것이 쉽지 않았지만 다행히 상파울루 -리우데자이네루(리우) 왕복표를 구했다.

브라질에서는 영어가 거의 통용되지 않아 겨우 할 줄 아는 몇 마디의 스페인어와 몸동작으로 버스표를 사는 데 성공했다. 포르투갈어의 중요성을 느끼면서도, 브라질과 같이 관광자원이 많은 국가에서 영어가 통용되지 않으면 해외관광객 유치에 한계가 있지 않을까 하는 의구심도 들었다.

물가가 비싼 상파울루　버스에 오르기 전 간단히 요기를 하기 위해 바게트와 커피 한 잔을 주문했는데 그 가격이 무려 12헤알(Real, 약 8천 원)이다. 한 가지 예를 더 들면, 고속버스 요금의 경우 우리나라 서울-부산의 거리와 비슷한 상파울루-리우의 고속버스 요금은 한화로 5만 원~6만 5천 원이다(서울-부산 고속버스 요금은 3만 4천 원이다. 게다가 우등좌석 기준 가격이다). 세계에서 물가가 가장 비싼 도시 중 하나라는 말이 틀리지 않은 것 같다. 1인당 소득이 1만 달러 남짓한 나라의 물가 수준이 이 정도라면 도대체 서민들의 삶은 얼마나 각박한 것일까? 고속 경제성장과 인플레이션의 그늘이 짙다.

리우 개관   2014년 FIFA 월드컵 개최지(브라질은 1950년에 이어 두 번째로 월드컵을 개최한다)이자 최초로 남아메리카 대륙에서 하계 올림픽을 개최하는 도시 리우는 남위 23.5도 남회귀선에 근접하여 열대 사바나 기후의 축복으로 연중 온화하다. 리우라는 도시 이름은 '1월의 강'이라는 뜻으로, 1502년 1월 1일 포르투갈 원정대가 브라질에 발을 디딤으로써 유럽인들이 최초로 상륙한 날에서 유래되었다.

17세기 중후반까지 리우는 사탕수수 재배지역에 불과했으나 17세기 후반 금, 다이아몬드, 철광이 발견되면서 브라질 바이아주 사우바도르(Salvador)에 있던 수도가 리우로 옮겨올 정도로 비약적인 발전을 이뤘다. 또한 1808년에는 나폴레옹의 포르투갈 침공으로 리스본 왕실 전체가 리우로 옮겨오기도 했다.

1955년 대통령으로 당선된 쿠비체크(Kubitschek)가 선거공약을 이행한다는 구실로 1960년 수도를 브라질리아(Brasilia)로 옮기면서 수도로서의 역할은 끝났다. 하지만 리우는 여전히 브라질의 정치, 경제, 교육, 문화의 중심지로 남아 있다.

리우 가는 길   새벽 6시 정각에 떠난 버스는 곧 상파울루 외곽을 지난다. 경공업 공장으로 보이는 건물들이 산재해 있는 모습은 우리나라의 경제성장기 모습과 비슷하다. 비포장도로와 허름한 집들 또한 영락없이 우리나라의 1970~1980년대 모습을 연상케 한다. 비탈진 언덕마다 어김없이 있는 파벨라(Favela, 빈민촌)의 모습을 보는 동안 버스는 도시를 완전히 벗어나 브라질 대평원을 달린다. 광활한 온대 초원에서 소들은 한가로이 풀을 뜯고 있다. 드디어 리우 외곽이다.

2014년 월드컵 개최 준비 때문인지 곳곳에서 도로공사가 한창이다. 그로 인한 교통체증으로 6시간을 소요해, 낮 12시 조금 넘은 시각 리우 호도비아리아(Rodoviária) 터미널에 도착했다. 이집트나 인도 같기도 하고 멕시코 외곽 같기도 한 터미널은 매우 혼잡하다. 택시를 타고 무사히 숙소에 도착, 짐을 풀고 드디어 도시 탐방에 나선다.

조나술과 이파네마 해변 도심에 남아 있는 식민지 시대의 건축물들이 포르투갈 리스본의 옛 시가지 풍경을 떠오르게 한다. 가장 먼저 수도교(Arcos da Lapa, 水道橋)가 눈에 들어온다. 시내로 물을 끌어오기 위한 아치형 수도교이다. 1750년에 건설된 것이라고 하는데, 그 모습이 온전히 남아 있다.

씨네랑디아(Cinelândia) 메트로 앞에는 간디 동상이 있고 그 앞으로는 마하트마 간디(Mahatma Gandhi) 광장이 있다. 이곳에서 조나술(Zona Sul, 남부지역) 행 메트로에 오른다. 조나술은 이파네마(Ipanema), 코바카바나(Copacabana), 플라멘구(Flamengo) 공원, 보타포구(Botafogo) 등 이름만 들어도 설레는 해변이 있는 곳으로 리우에서 가장 부유한 지역이다.

메트로 종점인 이파네마역에서 내려 해변으로 향한다. 여행객들로 1년 내내 북적이는 세계적인 휴양지답게 상점과 호텔, 레스토랑이 즐비하다. 리우의 매력인 3S(Sand, Sun, Sea)가 모두 있다. 보사노바 명곡 〈이파네마의 소녀〉(Garota de Ipanema)가 어디선가 들리는 듯하다. 레브롱(Leblon) 해변 너머 거대한 바위산이 기묘한 모습으로 있다. 이틀 전에는 케이프 타운의 캠프스 베이(Camps Bay)에서, 오늘은 브라질

리우 이파네마 해변

이파네마 해변에서 바닷물에 발을 적시는 나 혼자만의 기쁨의 세리모니를 거행한다.

한 시내버스에 목적지 없이 몸을 실고 코파카바나(Copacabana) 해변을 따라 북상한다. 아틀란티카(Atlantica) 대로를 따라 늘어선 상점가 너머로 코파카바나 해변이 보인다. 아틀란티카 대로와 코파카바나 해변의 모습은 태국 파타야 해변의 분위기를 풍긴다. 버스는 터널을 통과하여 시내 중심으로 향한다. 20세기 초에 건설된 이 터널 덕분에 시내에서 조나술 지역으로의 접근이 용이해졌다고 한다.

보타포구 해변을 지나면서 언뜻언뜻 빵 데 아수카르(Pao de Acúcar)가 보인다. 높이 396미터의 화강암 바위산으로 우리나라 북한산에 있는 산봉우리, 인수봉과 그 모습이 흡사하다. 그 모양이 사탕수수에서 추출한 설탕을 쌓아놓은 덩어리 같다고 해서 슈거로프 산(Sugarloaf

Mountain)이라고도 불린다. 그곳 정상에서 바라보는 코르코바도 산 (Corcovado Mountain)의 모습이 장관이라고 하는데 시간이 촉박해 가지 못하는 아쉬움을 달래며 곧장 코르코바도 산으로 향한다.

시간 개념이 명확하지 않은 라틴문화답게 출발시각이 제멋대로인 등산열차를 한참 기다려 마침내 정상으로 향한다.

치외법권 빈민촌 파벨라　아열대숲으로 뒤덮인 티주카 국립공원 (Tijuca National Park)을 오르는 사이 오른쪽으로 거대한 파벨라가 보인다. 파벨라는 언덕진 곳이면 어디든 형성되어 있는 빈민촌으로, 마약 거래단이 파벨라 통제권을 접수하면서 일반인 접근금지구역이 되었다. 심지어 경찰도 진입을 꺼린다고 한다. 리우 인구의 15%가 치외법권 지역인 파벨라에 산다고 한다.

브라질은 브릭스(BRICs) 국가 중 하나인 신흥 경제국이지만 브릭스의 나머지 3국(러시아, 인도, 중국)과 마찬가지로 국민들 간의 빈부격차가 매우 심해 보인다. 천혜의 기후조건에도 불구하고 리우에 컨버터블 승용차가 드문 데는 이러한 격차가 영향을 주는 듯하다. 부의 상징인 고급 승용차는 범죄의 표적이 된다고 한다. 상대적으로 치안이 안전하다는 조나술 지역에서마저도 자동차로 자신의 부를 과시하는 사람들은 거의 없어 보인다.

코르코바도 구세주 그리스도상　등산열차는 출발 20분 후 해발 710미터, 코르코바도 정상에 도착한다. 정상에는 1931년 브라질 독립 100주년을 기념하여 완성한 구세주 그리스도상이 있다. 구세주 그리스도

두 팔을 벌린 길이가 28미터, 높이 30미터인
코르코바도 구세주 그리스도상

상(Christ the Redeemer 또는 Cristo Redentor)의 높이는 30미터, 좌우로 벌린 두 팔의 길이는 28미터이다. 어떤 사람들은 그리스도상을 온전히 담기 위해 누워서 사진을 찍기도 한다.

정상에서 보는 리우의 풍경은 그 어떤 말이나 글로도 형용하기 어려울 정도로 아름답다. 리우 중심부와 그 옆 마라카낭(Maracanã) 경기장, 항구 주변, 그리고 코파카바나와 이파네마 해변의 유려한 곡선이 한눈에 들어온다. 짙푸른 대서양에 박힌 섬들과 멀리 대형 선박까지 어우러진 절경을 보니 왜 리우가 세계 3대 미항인지 납득이 간다. 환상적 풍경을 기억 속 깊은 곳에 담아두고 다음 행선지로 이동한다.

축제의 나라　씨네랑디아 메트로에서 내려 숙소로 돌아오는 길목에 수많은 노천카페들이 어두운 밤을 밝히고 있다. 사람들은 카페에 앉아,

코르코바도에서 내려다 본 리우 전경. 사진 윗부분에 빵 데 아수카르가 보인다.

혹은 선 채로 파티를 즐긴다. 그들과 어울리고 싶지만 피곤한 몸을 이끌고 숙소로 향한다. 시차 때문인지 이른 새벽에 일어나 여행기를 정리하는데 아직까지 파티가 계속되는 듯 창문 너머로 음악소리가 들린다. 열정의 나라 브라질 리우의 한복판에 있음을 느끼게 한다.

그러고 보니 리우 카니발이 생각난다. 매년 2~3월에 열리는 축제로, 지금은 그 시즌이 아니라 즐기지 못하는 것이 안타깝다. 카니발하면 정열의 삼바와 퍼레이드, 무희의 화려한 의상을 생각하지만 사실 삼바 축제는 흑인 노예들의 아픈 역사에서 시작되었다고 한다. 포르투갈은 브라질을 사탕수수 생산지로 만들기 위해 자신들의 아프리카 식민지(앙골라, 모잠비크)를 중심으로 노예들을 데리고 왔다. 그들은 고향에서 즐겨 부르던 노래와 춤으로 노동의 고통을 인내하고 고향에 대한 향수를 달랬는데, 그것이 바로 삼바인 것이다.

6 일차 리우데자네이루 → 상파울루

마라카낭 경기장 오늘은 상파울루로 돌아가는 날이다. 버스 출발시각까지 여유가 있어 가보지 못한 몇 곳을 오전 중에 들른다. 우선 마라카낭 축구경기장으로 향한다. 세계에서 제일 크다고 알려진 이 경기장은 1950년 브라질 월드컵을 위해 건설되었고 한때는 관람객을 20만 명까지 수용했으나 현재는 안전상의 이유로 관람객 수를 제한하고 있다. 마침 2014년 월드컵 준비 때문에 보수 중인 관계로 내부 관람은 불가한 상태이다.

폭죽놀이 어디선가 강한 폭발음이 두어 번 들린다. 깜짝 놀라 주변을 두리번거렸지만 주변 사람들은 기척도 않는다. 누군가 장난으로 폭죽을 터뜨린 것이다. 연말연시 풍습인가 보다. 그러나 나는 혹시나 하는 생각에 긴장을 늦추지 못한다.

　숙소로 돌아와 짐을 챙겨 호도비아리아 누보(Rodoviaria Nuvo) 버스 터미널로 향한다. 연말 휴가철로 인해 터미널은 많은 사람들로 붐빈다. 버스에 몸을 실고 중간 휴게소 출발 이후 잠이 들었는데 깨어보니 상파울루 치에테 버스터미널이다. 세계에서 두 번째로 큰 터미널이다.

메트로를 이용하여 헤푸블리카(Republica) 공원으로 향해 근처에 있는 호텔에 여장을 풀었다. 밤늦은 시각, 여행일지를 정리하는 사이 바깥 거리에서 총소리에 가까운 폭죽소리가 연이어 들린다.

상파울루 개관　현지인들 사이에서는 삼파(Sampa)라고도 불리는 상파울루는 인구로 보면 멕시코시티, 동경에 이어 세계에서 세 번째로 큰 도시로, 남반구에서는 가장 큰 도시이다. 1554년 이후 정착을 시작해 1711년 시로 성립되었으며, 인근 산투스(Santos) 항을 통해 커피 수출, 브라질 내륙개발 전진기지로 발전을 거듭했다. 오랫동안 유럽에 의존하던 산업이 세계대전으로 타격을 입으면서 독자적인 산업생산 능력 또한 구축하게 된다.

상파울루는 백만장자 숫자가 인도 뭄바이(21명)와 함께 세계 공동 6위를 기록할 정도로 부유한 도시이다. 도시별 GDP 규모로는 세계 10위의 경제력을 자랑하며, 2025년이면 동경, 뉴욕, 로스앤젤레스, 런던, 시카고에 이어 6위를 기록할 것으로 예상되는 기회의 땅이자 미래의 도시이다.

이민의 나라, 브라질　브라질은 이민의 나라이다. 1888년 영국의 압력에 따른 노예해방 이후 흑인 증가를 염려한 행정당국은 유럽 각 지역으로부터 적극적으로 이민을 받아들였고, 유럽 이민자들에게는 토지 공여 등의 특전을 주었다. 그중에서도 포르투갈, 이탈리아, 독일계 이민자들이 주축을 이루었고 시리아, 레바논의 기독교도들과 동아시아 지역 이민자들도 많았다고 한다.

연휴 휴관으로 방문하지 못했지만 상파울루에는 이민박물관이 있다. 같은 장소에 있는 이민자 기념관 또한 의미 있는 곳이다. 1887년 개관한 이 기념관은 산투스 항에 도착한 이민자들이 일을 구할 때까지 주거지를 제공하는 이민자 호스텔 역할을 하면서 이민사회 형성에 큰 기여를 하였다. 1882~1978년 사이에는 60개국 250만 명의 이민자들이 이곳을 거쳐 갔다고 한다.

북부는 흑인, 남부는 백인 출신 지역별 브라질 인종 분포와 관련하여 재미있는 현상이 있다. 이민자들은 떠나온 고향과 비슷한 위도에 정착하려는 경향이 있다는 점이다. 고향과 기후와 식생이 비슷한 곳에서 살고 싶은 것은 어찌 보면 당연한 것일지도 모른다. 적도에 가까운 브라질 동북부 열대, 아열대 지역에는 흑인들이 압도적으로 많은 반면 남회귀선이 지나는 상파울루와 리우 남쪽지역에는 흑인들이 거의 없다.

브라질 동북부 흑인지역은 사탕수수 농업이 쇠퇴한 이후 이렇다 할 산업기반이 없다 보니 브라질에서 가장 낙후한 지역으로 전락했다. 브라질 정부는 낙후지역 개발을 위해 아마존 중류 마나우스(Manaus) 같은 곳을 국제자유무역지대로 선정하고 산업 유치에 힘쓸 것이라고 발표했다. 마나우스는 아시아태평양 지역에서 파나마 운하 건너 카리브해로 들어오는 선박들의 접근이 용이하고 상대적으로 북아메리카와 유럽이 가깝다는 지리적 장점을 적극 살린 경우에 해당한다.

상파울루 메트로폴리탄 인구는 이탈리아계 600만, 포르투갈계 300만, 흑인 170만, 아랍계 100만, 일본계 67만, 독일계 40만, 프랑스계 25만, 그리스계 15만, 중국계 12만, 볼리비아계 6만, 한국계 5만, 유대인계 4만으로 조사되었다. 백인 70%, 물라토 혼혈 22%, 흑인 4%, 아시아인 4%로 구성된다고 할 수 있다. 다인종 도시이므로 일부러 외국인 관광객 티를 내지 않는 한 현지인과 융화되어 다닐 수 있기 때문에 여러모로 편리한 점이 많다.

7 상파울루

일차 상파울루 도심 풍경   호텔을 나와 헤푸블리카 광장을 지나 아양가바우(Anhangabau) 메트로 근처로 가니 르네상스 양식의 시립극장이 멋진 자태를 뽐내며 서 있다. 화강암이 깔린 좁은 골목길들을 지나 세(Sê) 광장까지 걷는다. 동서선 메트로와 남북선 메트로가 만나는 세 광장에는 네오고딕 양식으로 지어진 메트로폴리타나 대성당(Catedral Metropolitana)이 있다. 내부는 스테인드글라스를 이용해 브라질 종교 역사를 묘사하고 있어 성당의 웅장함을 더한다. 많은 사람들이 기도를 하고 있어 분위기는 엄숙하고 고요하다.

그리고 보니 지금 시각 한국은 새해를 맞이하기 3시간 전이다. 나도 성당에 앉아 감사와 희원의 기도를 올린다. 가족들을 생각하니 고마움과 그리움에 살짝 목이 멘다.

친절한 브라질 사람들   브라질 사람들은 친절하다. 전형적인 고 접촉 문화(*high contact culture*)의 진수를 보여준다. 간략하게 그려진 지도 한 장과 이해하기 어려운 표지판과 씨름하며 오로지 나의 직감에 의지해 길을 찾다보니 현지인들에게 수없이 길을 묻게 된다. 이곳 사람들은 좋은 일, 고마운 일 등이 있을 때 자신의 오른쪽 엄지손가락을 치켜 올리며 감정을 표현한다. 친절하게 길을 안내해준 현지인들에게 나 또한 그런 제스처를 보이며 고마운 마음을 전한다. 처음 보는 사람들에게도 살가운 현지인들로 인해 마음이 따뜻해지고, 현지인처럼 익숙하게 제스처를 취하는 나를 보니 공연히 우쭐해진다.

상파울루 일본 커뮤니티　이왕 걸은 김에 시립시장까지 걷는다. 나는 낯선 도시를 탐방할 때 반드시 들르는 곳이 있는데, 바로 재래시장이다. 그 나라 시민들이 모여 삶의 활력을 뿜어내는 재래시장은 언제나 매력적인 방문지이다. 시립시장 또한 마찬가지이다. 신년 파티를 준비하는 듯 수많은 사람들이 장보기에 열중이다. 멋진 돔을 얹은 옥내시장에는 어류, 육류, 과일, 잡화 등 없는 게 없다. 시장이 뿜어내는 생기를 연신 카메라에 담는 나를 보고 한 상인이 엄지손가락을 치켜 올리며 포즈를 취한다.

　시장 바로 건너편, 킨조 야마토(Kinzo Yamato) 시장은 청과물시장으로, 시장의 이름에서 알 수 있듯이 상점 주인들이 대부분 일본계 사람들이다. 100년이라는 상파울루 이민의 역사 속에서 70만 명을 육박하는 일본 커뮤니티의 존재감이 느껴지는 곳이다. 또한 근처에 있는 리베르다지(Liberdade) 지역은 일본인 지역으로, 일본 이민박물관이 있을 정도로 규모가 큰 지역이다.

대국의 스케일이 느껴지는 독립공원　시립시장을 벗어나 상벤투(São

Bento) 메트로에서 독립공원이라고도 불리는 이삐랑가 공원(Parque da Ipiranga)으로 향한다. 이곳은 1822년에 세워진 공원으로, 포르투갈 황태자 페드루 1세가 말 위에서 칼을 빼들고 독립선언을 한 자리에 1922년 기념상을 세웠다. 그 앞에는 횃불이 타고 있고 공원 내 정원은 잘 가꾸어져 있다. 길을 따라 올라가면 파울리스타박물관(Museu Paulista)이 있다. 독립공원의 규모와 정원, 파울리스타박물관까지 대국의 스케일을 짐작하기에 충분하다.

파울리스타 거리 마지막으로 들른 곳은 상파울루 최대 번화가인 파울리스타 거리(Avenida Paulista)이다. 꼰솔라사웅(Consolação) 메트로에 내려 파울리스타 거리를 걷는다. 오늘은 자선 마라톤대회와 축제로 차량이 통제되어 넓은 도로를 마음 편히 오간다. 언론사, 방송국, 은행 등이 들어선 고층건물들이 대로를 따라 길게 뻗어 있다. 그 사이에는 부티크, 고급식당, 카페 등이 점점이 박혀 있어 싱가포르 오차드(Orchard) 거리를 연상케 한다. 거리에는 송년 축제 분위기가 무르익어간다. 간혹 짓궂은 사람들이 초강력 폭죽을 터뜨려 당황할 때도 있지만, 그 무리에 섞여 연말 분위기에 젖으니 즐겁다.

대학 동기 K 사장 오후 느지막이 숙소로 찾아온 대학 동기 K 사장과 반갑게 해후한다. 그는 상파울루주(州) 동부에 있는 도시, 캄피나스(Campinas)에 사는데, 나를 보기 위해 상파울루에 온 것이다. 상파울루 시내에서 시간을 함께 보낼 수도 있으나 자신이 관리하는 공장과 집을 방문해보는 것이 어떻겠냐고 하기에, 반가운 마음으로 기꺼이 그를 따른다.

상파울루 시내를 벗어난 고속도로변에 반데이란치스(Bandeirantes, 내륙개척자) 기념비가 있다. 고속도로 양옆으로 간간히 보이는 쇼핑몰은 미국 도시 외곽을 연상케 한다. 캄피나스 근처에 있는 초대형 쇼핑몰은 남아메리카 최대 규모라고 한다. 이곳에는 삼성전자 공장이 들어서 있고 곧 현대자동차 공장도 들어온다고 한다.

이곳에서 지낸 지 어느덧 7년이 된 K 사장은 삼성전자 공장에 휴대폰 배터리와 노트북 어댑터를 납품하는 공장의 관리자이다. 인내와 노력으로 그동안의 수많은 역경을 극복한 의지의 한국인이다. 낯선 땅에서 성취를 이뤄낸 그에게 경의를 표한다. 친구의 집에서 오랜만에 한국 음식으로 포식을 한 후 한국에 있는 가족에게 안부전화를 걸었다. 가족들의 목소리를 들으니 더욱 보고 싶다.

요란한 새해맞이 고맙게도 친구는 상파울루에 있는 숙소까지 데려다 주었다. 늦은 시각 비가 내리는 고속도로를 달리며 30여 년 전 대학시절 얘기를 하다 보니 어느새 상파울루 시내에 닿는다. 자정에 가까워지자 시내 곳곳에서 불꽃놀이를 하고 자동차들은 경적을 울려댄다. 열정적인 사람들답게 새해맞이 풍습 또한 참으로 요란하다. 숙소에 들어와 TV를 켜니 브라질 각 지역의 새해맞이 실황이 생중계된다. 남반구에서 보낸 2011년의 마지막 밤과 2012년 첫 새벽은 특별한 기억으로 오랫동안 남을 것이다.

8

8 일차 상파울루

상파울루 한국 할머니들   오늘은 하루 종일 여유로운 날이다. 한가로이 호텔을 나와 티라덴티스(Tiradentes) 역으로 향한다. 역을 빠져나오자마자 한국인으로 보이는 노신사가 내게 인사를 건넨다. 평안도 출신인 노신사는 서울 중구 남창동에 살다가 이곳에 이민 온 지 40년이 되어간다고 한다. 건너편에는 곱게 차려입은 한국 할머니들이 교회버스를 기다리다 나를 보고 반가워한다. 지금은 서울 거리에서 들을 수 없는 1960년대 억양의 서울 말씨를 이곳에서 듣는다. 한국의 오래된 흑백영화를 보면 들을 수 있는 바로 그 말씨다. 반가운 마음도 들지만 한편으로는 오랜 시간 그들이 느꼈을 고국에 대한 그리움을 생각하니 마음이 짠하다.

한국인 패션거리 봉혜치로   한국인들의 브라질 이민은 1960년대에 시작되었고, 1970년대에 들어서 본격적으로 이루어졌다. 내가 찾은 지

한국 이민자들의 애환이 서린
봉혜치로 지역

역은 봉헤치로(Bom Retiro) 한국인 패션거리이다. 파울리노(Paulino) 거리를 따라 형성된 패션타운의 상가들은 연휴 때문에 모두 철시했다. 지금은 유럽, 뉴욕, 한국을 왕래하며 최신 패션을 따라가고 있지만 이민 초기에는 한국인들의 독자적인 감각으로 한국판 브라질 패션산업을 이끌었다고 한다.

리베르다지 일본 거리 루스역에서 메트로를 타고 상 조아킹(São Joaquim) 역으로 이동했다. 일본지역을 보기 위해서다. 신사(神寺), 일본 식당은 물론이고 거리의 가로등까지 모두 일본풍이다. 거리에서 스치는 사람들은 모두 일본인이며, 곳곳에서 신년하례회가 열리고 있다. 일본 이민자박물관을 지나 리베르다지(Liberdade) 메트로까지 걷는다. 일본 교토의 뒷골목 어디쯤에 와있는 기분이다.

70만 명으로 추산되는 브라질 내 일본 커뮤니티는 브라질 사회 각계에 폭넓게 진출하여 기반을 굳혔다고 한다. 이들은 초기 커피농장 경영을 위해 이민 온 이후 브라질에는 없는 각종 특용작물을 재배, 생산하여 큰 호응을 얻었고, 무엇보다도 성실하고 정직한 이미지 때문에 브라질 사회에서 평판이 아주 좋다고 한다.

휴일이라 사람이 적은 시내 중심가는 노숙자들이 점령하고 있다. 마침 문을 연 중국 식당에서 점심을 먹은 후 카페에 들러 메일을 확인하고 숙소로 돌아와 여유로운 오후를 즐긴다. 남아메리카의 대국 브라질에서의 마지막 밤이 그렇게 저문다. 이제 이 도시를 헤매지 않고 다닐 수 있을 만큼 익숙해졌지만 바로 떠나야 한다니 아쉬움이 남는다.

9

상파울루 → 칠레 산티아고 → 발파라이소

일차 **한국 기업끼리 경합하는 브라질 시장** 상파울루에 머문 3박 4일 내내 비가 내리더니 기온이 떨어져 공항으로 향하는 새벽 공기가 매우 차다. 연휴가 끝난 월요일 아침 과룰류스 국제공항의 터미널은 인파로 붐빈다. 공항의 전광판은 LG 아니면 삼성제품 광고다. 브라질 시장에서는 원래 LG가 선두를 보였으나 삼성의 맹추격으로 인해 휴대폰 분야는 역전되었다고 한다. LG 입장에서는 속상할 일이지만 한국인 입장에서는 해외시장에서 한국 기업이 1, 2위를 다투는 모습은 자긍심을 갖게 한다.

안데스 산맥 준봉을 만나다 항공기로 상파울루에서 칠레 산티아고까지 3시간 45분이 소요된다. 정시에 이륙한 항공기는 아르헨티나 대평원과 코르도바(Cordoba), 멘도사(Mendoza) 같은 도시 상공을 지나더니 만년설로 뒤덮인 해발 6∼7천 미터의 안데스 산맥(Andes Mountains) 준봉 위를 지난다. 말로만 듣던 안데스가 창밖으로 펼쳐지니 가슴이 벅차다. 곧 산티아고 베니테스(Benítez) 국제공항이다. 칠레는 남위 18∼59도까지, 남북으로 4,270킬로미터로 남아메리카 대륙 태평양 해안의 2/3를 차지하지만 동서 간 거리는 평균 180킬로미터에 불과하다.

란(LAN) 항공기는 칠레 시각으로 낮 12시 30분에 착륙했다. 마침 북아메리카 지역에서 출발한 국제선 항공기의 도착과 겹치는 바람에 입국 심사를 기다리는 줄이 매우 길다. 공항 밖으로 나오니 아름다운 날씨가 여행객을 반긴다. 계획대로라면 산티아고 시내 투어를 해야 하

칠레 주요 도시

지만, 칠레의 모든 박물관이 월요일은 휴관이기에 일정을 바꿔 발파라이소에 먼저 다녀오기로 한다.

칠레 개관　칠레는 스페인에서 파견한 발디비아(Valdivia) 장군이 1541년 산티아고에 식민 도시를 건설하면서 역사의 무대에 등장한다. 1818년 독립선언 이후 19세기 말에는 아타카마(Atacama) 사막 초석(硝石) 산지의 소유를 둘러싼 분쟁에서 페루와 볼리비아를 물리치고 번영의 기초를 다졌다. 1970년에는 민주선거로 대통령에 당선된 살바도르 아옌데(Savador Allende)의 사회주의 정권이 출범했으나, 1973년 아우구스토 피노체트(Augusto Pinochet)의 군사 쿠데타로 혼란을 겪기도 했다.

　인구는 1,660만 명(2011년 기준), 1인당 소득은 15,363달러(2012, World Bank)이고 국토 면적은 남한의 7배에 달한다.

발파라이소 가는 길 공항버스를 타고 인근 파하리토스(Pajaritos) 메트로에 내려 발파라이소행 버스에 오른다. 버스는 높고 낮은 해안 산맥을 가로지른다. 산티아고 부근의 메마른 대지는 태평양에 접근하면서 비옥한 평야로 바뀌고 그 사이로 농장 혹은 포도밭이 드넓게 펼쳐진다. 칠레의 중부 해안 평야는 규모는 작지만 매우 비옥하다. 16세기 중반 스페인 정복자 발디비아가 온갖 수고를 겪으며 이 땅을 차지한 이유를 알 것 같다. 날씨뿐 아니라 지형까지도 미국 샌프란시스코를 닮은 전형적인 지중해성 기후의 여름 날씨는 매우 쾌적하다. 비옥한 땅과 좋은 햇살. 칠레 와인의 맛이 좋은 이유를 알 것 같다.

태평양의 보석 발파라이소 산티아고를 떠난 지 두 시간, 드디어 태평양, 그리고 발파라이소다. 태평양 서쪽 끝에 있는 한국에서 지구 반 바퀴하고도 조금 더 돌아 태평양의 동쪽 끝 발파라이소에 왔다. 발파라

태평양의 보석 발파라이소 콘셉시온 언덕 풍경

이소는 1840년대 칠레산 밀 수출 증가와 더불어 미국 캘리포니아의 골드러시로 매우 번성했다. 이곳은 미국 대륙횡단 철도와 파나마 운하가 없던 시절, 미국 동부 혹은 유럽에서 캘리포니아로 가기 위해 마젤란 해협을 돌아 반드시 거쳐야 하는 필수 기착지이자 보급기지였기 때문이다.

그러나 '작은 샌프란시스코' 혹은 '태평양의 보석'이라고 불린 발파라이소는 1914년 파나마 운하 개통으로 쇠락의 길을 걸었다. 시내에는 당시 번성하던 모습을 알려주듯 화려한 건축물들이 많이 남아 있다.

발파라이소에 도착하자마자 산티아고로 돌아가는 저녁 버스표를 예매하려고 했으나 예상치 못한 상황이 벌어졌다. 어젯밤까지 이어진 신년 축제를 마치고 집으로 돌아가는 사람들로 인해 산티아고행 버스표가 매진된 것이다. 고민 끝에 당초 산티아고에서 묵을 계획을 취소하고 발파라이소에서 하루 머물기로 한다. 버스터미널 근처에 있는 게스트하우스에 방을 구하고, 내일 새벽에 출발하는 산티아고행 버스표를 간신히 구한다.

이제는 도시 탐험이다. 아르헨티나 거리를 걸어 바론(Baron) 항구로 갔다. 많은 시민들이 시원한 태평양 바닷바람을 맞으며 산책 중이다. 항구에 산더미처럼 쌓인 컨테이너들은 한때 태평양의 보석이라고 불리던 옛 명성을 되찾으려는 듯한 기운을 뿜어낸다. 멀리 비냐델마르(Viña del Mar)의 고운 해안선과 그 위 언덕을 가득 메운 집들이 아련히 보인다. 버스를 타고 시내 중앙부두로 이동한다. 칠레 해군 휘장현판으로 장식된 건물을 지나 항구에 도착하니 옛 모습을 되찾아가는 듯 크고 작은 선박들이 항구를 가득 메우고 있다.

발파라이소의 독특한 교통수단 : 트롤리버스와 승강기 발파라이소 시내에는 1950년대 할리우드 영화에서 보았던 아주 오래된 트롤리버스가 오간다. 1952년에 제작된 트롤리버스가 아직 꽤 남아 있어 칠레 정부는 트롤리버스를 국가역사유적(*national historic monumen*)으로 지정했다고 한다. 해안 저지대와 언덕 주택가를 연결하는 승강기 또한 발파라이소의 독특한 교통수단인데, 한때는 28개의 노선이 있었으나 지금은 11개 정도만 운행된다고 한다. 시내 주요 지점과 언덕길을 오가는 콜렉티보(*collectivo*) 합승택시가 점차 승강기를 대체하고 있다고 하니 앞으로 이곳을 다시 방문하게 된다면 승강기를 볼 수 없을 수도 있겠다는 생각이 들어 아쉬운 마음이 든다.

콘셉시온 언덕에서 푸른 태평양을 보다 항구지역을 벗어나 본격적으로 발파라이소의 언덕길 중 가장 예쁜 언덕을 골라 오르기 시작한다. 가파른 계단이 만만치 않지만 한 계단 한 계단 오를 때마다 내 뒤에서 펼쳐지는 항구와 도시, 그리고 태평양의 멋진 풍경을 감상할 수 있으니 힘든 줄을 모르겠다. 오르내리는 지루함을 덜어주려는 듯 주변에는 알록달록하게 색이 칠해진 집과 벽화가 많다. 힘은 들지만 계단을 많이 오를수록 내려오는 길에 멋진 풍경을 오랫동안 눈에 담을 수 있으니 욕심을 내어 계단을 오른다.

부산 영도를 닮은 발파라이소 발파라이소는 부산, 특히 영도의 풍경과 매우 흡사하다. 언덕 비탈에 펼쳐진 소박한 집들, 대문을 열고 빠끔히 밖을 내다보는 노인, 시끌벅적한 항구 주변, 산언덕을 서로 연결해주는 산복도로, 그리고 비릿한 갯내음, 이런 것들이 똑 닮았다. 게다가 평지가 좁아 언덕을 향해 집을 지을 수밖에 없는 지형적 특성까지 비슷하다.

번잡한 도시 한복판에서 저녁식사 후 산세바스티안(San Sebastian) 언덕을 오른다. 이 도시에는 검은색에 노란 띠를 두른 소형택시들이 있는데, 이들은 노선버스처럼 고유번호를 가지고 버스가 오를 수 없는 높디높은 언덕 위, 골목 구석구석을 다닌다. 게다가 요금까지 저렴해 많은 시민들이 이용한다. 한 가지 불편한 점이 있다면 승객 4인이 모두 차야 택시가 출발한다는 것이다.

발파라이소의 거리 명칭에는 세계 각국의 이름이 등장한다. 스페인 명칭은 물론이거니와 독일, 영국, 이탈리아식 이름도 대거 등장한다. 그리고 도시의 건축물이나 교회의 이름 또한 각기 다른 형식으로 지어져 발파라이소의 전성기(1848~1914년) 무렵, 많은 유럽인들이 이곳으로 유입되었음을 보여준다.

발파라이소 저녁 풍경 언덕에 올라 일몰을 보려 했지만 여름의 기나긴 저녁 해가 좀처럼 기울 줄을 모른다. 어쩔 수 없이 언덕길을 내려와 도심으로 향한다. 멋진 풍경이 펼쳐지는 계단길이 계속 이어지기를 바라지만 이내 끝나버린다. 시내 공원과 광장은 상쾌한 여름 저녁을 즐기는 사람들로 붐빈다. 그들의 옷차림은 소박하다 못해 남루하지만 표정은 무척 행복해 보인다. 실제로 칠레 사람들의 행복지수가 한국 사람들보다 훨씬 높게 나왔다고 한다. 공원에 앉아 그들을 바라보며 행복의 기준은 과연 무엇인지, 어떤 마음가짐으로 살아야 진정한 행복을

발파라이소 항구 전경

언덕이 많은 도시 발파라이소

느낄 수 있는 것인지에 대해 생각해본다.

드디어 산언덕에 불이 밝아오기 시작한다. 태평양 시대가 훨훨 타올라 이 도시와 시민들에게 더 큰 풍요가 있기를 바라며 아쉬운 발길을 돌린다. 숙소에서 TV를 보며 여행일지를 정리하는데, 뉴스에서 칠레 남부 토레스 델 파이네 국립공원의 산불 소식을 연달아 보도한다. 열흘 뒤에 방문할 곳인데 걱정스럽다.

10
일차 발파라이소 → 칠레 산티아고 경유 → 에콰도르 키토

발파라이소에서 통영을 그리워하다　이른 새벽, 버스를 타고 산티아고로 돌아간다. 버스를 타고 지나치는 도시 풍경은 오랫동안 기억에 남을 것이다. 대학시절 친구와 함께 경상남도 통영에 갔다가 버스를 타고 부산으로 돌아가던 길, 통영 외곽 언덕을 넘으며 보았던 통영의 모습과 바다풍경은 중년의 나이인 지금까지도 생생하게 기억된다. 그런데 그 몇 배나 강렬한 이미지를 중년의 나이가 되어 한국의 지구 반대편 지점에까지 와 이렇게 마음에 새기게 될 줄이야.

고단하고 긴장되는 여정 속에서 얻게 되는 이러한 선물은 힘든 여행을 이어갈 수 있는 원동력이 된다. 버스는 아침 7시쯤 되어 산티아고 외곽 파하리토스(Pajaritos) 메트로에 도착했다. 부지런히 일터로 가는 인파에 섞여 공항행 버스에 오른다.

적도의 베네치아, 과야킬　공항 출국장에서 커피 한 잔을 마시니 피곤

이 풀린다. 에콰도르행 란항공기는 만석이다. 항공기는 산티아고공항을 이륙하여 태평양을 건너 페루 상공을 지난다. 산티아고를 이륙한지 5시간 만에 바나나, 카카오, 커피 수출로 유명한 에콰도르 과야킬에 도착한다. 항공기에서 내리니 적도의 후끈한 열기가 얼굴을 감싼다. 새로 지은 공항터미널빌딩은 과잉투자로 보일 정도로 실내가 아직 썰렁하지만, 쾌적한 공간은 기분을 산뜻하게 한다.

말쑥한 차림의 키토 사람들 과야킬을 이륙한 지 40분 만에 키토(Quito) 공항에 도착했다. 입국장에는 안데스 공동체(Comunidad Andina de Naciones, 에콰도르, 페루, 볼리비아, 콜롬비아) 국민들의 입국수속 편의를 위한 줄이 따로 마련되어 있다. 에콰도르에서는 달러가 공용통화로 사용되어 매우 편리하다(경제위기 극복을 위해 2000년도에 자국 통화를 버리고 미국화폐를 정식통화로 채택했다). 예약한 호스텔은 키토 사람들의 차림새만큼이나 말쑥하고 깔끔하다.

짐을 풀고 저녁 산책을 하려고 호텔을 나서는데 비가 내리기 시작한다. 고즈넉한 고원 도시에 어둠이 깔리고 비까지 내리니 분위기가 적막해진다. 트롤리버스를 타고 산토도밍고(Santo Domingo) 까지 간다. 언덕과 골목이 많은 키토에는 버스와 택시가 많고 요금 또한 저렴하다. 트롤리버스전용차로에 설치한 실내 버스정류장은 아주 훌륭하다. 또한 편도 두 개의 차로 중 하나를 버스전용차로로 지정할 정도로 대중교통설비가 아주 잘 되어 있으니 여행객에게 최고의 도시가 아닐까 싶다.

에콰도르 약사 산토도밍고는 사람들로 붐빈다. 대부분 메스티소 혹은 인디오들이어서 왠지 친근감이 든다. 에콰도르 인구는 1,560만 명 (2012년 기준)으로, 메스티소 45%, 인디오 35%, 백인 10%로 구성되어 있다. 면적은 남한의 3배, 1인당 소득은 5,456달러(2012, World Bank)로 넉넉지 않은 살림이다. 에콰도르의 근대 역사는 1534년 세바스티안 베날카자르(Sebastian Benalcazar)가 키토를 점령, 스페인의 식민지로 삼으면서 시작된다. 1525년 잉카제국이 키토의 북잉카와 쿠스코(Cuzco)의 남잉카로 분리된 후 정복전쟁으로 인해 국력이 쇠하면서 스페인의 침략을 받아 멸망하는 비운을 맞은 것이다.

에콰도르는 1809년 독립 후 공화국을 선포하고, 1941년에는 페루와의 국경분쟁으로 국토의 40%나 되던 아마존 유역을 페루에 넘겨주었다. 1995년 또다시 페루와 국경분쟁에 휘말렸지만 1998년 평화협정 이후 현재까지는 그 어떠한 충돌도 없다.

적도의 고원도시, 키토 키토는 적도에 위치하지만 해발 2,800미터인 고원도시로서 기온의 연교차가 작기 때문에 인간이 거주하기에는 최적의 장소이다. 볼리비아(Bolivia) 수도 라파스(La Paz, 해발평균 3,640미터)에 이어 세계에서 두 번째로 높이 위치한 수도 키토는 사방이 산으로 둘러싸여 있어 독특한 풍경을 연출한다. 연교차가 작은 대신 일교차가 커 하루 내에 4계절, 즉 봄 같은 아침, 여름 같은 오후, 가을 같은 저녁, 그리고 겨울 같은 밤을 경험할 수 있는 신기한 도시이다.

에콰도르 주요 도시

올드 타운 키토 구시가지인 올드 타운(Old Town)은 남아메리카에서 가장 잘 보존된 옛 거리로, 1978년 폴란드 크라쿠프(Krakow)와 함께 유네스코 세계문화유산에 가장 먼저 등록되었다. 46개의 교회, 17개의 광장 등이 곱게 보존되어 있다. 밤안개 속에서 예쁘게 불을 밝힌 가로등과 콜로니얼식의 건축물들은 그윽한 정취를 뿜어내니 참으로 아름답다. 스페인의 영향을 받은 도시는 라틴아메리카 전역에 흩어져 있지만 키토의 올드 타운처럼 대규모로, 온전히 보존된 곳은 없다고 한다. 포장도로와 자동차만 없다면 200~300년 전 모습 그대로라고 해도 과언이 아닐 듯하다.

빠네시죠 언덕 산토도밍고에서 택시를 타고 빠네시죠(Parque La Panecillo)로 올라간다. 키토의 전경을 한눈에 볼 수 있는 둥근 모양의 언덕이다. 빗줄기가 거세지만 빠네시죠에서 보는 키토의 야경은 황홀하다. 알루미늄으로 만든 도시의 수호자 처녀상(Virgen de Quito)이 두 팔을 벌리고 도시를 내려다보고 있다.

택시기사 세르히오(Sergio)는 경찰과 택시운전, 두 가지 일을 하는 시민이다. 그를 통해 이곳 시민들의 삶이 각박하다는 것을 조금이나마 느낄 수 있다. 산토도밍고에서 빠네시쵸 언덕까지의 왕복택시요금이 겨우 10달러(약 1만 원)이다. 정말 저렴하다. 늦은 시각이지만 곳곳의 가로등과 순찰을 돌고 있는 경찰들 덕분에 마음 편히 움직인다.

11
일차 **에콰도르 키토 → 페루 리마 환승**

적도공원, 미탓 델 문도 세미나리오 마요르(Seminario Mayor) 트롤리역으로 향한다. 여기서 트롤리버스로 동쪽 오펠리아(Ofelia) 종점까지 이동하니 미탓 델 문도(Mitad del Mundo)행 버스가 승객을 기다리고 있다. 현지인으로 가득 찬 버스를 타고 40분 걸려 미탓 델 문도에 도착한다. 버스요금은 35센트(약 400원). 정말 저렴하다. 적도 고산의 뜨거운 태양에 그을린 검은 피부, 고산에 적응하느라 키가 작아진 인디오들이 눈에 많이 띈다.

미탓 델 문도는 다채로운 외벽이 돋보이는 상점, 식당, 그리고 어디선가 흘러나오는 인디오 음악으로 나의 감성을 자극한다. 공원 중앙에 있는 탑에는 위도 00.00.00도, 서경 78.27.08도, 고도 2,483미터라고 쓰여 있다. 관광객들은 적도(equator)의 'E'자가 쓰인 노란 선 앞에서 기념사진을 찍느라 분주하다.

적도에는 독특한 자연현상들이 있는데, 화장실 변기 물이 빙그르 돌지 않고 곧장 내려간다든지, 그림자가 남북 양쪽으로 갈라진다든지,

뾰족한 못 머리 위에 계란이 선다든지 하는 현상들이 그것이다.

공원을 나와 시내로 돌아온다. 산기슭마다 마을이 형성되어 있고, 그 마을을 둘러싼 산에는 마을로 향하는 푸른 카펫이 깔린 것처럼 초원이 펼쳐진다. 신께서 축복을 내린 땅이라는 생각이 든다. 시내에 들어오니 남쪽으로는 빠네시죠, 북쪽으로는 키토 대성당이 보인다. 도시를 굽어보는 언덕에 고딕 첨탑과 함께 있는 키토 대성당의 규모는 정말 웅장하고 거대하다. 1572년 건립된 성당으로 안으로 들어가니 빠네시죠처럼 성탄 장식이 예쁘게 걸려 있어 마음을 훈훈하게 한다.

밤낮으로 예쁜 도시, 키토 성당을 나오니 수업을 마치고 나오는 학생들이 반가운 듯 내게 손짓을 한다. 어젯밤 산토도밍고로 향하던 중 비

에콰도르 키토 대성당

가 쏟아져 잠시 들렀던 광장은 오늘은 따뜻한 햇살을 받으며 화사한 빛을 내고 있다. 어떻게 밤낮으로 날씨의 구애도 받지 않고 한결같이 늘 예쁠 수 있단 말인가? 산토도밍고 교회 광장에는 이 도시의 건설자인 마리스칼 수크레(Mariscal Sucre)의 동상이 있다. 근처 시립박물관(Museo del la Ciudad)은 박물관의 전시물보다는 정원이 더 인상적인 곳이다. 회랑과 정원이 어우러진 모습은 스페인 그라나다 알함브라 궁전을 생각나게 한다.

대광장을 향해 가르시아 모레노(Garcia Moreno) 거리를 걷는다. 중앙은행(Banco Central) 건물과 그 옆에 위치한 라 콤파니아 데 헤수스 교회(Iglesia de la Compania de Jesus)는 남·북아메리카를 통틀어 가장 아름다운 교회로 평가받는다. 광장을 중심으로 대통령 궁과 대성당이 있다. 대통령 궁의 장신 근위병의 모습이 멋지다. 광장 한가운데에는 1809년 독립 영웅들을 기린 독립기념탑이 있다.

많은 시민과 관광객들이 오후의 나른한 햇살을 즐긴다. 시내에는 예쁜 콜로니얼 건축물들이 즐비해서 카메라 셔터를 연신 눌러대지만 한편으로는 이 건물들을 짓느라 땀 흘렸을 수많은 인디오 노동자들이 생각나 가슴이 찡하다.

트롤리 정거장으로 가던 중 어떤 포스터 가게에 김현중, 이민호 등 한국 배우들의 사진이 보이기에 발걸음을 멈춘다. 한류 드라마의 물결이 이곳까지 퍼진 모양이다.

국립 문화박물관에 들른다. 이곳은 고고학박물관으로, 볼거리가 많다. 관람을 마치고 마리스칼 수크레 상업지구의 번잡함을 뚫고 숙소로 돌아와 짐을 챙겨 공항으로 향한다. 공항 이름도 마리스칼 수크레다.

란 항공사의 항공편 취소로 당초 계획했던 키토에서의 2박 3일이 1박 2일로 줄어 바쁜 여정이었지만 나름대로 알차게 보내고 떠난다.

어둠이 내리기 시작한 공항터미널 바깥에 아까부터 큰 짐을 지고 앉아 있는 인디오 할머니에게 자꾸만 눈길이 간다. 눈가에 깊게 패인 주름이 수천, 수만의 사연을 말하는 것 같다.

리마공항에서 밤을 새우다　페루 리마 호르헤차베스(Jorge Chavez) 국제공항에 도착했다. 국제선 입국장 입국심사 대기라인이 매우 길다. 여러 편의 국제선 여객기가 한꺼번에 도착했기 때문이다. 겨우 입국장을 빠져 나오니 자정이 훌쩍 넘었다. 몇 시간 뒤인 새벽 6시 45분 쿠스코행 항공기 시간 때문에 시내에 있는 숙소를 예약하지 않았다. 오늘 밤은 공항 터미널에서 보내야 한다. 리마공항 국내선 탑승구 입구에 있는 푸드 코트에는 나 같은 승객들이 머물 수 있는 공간이 마련되어 있다. 새벽 비행기를 탑승하기 위해 공항 터미널에서 밤을 보내야 하는 승객들을 위한 공항 당국의 배려에 고맙다.

저렴한 항공권을 찾다 보면 이처럼 밤늦은 시각에 행선지에 도착하거나 이른 새벽 비행기를 타야 하는 일이 잦다. 특히 후자의 경우 대중교통이 없을 확률이 높으므로 숙소에서 공항 터미널로 이동 시 택시를 이용할 수밖에 없다. 그럴 경우 저가항공 이용으로 절약한 비용 혹은 그 이상을 택시비로 써야 하는데, 그러느니 차라리 공항에서 밤을 새우는 것이 낫다.

12

일차 페루 리마 → 페루 쿠스코 → 스페인 아구아스 칸디다스

페루 개관 페루 인구는 인디오 47%, 메스티소 37%, 백인 15% 등으로 구성되어 있다. 남한 면적의 13배인 국토를 가진 페루는 남아메리카에서 세 번째로 큰 나라로서(면적 기준으로), 인구는 2,900만 명(2011년 기준), 1인당 소득은 6,573달러(2012, World Bank)이다.

13세기부터 쿠스코를 중심으로 잉카제국이 존재했으나, 1532년 가톨릭 전파를 내세우며 군사 180명을 이끌고 들어온 스페인 장교 프란시스코 피사로(Francisco Pizarro)에 의해 허망하게 정복된 후 페루가 성립하였다. 이후 1821년 산마르틴(San Martin) 장군의 주도로 스페인으로부터 독립했다.

잉카제국 멸망사 피사로는 잉카제국 마지막 왕 아타우알파(Atahualpa)를 자신의 파티에 초대한 후 매복시킨 군사를 풀어 비무장 상태인 그를 인질로 삼는다. 그리고는 인질을 풀어주는 대가로 막대한 양의 금을 요구한 교활한 침략자이다. 그가 아타우알파 왕으로부터 받은 금은 오늘날 시가로 360억 달러, 한국 돈으로 환산하면 약 40조 원, 북한 1년 GDP를 훨씬 넘는 액수이다. 피사로는 그 대가를 받고도 얼마 지나지 않아 반역죄라는 누명을 씌워 아타우알파 왕을 처형한다. 이것이 우리가 알고 있는 잉카제국 멸망의 비화(悲話)이다.

박수갈채를 받은 란 페루 조종사 오전 6시 45분 리마공항을 이륙한 쿠스코행 란 페루 국내선 항공기는 약 2시간 후 쿠스코 상공에 이르러

공중을 여러 바퀴 선회한다. 구름이 짙어 착륙하지 못하는 것이다. 이런 경우 산악도시 운항 경험이 많은 기장의 판단과 솜씨를 믿는 수밖에 없다. 10여 분 뒤 착륙을 시도한 항공기는 짙은 구름을 헤집고 내려와 시야를 확보한다. 양쪽 골짜기와 닿을 듯 말 듯한 항공기는 아슬아슬하게 착륙을 시도한다. 곧이어 항공기는 승객들의 박수갈채를 받으며 무사히 착륙했다. 산악비행 경험이 없는 기장은 도저히 해낼 수 없는 비행 솜씨라고 생각된다.

잉카 정복 vs 잉카 멸망 공항에서 택시를 타고 시내로 향한다. 우선 여행사를 찾아 내일 마추픽추 국립공원 입장권을 구입한 후 시내 관광에 나선다. 시내 중심 아르마스 광장(Plaza de Armas)에 도착하니 라 콤파니아 데 헤수스 교회와 트리운포 교회(Iglesia de Triunfo)가 마주보며 서 있다. 이곳에 있던 잉카 건축물의 돌과 자재를 이용해 지은 것으로, 건물은 황톳빛을 낸다

광장 한가운데에는 인디오 장군의 분수 동상이 있고 한편에는 잉카 제국 멸망 500주년을 기리기 위해 1992년 건립된 인디오 무명용사 추모비가 있다. 묘비에는 "침략자에 저항하여 희생된 무명용사들의 영광과 명예를 위하여 …"라고 적혀 있다. 페루는 인디오의 땅이다. 언젠가 그들이 다시 이 땅의 주인이 될 것이라 믿는다.

쿠스코의 티코 택시 솔 거리(Avenida del Sol)를 따라 산토도밍고 사원까지 걷는다. 해발 3,400미터이기 때문에 금방 숨이 찬다. 욕심내지 말고 천천히 걸어야 한다. 하늘은 매우 파랗고 고원의 태양은 매우 뜨

겁다. 내 얼굴도 점점 그을려 인디오를 닮아가는 듯하다. 시내 거리에
는 한국에서는 이제 거의 볼 수 없는 티코가 택시로 둔갑해 종횡무진
거리를 누비며 다닌다.

코리칸차(Qorikancha) 신전과 산토도밍고 교회 부근은 발굴작업이
한창 진행 중이다. 코리칸차 신전은 잉카시대에 태양신전으로 사용되
었던 곳으로, 산토도밍고 교회는 정복자들이 코리칸차 대부분의 건물
들을 파괴하고 돌로 된 초석만이 남은 자리에 세워진 것이다. 정복자
들이 도시 대부분을 철저히 파괴했을지라도 교회의 기초는 잉카 신전
초석을 그대로 사용한 것이다. 1983년 유네스코가 세계문화유산으로
지정한 쿠스코 곳곳에는 스페인 남부 안달루시아 느낌이 짙다. 신전
내에 있는 콘벤트(Convent) 정원은 파란 하늘과 아름다운 조화를 이뤄
그 풍경이 매우 예쁘다.

우루밤바의 파란 하늘　쿠스코에서 피삭(Pisac)으로 가는 미니버스는
안데스 산맥의 여러 준령을 넘는다. 저 아래 우루밤바강(Urubamba)은
수만 년 세월의 흐름과 함께 변함없이 흐르고 있다. 이곳에서는 낡은
디젤버스와 승합차들만이 유일한 오염원이다. 여기가 바로 '신성한 계
곡'(Sacred Valley)인 것이다. 사방을 둘러싼 산의 모습이 예사롭지 않
고, 골짜기가 깊은 모양새는 한국 강원도 인제와 비슷하며, 기암괴석
산봉우리는 설악산과 매우 흡사하다. 산중에 있는 마을들은 보통 해발
3천 미터 높이에 위치하기에, 그러한 마을을 둘러싼 산들은 족히 4~5
천 미터는 될 것이다.

우루밤바에서 오얀타이탐보(Ollantaytambo)행 미니버스에 오른다.

승합차는 우루밤바강과 서로 숨바꼭질하며 빠른 속도로 달린다. 옆 좌석에 앉은 인디오 오누이는 한국 아이들과 생김새가 비슷하다. 힐끔거리는 곁눈질로 이방인에 관심을 보인다. 그렇게 도착한 오얀타이탐보는 과거 잉카제국 시절 요새 혹은 역참이 있던 곳이라고 한다. 마추픽추로 가는 유일한 교통수단인 열차가 이곳에서 출발하는 연유로 한국에서 온 단체관광객들도 심심찮게 보인다.

산골 마을 오얀타이탐보   열차 출발시각인 저녁 7시까지 마을 투어를 한다. 마을의 풍경은 어릴 적 내가 살던 서울 신촌 모래내를 생각나게 한다. 인디오 할머니들은 한국의 할머니들처럼 푸근하게 느껴진다. 서툰 스페인어 실력으로라도 그들과 이야기를 나눠보고 싶다. 그런데 페루 산악 오지에는 스페인어를 모르는 사람들이 약 200만 명 정도 된다고 한다. 다시 말해 페루 인구의 5~6%가 스페인어가 아닌 케추아어(Quechua)를 사용하고 있는 것이다.

마을에 있는 성당은 소박하지만 매우 정성스럽게 꾸며져 있다. 가톨릭과 토착 신앙이 섞인 듯 장식물들이 매우 알록달록하다. 산골마을에서는 해가 일찍 지고 날씨는 금방 추워지는 듯하다. 마추픽추행 열차는 만원이다. 출발한 지 2시간 후 마추픽추 베이스캠프에 해당하는 아과스 칼리엔테스(Aguas Calientes)에 도착한다. '따뜻한 물'이라는 뜻으로 온천이 유명하다고 한다.

13

일차 마추픽추 → 쿠스코

잃어버린 도시 해발 2,300미터에 위치한 마추픽추는 1911년 미국 예일대 교수인 하이럼 빙엄(Hiram Bingham)이 발견하기 전까지만 해도 깊은 수풀에 가려진 채 아무도 그 존재를 알지 못했다. 그래서 '잃어버린 도시' 혹은 '공중도시'라고도 불린다. 마추픽추는 우루밤바 강 위 절벽 꼭대기에 위치한 탓에 아래에서는 보이지 않을뿐더러 보인다 하더라도 접근이 어려웠다. 덕분에 스페인 정복자들의 영향이 미치지 않은 유일한 잉카 유적지이다.

마추픽추로 가는 길 페루 정부는 마추픽추 국립공원의 1일 관람객을 2,500명으로 제한한다. 여행객의 경우 험준하고 머나먼 이곳까지 와 인원수 제한으로 입장권을 구하지 못한다면 엄청난 낭패일 것이다. 하지만 인원수를 예상하기 어려워 입장권 구매는 복불복이니 운에 맡기는 수밖에 없다.

마추픽추의 관문 아과스 칼리엔테스행 열차는 쿠스코와 오얀타이탐보 두 곳 모두에 있지만 후자에서 출발하는 열차가 더 자주 다니고 요금 또한 저렴하다. 그러니 쿠스코에서 오얀타이탐보까지 버스로 이동한 후 오얀타이탐보에서 마추픽추행 열차를 이용하는 것이 좋다. 열차표는 자기가 원하는 시간대와 예산에 따라 구하면 된다.

세계적인 명소답게 마추픽추로 향하는 버스의 대기승객이 무척 많다. 버스는 깊은 숲을 뚫고 U자 커브 길을 20분 동안 숨차게 달린다. 공중에서 보아야만 찾을 수 있다는 '감춰진 도시'로 가는 길답게 험하고

마추픽추로 올라가는
산악도로

고되다. 절벽 아래 골짜기를 휘감으며 흐르는 물살을 보니 우리나라 강원도 영월 동강이 연상된다. 공원 게이트를 지나니 하이럼 빙엄이 마추픽추를 발견한 지 50년 되던 해인 1961년에 건립한 기념비가 세워져 있다.

영적 기운이 감도는 마추픽추 까마득한 아래에는 우루밤바강이 굽이치고 예사롭지 않은 산봉우리들이 마추픽추를 에워싸고 있다. 이 광경을 표현하기란 참 어려운 일이다. 고지대에서만 산다는 라마(Llama)는 낯선 사람들의 출현에도 아랑곳하지 않고 유유히 풀을 뜯는다. 2천년 전 모습 그대로를 복원해놓은 듯하다. 이 광경을 하염없이 바라보고 있노라니 내 몸에 영적 기운이 깃드는 것 같다. 끝없이 펼쳐진 계단식 밭의 모습 또한 장관이다.

까마득한 아래에는 우루밤바강이 굽이치고 예사롭지 않은 산봉우리들이 솟아 있는 마추픽추

마추픽추에서 지인을 만나다　마추픽추에서 우연히 지인, C 교수를 만났다. 어떻게 이런 우연이 다 있을까 싶다. 참으로 놀랍다. 한국 관광객들이 많이 찾는 유명 방문지에서도 아는 사람을 만난 적이 없는데 지구 반대편, 전혀 예상치 않은 곳에서 만난 것을 보면 C 교수와 나는 보통 인연이 아닌가 보다. 다만 고된 여정으로 핼쑥해진 초라한 모습을 들킨 것 같아 공연히 쑥스럽다. C 교수는 혼자서 이곳까지 온 나를 걱정하며 격려해준다.

오전 11시, 구름이 걷히니 새파란 하늘이 드러난다. 마추픽추 전경 사진을 찍을 수 있는 지점에 올라 수없이 셔터를 누른다. 많은 관광객들로 인해 분위기는 소란하지만 내 마음만은 고요하다. 더구나 2012년 새해가 시작되고 얼마 지나지 않아 이곳을 방문하게 되어 가슴이 벅차오른다. 저 아래 우루밤바강은 이런 내 마음을 아는 듯 물소리로 화답하는 듯하다.

아쉬움을 남긴 채 하산 길에 나선다. 버스 정류장 앞 방위표지 기둥에는 "세계에 평화가 깃들기를 …"이라는 문구가 케추아어, 스페인어, 영어, 그리고 일본어로 쓰여 있다. 사라진 문명, 소멸한 제국을 마음에 새기며 돌아가는 관광객들에게 꼭 맞는 글귀이지 싶다. 마침 비마저 내리니 기분이 묘하다.

우루밤바강　쿠스코로 돌아가는 열차 역시 만원이다. 나는 미국인 단체관광객들이 탄 열차칸에 타게 되었다. 무척 시끄러운 것이 중국인 못지않다. 같은 칸에 탄 페루인 부부는 연신 얼굴을 찡그린다. 열차는 우루밤바강을 따라 아름다운 계곡 길을 천천히 내려간다. 창밖으로 인디오들의 누추한 집들이 드문드문 보이고 그 앞마당에는 옥수수가 여름 햇살을 머금고 있다.

오얀타이탐보 저녁 풍경　갈아타지 않고 바로 쿠스코까지 가는 열차표를 끊었지만 작년 여름 폭우로 인한 철도 유실 구간의 복구가 끝나지 않은 까닭에 오얀타이탐보에서 쿠스코행 버스로 갈아타야 했다. 수백 명의 승객을 태우고 떠나는 10여 대의 버스 행렬은 장관을 이룬다. 버스가 빠져나오는 동네 어귀 터미널 부근에 야시장이 섰다. 동네 사람들 모두가 나와 있는 듯 매우 북적거린다. 선술집에서는 동네 아저씨들이 맥주잔을 기울이고 있다. 그들과 함께하고 싶다. 언제 다시 페루 산골 마을에 올 수 있을까? 버스 안 라디오에서 흘러나오는 잉카 음악이 나의 아쉬움을 달랜다.

옆자리에 앉은 사람은 콜롬비아 남성이다. 남아메리카를 여행하다 보면 다양한 국적의 사람들을 만나게 된다. 저 멀리 아득한 언덕에 보름달이 걸려 있다. 지금 시각, 지구 반대편 서울의 하늘에는 저 보름달 대신 해가 걸려 있겠지 … . 객지에 나와 있으니 집 생각이 자주 나는 것은 어쩔 수 없다. 산언덕을 넘으며 바라보는 우루밤바 마을의 야경은 한 폭의 그림 같다. 버스는 부지런히 달려 밤 9시 30분쯤 쿠스코에 도착한다. 쿠스코로 진입하는 도시 외곽 언덕 높은 곳에서 바라보는 쿠스코의 야경 또한 매우 멋지다.

14

쿠스코 → 리마

일차 **천천히 걷게 하는 쿠스코**　오랜만에 늦잠을 잤다. 그래봐야 아침 8시에는 기상이다. 아침식사 전 가벼운 산책길에 나선다. 내가 머문 호스텔의 발코니와 창문이 예뻐 몇 장의 사진을 남겼다. 호텔 주변에 있는 산블라스(San Blas) 언덕길을 오른다. 건장한 청년들도 가쁜 숨을 내쉬며 언덕길을 오른다. 해발 3,400미터의 이 고원도시에서는 아무리 바빠도 천천히 걸어야 한다.

마침내 언덕에 오르니 개 두 마리가 꼬리를 치며 나를 반긴다. 언덕에서 내려다보는 도시의 전경은 일품이다. 녹색 기와를 얹은 오래된 집들이 발아래로 쭉 펼쳐진다. 스페인 그라나다(Granada)에 있는 사크로몬테(Sacromonte) 언덕에서 본 풍경과 비슷하고 하얀 집, 파란 창문 등 안달루시아의 골목길을 생각나게 한다.

곧이어 나사레나스 광장(Plaza de las Nazarenas)이다. 저 멀리 산크리스토발(San Cristobal) 언덕이 보인다. 광장에서 기념품을 파는 소년이 나에게 말을 건다. 케빈(Kevin)이라는 이 소년의 영어실력은 제법이다. 나보고 중국 대통령 후진타오를 닮았다고 하기에 한바탕 크게 웃었다. 화강암이 깔린 좁고 가파른 길을 낡은 티코 택시들은 잘도 누비며 다닌다. 이곳 또한 택시요금이 저렴해 부담 없이 이용할 수 있어 좋다. 쿠스코뿐 아니라 푸노(Puno), 아레키파(Arequipa), 심지어 리마에도 우리나라 티코 택시가 많다고 한다.

숙소로 돌아와 아침식사를 하고 짐을 챙겨 나왔다. 마추픽추를 오가는 길에 잠시 들른 것인데 그새 쿠스코에 정이 들었는지 떠나려니 아쉽

쿠스코 나사레나스 광장. 멀리 산크리스토발 언덕이 보인다.

다. 아름다운 도시 풍경도 그렇지만 이곳에 살고 있는 선량한 사람들 때문 아닐까. 오후 1시 30분 스타페루(Star Perú) 항공기에 몸을 실고 쿠스코를 떠난다. 쿠스코여 안녕 ….

방문 예정인 칠레 토레스 델 파이네 국립공원의 산불이 계속 마음에 걸려 현지에 문의해보니, 뉴스에서는 상황이 안정되어 문제없다고 보도하지만 내가 방문하고자 하는 공원 서쪽 빙하지역은 출입이 불가능하고 예약한 공원 내 간이숙소도 폐쇄된 상태라고 한다. 그러한 까닭에 일부 숙소 예약을 취소 혹은 변경하는 등 토레스 델 파이네 여정을 대폭 수정했다. 공원 내 간이숙소를 이용하는 등 토레스 델 파이네에서의 일정이 고될까봐 걱정했는데 차라리 잘되었다고 생각하며 아쉬운 마음을 달랜다.

페루의 다양한 기후　쿠스코를 떠난 항공기는 1시간 45분 후 리마공항에 닿는다. 콜렉티보(승합차 같은 택시)에 몸을 싣고 숙소가 있는 미라플로레스로 향한다. 창틈으로 시원한 바닷바람이 들어온다. 리마는 대중교통이 잘 갖추어져 있는 듯하다. 대형버스, 미니버스, 콜렉티보 등이 시내 곳곳을 누빈다. 미니버스의 경우 필리핀 마닐라의 지프니처럼 노선을 정해놓고 다닌다.

　한여름인 리마의 날씨를 보고 페루의 다양한 기후에 다시금 놀란다. 페루 북동부 내륙 이키토스(Iquitos) 같은 아마존 열대우림 기후가 있는가 하면 훌리아카(Juliaca) 같은 안데스 고원지역은 여름이지만 최저기온이 0도에 가깝다. 이곳 리마는 온난 다습한 해안 기후에 속한다.

리마의 강남 미라플로레스　리마의 미라플로레스(Miraflores)는 서울의 강남과 같은 곳이다. 곳곳에 백화점, 부티크, 음식점이 있고 카지노까지 있다. 마침 토요일 저녁인지라 거리에는 많은 시민들이 나와 있다. 서늘한 산악지역에서의 여정을 마치고 따뜻한 지역으로 옮겨오니 좋다. 다만 쉴 새 없이 바뀌는 풍토와 음식에 몸이 견딜 수 있을지 걱정이 된다.

리마 해변에서 만난 젊은 한국인 부부　라르코마르(Larcomar) 임해

(臨海) 위락지구로 발걸음을 옮긴다. 고급 호텔, 다양한 종류의 식당, 쇼핑몰이 있는 해안 언덕이다. 태평양의 백사장이 내려다보이고, 저 멀리 리마 신시가지의 야경이 펼쳐지며, 조명을 밝힌 거대한 십자가상도 보인다. 거리에 있는 사람들의 표정은 모두 하나같이 행복해 보인다. 호텔로 돌아오는 길에 젊은 한국인 부부를 만났다. 먼 타지에서 한국인을 만나니 무척 반갑다. 게다가 오랜만에 한국말로 대화를 하니 속이 다 후련하다.

세계인들을 만나는 리마 호스텔 호스텔에서 일본계 브라질 청년 두명과 이야기를 나눈다. 한 청년은 완전한 일본인이고 옆에 있는 다른 청년은 이탈리아계 아버지와 일본계 어머니 사이에서 태어난 혼혈이라고 한다. 내일 마추픽추로 간다기에 내가 알고 있는 쿠스코와 마추픽추에 대한 정보를 알려주었다. 그들은 조상의 나라인 일본과 동아시아에 관심이 많았다(아직 가보지는 못했다고 한다).

한 청년이 할아버지께서 일본에서 건너온 이민 1세대로 해마다 고국 방문을 꿈꿨지만 끝내 그 꿈을 이루지 못하고 돌아가셨다는 이야기를 해 코끝이 찡했다. 더불어 그들은 남아메리카에서 아시아인으로 사는 것을 매우 자랑스럽게 생각한다고 말한다.

내가 묵은 엔조이(Enjoy) 호스텔은 이름처럼 매우 즐거운 곳이다. 라르코마르 임해 위락지구와 미라플로레스와 가까운데다 다양한 세계인들을 만날 수 있는 곳이기 때문이다. 머무는 동안 콜롬비아 청년, 남아프리카공화국 청년, 캐나다 대학생 커플, 그리고 아르헨티나 중년 여성인 롤라(Lola)와 그의 친구 우루과이 여성 메르세데스(Mercedes)

등 많은 사람들을 사귀었다. 부에노스아이레스에서 온 안과의사 롤라
는 한국과 아시아를 동경한다고 말한다. 내가 8일 후 부에노스아이레
스(Buenos Aires)에 간다고 하니 도시 안내를 해주겠다며 도착하면 꼭
연락하라고 신신당부한다. 자기가 살아온 공간 너머의 바깥 세상에 대
한 호기심과 동경을 가진 사람들이 서로 만나 이야기를 나누니 참 즐겁
고 행복하다.

15 리마 → 칠레 산티아고

일차 **리마 일일 산책** 칠레 산티아고행 항공기는 오늘밤 11시 45분
에 출발하므로 리마 관광을 좀더 한다. 숙소를 나와 아레키파(Arequipa)
거리를 따라 북쪽으로 걸으니 곧 미라플로레스 중심이다. 도시 이름처
럼 공원마다 꽃이 만발하다. 마침 케네디공원 부근 성당에서 오전 미
사가 열리고 있다. 거리에는 미술가들이 가판을 차렸다. 공원 한복판
에는 케네디 사후 40주년을 맞아 2003년에 건립한 케네디 흉상이 있
다. 그는 세계 어디를 가도 존경받는 인물이다.

택시를 타고 푸클라나 사원(Huaca Pucllana)으로 향한다. 잉카제국
의 거대한 벽돌무덤으로, 발굴 작업 중이다. 규모도 규모지만 벽돌 사
이사이 틈 하나 없을 정도로 조밀하고 정교해 탄성이 저절로 터진다.
다음에는 도심으로 향한다. 낡은 티코 택시가 도심 고속도로를 빠르게
달리니 마치 초고속 썰매를 타는 기분이다.

스페인 문화권에서는 군대 무기고(*armas*)가 있던 자리에 그 도시의

잉카제국의 거대한 벽돌무덤, 푸클라나 사원

중앙광장을 만드는 경우가 많다. 이곳 또한 그러하여 중앙광장 명칭이 아르마스 광장(Plaza de Armas)이다. 정부관저(대통령 궁), 시청사, 리마 대성당이 광장을 둘러싸고 있다. 아메리카 식민지 누에바 에스빠냐(Nueva España) 부왕청(副王廳)이 있던 자리 주변에는 콜로니얼 건축물들이 웅장한 모습을 갖추고 있다.

산 프란시스코 교회 리마 대성당은 페루에서 가장 오래된 성당으로 1535년 스페인 세비야(Sevilla) 대성당을 본떠 건축하였다가 1746년 대지진으로 붕괴, 1758년 개축된 것이 지금의 모습이다. 성당 내부에는 아기 예수 탄생을 축하하는 성탄 장식물과 스토리텔링이 이어져 시민들의 주목을 끈다. 건축 당시 스페인에서 수입한 청색 타일이 성당의 벽을 장식하고 있다.

산 프란시스코 교회(Iglesia de San Francisco)는 안달루시아 지방의 무어 양식을 보여주는 독특한 건축물이다. 성당 내부의 천장 무늬, 벽면기둥, 발코니, 그리고 중앙정원은 스페인 코르도바에 있는 메스키타(Mezquita) 사원의 모습과 흡사하다. 성당 내부에 있는 박물관에는 엄청난 양의 고서적이 보관되어 있는데, 이곳 또한 카탈루냐(Catalunya) 왕자가 기증한 청색 타일로 화려하게 장식되어 있다. 스페인이 페루에 얼마나 많은 공을 들였는지 알 수 있다.

성당 지하에는 수만의 유골이 안치된 묘지가 있다. 시립묘지를 폐쇄하면서 이장한 것이라고 한다.

피사로 기마상 근처 무라야(Muralla) 공원에는 위락시설이 있고 한쪽에는 피사로 기마상이 있다. 기마상은 원래 아르마스 광장에 있었으나 최근 이곳으로 옮겨졌다고 한다. 아르마스 광장의 피사로 기마상이 있던 자리에는 분수 공원이 들어섰다. 이 도시를 건설한 사람이자 잉카 문명의 파괴자, 혹은 정복자라는 이름을 가진 피사로의 동상은 눈매가 매우 사납게 조각되어 있다.

멀리 산크리스토발 언덕이 보인다. 언덕 정상을 향해 노랗고 파란 집들이 있고, 그 꼭대기에는 거대한 십자가가 있다. 중앙시장과 차이나타운(Barrio Chino)으로 가는 길목에는 의사당이 있고 그 앞 공원에는 라틴아메리카의 해방자인 시몬 볼리바르(Simón Bolívar)의 기마상이 있다.

아르마스 광장의 피사로 기마상

리마 차이나타운 일요일이라 중앙시장에는 문을 연 가게가 별로 없지만 어디선가 퍼져 나오는 고소한 생선냄새가 코를 자극한다. 시장 옆길로 들어서니 패루(牌樓)가 나타난다. 리마 한복판에 차이나타운이 있다. 번잡하고 소란스러운 것이 세계 여느 차이나타운과 같다. 보도 타일에는 십이지신상이 새겨져 있다.

다시 아르마스 광장으로 나와 산토도밍고 교회(Iglesia de Santo Domingo)를 지난다. 피사로가 직접 초석을 놓은 교회로 대성당에 있는 유리 상자에 피사로의 유체가 안치되어 있다. 빨갛게 칠한 전면이 앙증맞은 산타로사(Santa Rosa) 교회를 마지막으로 미라플로레스행 버스에 오른다.

콜렉티보를 타고 리마공항으로 밤 11시 45분 항공기 출발시각까지 시간이 많이 남았다. 마침 교통 사정도 좋은 일요일 저녁이라 콜렉티보를 타고 공항으로 향한다. 승객을 가득 싣고 무섭게 질주하는 낡은 도요타 미니버스 운전기사의 실력은 예술이다. 한 시간쯤 달리니 공항에 도착했다. 들어서자 현대와 삼성의 대형 입간판이 나를 압도한다. 국민의 2/3가 스마트폰을 가지고 있는 대한민국과 달리 페루에서는 이제 막 스마트폰이 보급되고 있기에 삼성은 이를 타깃으로 갤럭시폰을 맹렬히 홍보하고 있다.

이상하게도 리마공항은 국제선의 출발과 도착이 밤늦은 시각에 집중되어 있다. 남아메리카 인접 국가는 물론이거니와 미국, 유럽 등으로 가는 항공기들 또한 밤 10시부터 자정 사이에 집중적으로 몰려 있어 공항 대합실은 밤늦은 시각까지도 많은 사람들로 붐빈다.

아름다운 자연, 아름다운 사람들의 나라, 페루를 떠나려니 아쉽다. 다시금 잉카 제국의 영광을 되찾기를 간절히 바란다.

북반구에 갇혀 있던 세계관을 활짝 열어준 남아메리카의 대장정이 오늘로 보름째다. 하루하루가 고군분투의 과정이지만 반환점을 돌아 이제 열흘 남짓만 더 버티면 집으로 돌아간다고 생각하니 안도감, 성취감, 그리고 아쉬운 감정이 뒤섞인다. 페루여 안녕.

16
일차 칠레 산티아고 → 푼타아레나스

산티아고행 란항공기의 출발이 심각할 정도로 지연되었다. 게이트를 바꾸기를 여러 번, 1시간 30분이나 늦게 출발한 항공기는 도착예정시각을 훨씬 넘긴 아침 7시에 칠레 산티아고공항에 착륙했다. 산티아고공항 역시 우리나라 기업이 지배하고 있다. 삼성의 대형 광고 전광판에서는 가전제품과 모바일 광고가 번갈아 나온다.

파란 눈의 란 스튜어디스 6시간의 지루한 기다림 끝에 드디어 푸에르토몬트(Puerto Montt) 행 칠레 국내선 란항공기에 몸을 싣는다. 푸에르토몬트에서 푼타아레나스행 항공기로 환승하면 마침내 남아메리카 대륙에서도 가장 남쪽, 지구의 가장 남쪽 대륙에 발을 디디게 될 것이다. 항공기는 안데스 산맥을 따라 남쪽으로 내려간다. 항공기는 만년설로 뒤덮인 안데스 준봉들에 어깨를 나란히 견준다. 그리고 그 사이 좁고 길게 해안평야가 펼쳐진다.

란 스튜어디스들의 용모가 매우 아름답다. 특히 회색빛이 도는 파란 눈은 금방이라도 눈물을 쏟을 것처럼 신비롭다. 올드 팝 가수 잉글버트 험퍼딩크(Englebert Humperdinck)의 노래로 유명한 〈스페인의 눈〉(Spanish Eyes)이 바로 그런 파란 눈이지 않을까 싶다.

드디어 푸에르토몬트에 도착했다. 바람이 매우 거세 착륙을 앞두고 비행기가 몹시 흔들린 통에 멀미가 난다. 육지를 파고 들어간 빙식(氷蝕) 피오르드 해안선이 보인다. 여기서부터 마젤란 해협까지는 해안선이 매우 복잡하다. 산티아고에서 푼타아레나스까지 직항하는 항공기를 탔다면 좋았을 것을 여행경비를 아끼느라 이곳에서 두어 시간을 보낸 후 환승해야 한다. 터미널 밖으로 나가 바닷바람을 쐰다. 멀미는 금세 사라진다. 바람이 강하게 부는 것 외에는 미국, 캐나다 국경 부근의 여름 날씨와 비슷하다.

지구 가장 남쪽으로 가는 길은 참으로 멀기도 멀다. 어젯밤부터 20시간 가까이 지속된 비행기 여행으로 점점 심신이 지친다.

한없이 연발하는 란항공기 　저녁 6시 출발 예정이던 푼타아레나스행 항공기가 저녁 7시가 되어도 출발하려는 기색이 없다. 기상악화 때문에 지연되는 것이라고 한다. 지루하고 고단하지만 '언젠가는 오겠지 …'라고 생각하며 여유를 가지고 기다리는 것 외에는 다른 방법이 없다. 푸에르토몬트와 푼타아레나스가 연결되어 있는 육로가 없기 때문에 항공기 혹은 선박만이 유일한 이동 수단이다.

항공기의 연발착으로 당초 계획했던 일정이 틀어지게 될 것을 염려했지만 여유를 두고 일정을 계획한 덕분에 큰 영향은 받지 않았다. 빡

빡하게 스케줄을 짰더라면 지금쯤 애간장이 탔을 것이다. 그런 상황을 상상하는 것만으로도 아찔하다.

비가 내리기 시작한다. 그사이 항공기 출발시각은 더욱 늦춰져 예정보다 2시간 30분이나 늦은 저녁 8시 20분으로 변경되었다. 그 시각에라도 출발한다면 좋으련만…. 오랜 기다림 끝에 드디어 내가 탑승할 란항공기가 도착했다. 내리는 승객들에게 물어보니 공항 근처 상공에까지 왔다가 바람이 너무 강해 착륙하지 못하고 다른 도시로 갔다가 돌아온 것이라고 한다.

백야의 남위 53도 밤 9시 반이지만 사방이 훤하다. 남위 50도의 여름해는 러시아 상트페테르부르크의 백야(白夜)처럼 길고도 길다. 안데스 산맥을 덮고 있는 구름바다가 장관을 이룬다.

밤 10시 10분 푼타아레나스에 무사히 도착한다. 냉대 툰드라의 척박한 땅이다. 칠레 공군과 함께 사용하는 까닭에 푼타아레나스공항에는 전투기와 수송기가 간간히 보인다. 기나긴 비행 끝에 남위 53도 55분, 남아메리카 대륙 남쪽 끝에 닿으니 감개무량하다.

남극 전진기지 푼타아레나스 공항에서 택시를 타고 시내로 들어가는 길, 단층 주택들이 넓게 퍼진 시 외곽은 미국 시골마을을 연상케 한다. 백야의 저녁노을이 힘겹게 해를 넘겨 보내며 너른 들판을 오랫동안 붉게 적신다. 호스텔에 도착하니 밤 11시, 이제야 어둠이 내린다. 푼타아레나스는 인구 11만 6천 명이 거주하는 도시로, 1848년에 생긴 이후 1914년 파나마 운하 개통 전까지 꾸준히 발전했다. 21세기에 들어서면서는 아르헨티나 우수아이아(Ushuaia), 뉴질랜드 크라이스트처치(Christ-church)와 함께 남극 대륙 보급기지로서 다시 각광받기 시작했다.

17
일차 **푼타아레나스 → 푸에르토 나탈레스**

상쾌한 아침이다. 아침 식사 중 자동차 여행 중인 브라질 가족과 이야기를 나눴다. 무슨 일로 푼타아레나스에 오게 되었느냐고 묻기에 '대륙의 남쪽 끝을 밟았다'라는 기록을 남기기 위해서라고 대답했다. 그들과 즐거운 아침식사를 마치고 호스텔을 나와 항구 쪽으로 건는다. 한국의 초겨울 날씨와 같이 공기가 축축하고 스산하다. 항구에는 컨테이너가 쌓여 있고 트럭들이 바쁘게 오간다. 마침 항구에 도착한 대형 크루즈 유람선에서 관광객들이 쏟아져 나온다.

마젤란 해협 바다 가까이에서 마젤란 해협(Estrecho de Magallanes)을 바라본다. 생각했던 것보다 훨씬 넓다. 1520년 섬과 섬들이 미로처럼 얽힌 바다를 헤쳐 나가 대서양과 태평양을 잇는 항로를 개척한 마젤란(Ferdinand Magellan)의 이름을 붙인 것이다. 경위야 어찌되었든 500년 전 오로지 나침반과 별자리에 의지해 석 달여간 바닷길을 헤맨 끝에 태평양으로 빠져 나온 마젤란의 항해는 인류 역사에 새로운 장을 열었다. 이 해협이 아니었다면 케이프 혼(Cape Horn, 혼 곶)의 험난한 남극해(南極海)를 수천 킬로미터 돌아야만 대서양과 태평양을 이을 수 있었을 테니 말이다.

아르마스 광장과 마젤란 동상

푼타아레나스 항구

푼타아레나스 항구

크로아티아 이민자들　시립묘지로 향했다. 묘지라기보다는 예쁘게 꾸며진 공원의 느낌이다. 유럽 이주민들의 크고 작은 무덤들이 잘 관리되어 있다. 묘비 중에는 크로아티아계 슬라브족(Slavic) 이름이 많다. 시내 중심에는 크로아티아(Croacia) 거리도 있다. 푼타아레나스 인구의 50% 정도가 크로아티아 계열이라고 하니 20세기 초 번창한 양모산업과 크로아티아 이민자들이 관련 있었던 건 아닐까 추측해본다.

여기에도 아르마스 광장　예쁜 상점들이 늘어선 시내 중심가를 걸어 아르마스 광장에 닿는다. 광장 중앙에는 마젤란 해협 항해 400주년을 맞아 1920년에 건립한 마젤란 동상이 있다. 마젤란 동상은 해협 쪽 어딘가를 응시하고 있다. 거리에는 해군 복장을 한 남성들이 많다. 칠레 해군기지가 이 도시에 있기 때문이다. 인근에 있는 해양박물관에는 남아메리카 각국의 해군 활동과 해군 휘장이 전시되어 있고 파타고니아 항해 역사가 기록되어 있다.

　푼타아레나스에서 출발한 버스는 광활한 대지를 3시간 정도 달린 끝에 푸에르토 나탈레스(Puerto Natales)에 들어선다. 푸에르토 나탈레스는 푼타아레나스에서 북쪽으로 247킬로미터 떨어진 인구 1만 9천 명 정도의 소도시이다. 양모산업의 번창과 함께 1911년 도시로 성립된 이곳은 울티마 에스페란사주(Provincia de Última Esperanza)의 수도이기도 하다. 이 주의 이름은 '마지막 희망'이라는 뜻으로, 마젤란 해협의 미로를 지나는 선박의 선장과 선원들의 마음을 상징한다.

　뒤로는(동쪽) 안데스, 앞으로는(서쪽) 태평양을 품고 있는 이 아담한 항구도시의 거리에는 이제 한국에서는 찾아 볼 수 없는 스텔라, 구형 소나타 같은 차량들이 사용되고 있어 깜짝 놀란다.

등산 준비 완료　시내 지리를 금방 파악해 이곳저곳을 자유롭게 다닌다. 토레스 델 파이네 등반을 위해 등산용품도 렌트했다(30유로, 약 4만 5천 원). 마켓에 들러 등반 중에 먹을 음식과 음료도 구매하니 모든 준비 완료다. 밤 11시가 되어서야 찾아온 변방의 밤은 꽤 춥다. 누추한 호스텔 방이지만 그래도 독방이어서 몸과 마음이 편하다.

스페인어의 중요성　남아메리카를 여행하며 스페인어의 중요성을 절실히 느낀다. 에스파냐 대제국이 남아메리카 전역을 비롯하여 전 세계에 퍼뜨린 스페인어는 오늘날 4억 5천만 명이 모국어로 사용하는 언어이다. 브라질과 카리브해 지역의 몇몇 나라를 제외하고는 남아메리카 전역, 그리고 아프리카 일부 지역까지 스페인 언어권이 형성되어 있다. 히스패닉 인구가 늘어나면서 미국과 캐나다에서도 스페인어의 중요성은 점점 커지고 있다.

스페인어의 다양한 변종　물론 거대한 남아메리카 대륙 전체가 정확하게 동일한 스페인어를 사용하는 것은 아니다. 이베리아 반도에서 스페인어가 들어온 후 500년 동안 여러 토착언어와 결합하거나 역사적·지정학적 조건의 영향을 받아 다양한 스페인어 변종이 생긴 것이다.
　예를 들어 산중에 고립되어 바깥 세계와의 교류가 상대적으로 적은 에콰도르 같은 지역에서는 스페인어 원형이 잘 유지되어 있는 반면, 아르헨티나에서는 음운학적으로 가장 변종이 심한, 즉 강한 억양의 스페인어 지역 방언이 사용된다. 페루, 볼리비아, 파라과이에서는 토착 인디오 언어의 영향을 많이 받은 반면, 브라질, 우루과이처럼 스페인 어권과 포르투갈어권의 경계지역에서는 두 언어의 융합어인 포르투뇰 (Portuñol)이 나타나기도 한다.

18 토레스 델 파이네 국립공원

일차 장엄한 비경 아침 7시 30분, 토레스 델 파이네행 버스에 오른다. TDP까지는 140킬로미터, 멀리 구름에 갇힌 봉우리들이 언뜻언뜻 보인다. 앞서 언급한 것처럼 공원 서부지역은 지난 연말 발생한 산불로 인해 출입이 통제된 상태라 공원 동부지역의 일부를 둘러볼 예정이다. TDP가 가까워지자 만년설로 덮인 산들이 위용을 드러낸다. 양떼들은 광활한 초원에서 한가로이 노닌다.

미국 서부 대평원에 버금가는 넓은 대지를 달려 국립공원에 들어서니 비포장도로가 시작된다. 몸이 날아갈 듯 바람이 거세게 분다. 비싼 공원입장료(1만 5천 페소, 약 3만 3천 원)를 내고 공원 입구에서 토레스 호텔까지 공원 내 셔틀버스(편도 2,500페소, 약 5,500원)를 갈아타 7.5 킬로미터 이동한 뒤 본격적인 등산을 시작한다. 보는 방향에 따라 산 봉우리의 모습과 색깔이 각양각색이다. 메마른 산이지만 작은 물들이 모여 큰 계류를 만들어 세차게 흐른다. 날씨가 변덕을 부리니 어제 대여한 등산장비가 유용하다.

신비로운 토레스   토레스 전망대(Mirador del Torres)가 보인다. 등산을 시작한 지 4시간 30분, 이동거리 9킬로미터, 해발고도 886미터까지 올라갔다. 거대한 자연을 경외하며 토레스의 세 봉우리를 하염없이 바라본다. 북봉, 중봉, 남봉의 세 봉우리의 높이는 2,300~2,850미터이다. 그동안 보았던 거대한 바위산들과 비교해본다. 서울 북한산 백운대, 설악산 울산바위, 미국 서부 와이오밍(Wyoming) 주에 있는 데블즈 타워(Devil's Tower), 미국 캘리포니아 요세미티 국립공원의 엘카피탄(El Capitan). 그 어떤 산도 토레스의 높이와 규모에는 미치지 못하는 것 같다.

　토레스의 꼭대기는 구름에 가려 좀처럼 모습이 보이지 않는다. 아래로는 산중 호수가 보인다. 백두산 천지와 비슷하다. 토레스를 뒤로 하고 버스가 있는 곳으로 돌아간다. 이를 악물며 올라온 9킬로미터의 거리를 내려갈 생각을 하니 까마득하다. 일정을 마치고 푸에르토 나탈레스에 돌아오니 밤 10시다. 길고 힘들었던 하루가 지났다.

19
일차　푸에르토 나탈레스 → 푼타아레나스

오전 10시 버스를 타고 푼타아레나스로 돌아간다. 푼타아레나스까지 3시간, 버스는 만석이다. 지독한 바람에 대형 버스가 휘청거릴 정도이다. 공항이 있는 푼타아레나스에 도착했다. 이틀 전 묵었던 미라도르 호스텔을 찾아가니 주인아주머니가 나를 반갑게 맞아준다.

토레스 델 파이네 국립공원의 거대한 바위산들

펭귄 서식지 가는 길　오트웨이(Otway) 펭귄 서식지로 가던 중 미니버스에서 만난 스위스 노부부와 잠시 이야기를 나눈다. 낯선 언어를 사용하기에 어느 지역 말인지 물어보니 스위스 취리히(Zurich) 지역에서 사용하는 독일어 방언이라고 한다. 그들은 한국에서도 4주간 머물렀다고 한다. 부산과 김치에 대한 기억이 생생하고 지하철에서 젊은 사람들이 노인들에게 자리를 양보하는 모습이 인상적이었다고 말한다. 창밖으로는 철망 울타리로 경계표시만 되어 있는 광야가 끝없이 펼쳐진다.

서글픈 펭귄 울음소리　오트웨이 마젤란 펭귄 서식지에 도착하니 척박한 기후와 강풍에 견디느라 납작 엎드린 이끼와 각종 툰드라 식물이 제일 먼저 눈에 들어온다. 오늘은 수백 마리의 펭귄을 볼 수 있다고 한다. 짝짓기가 끝난 시기라 펭귄이 없으면 어쩌나 했는데 다행이다.

지금 1~2월은 갓 태어난 아기 펭귄들이 털갈이를 끝낸 후 걸음마를 연습하는 시기이다. 아장아장 걷는 아기 펭귄의 모습이 무척이나 귀엽다. 그러나 울음소리는 왠지 서글프게 들린다. 뒤뚱거리며 걷는 모습 때문에 귀엽게만 보았는데 목청을 돋우어 한참 만에 한 번씩 울어대는 허스키한 목소리가 매우 구슬프다. 펭귄 서식지의 앞바다는 마젤란 해협으로, 대서양과 태평양 두 개의 큰 바다가 만나는 거칠고 험한 곳이다. 마젤란이 이 험한 바다를 빠져나가 만난 바다를 태평양(Pacific), 즉 고요한 바다라고 부른 이유를 이해할 수 있을 정도이다. 이렇게 험한 환경에서 태어나고 자란 탓에 펭귄의 울음소리가 그리 구슬프게 들리는가보다.

단단한 현대 중고미니버스   12년 된 현대자동차 그레이스 미니버스는 승객을 가득 채우고 자갈투성이 비포장도로를 너끈히 달려 시내로 향한다. 창밖의 석양을 바라보며 언제 다시 이곳에 올 수 있을지 생각해본다. 왠지 마지막일 것 같아 울적한 기분이 든다.

푼타아레나스여 안녕.

20 일차 푼타아레나스 → 산티아고

산티아고 시장 탐방   새벽에 출발하는 산티아고행 란항공기를 놓칠세라 자는 둥 마는 둥 밤을 보내고 공항으로 향한다. 이른 새벽인데도 공항은 많은 사람들로 북적인다.

3시간의 비행 후 산티아고에 도착, 호텔에 여장을 풀고 산티아고 탐방에 나선다. 우선 베가 센트랄(Vega Central) 청과시장으로 향한다. 과일, 채소, 육류 등 없는 게 없다. 서울 가락시장 같은 도매시장이다. 전 세계 어디든 시장은 늘 생동감이 넘친다. 깨 볶는 냄새는 한국을 생각나게 한다. 각종 잡화상, 만물상이 들락거리고 크고 작은 트럭들이 분주히 오간다.

배가 센트랄 시장을 나와 마포초(Mapocho) 강을 건너 중앙시장(Mercado Central)으로 간다. 마포초 강물이 흙탕물이어서 깜짝 놀란다. 사막 기후도 원인이겠지만 70~80% 수준밖에 안 되는 하수처리능력도 원인인 듯하다. 중앙시장은 싱싱한 각종 해산물 식당이 많은 곳으로도 유명하다. 마침 점심시간이라 해산물 요리로 배를 채운다. 소문처럼 재료가 무척 싱싱하고 맛도 일품이다.

산티아고 아르마스 광장 중앙시장을 나와 잠시 걸으니 아르마스 광장이 보인다. 광장 한가운데에는 독립기념비와 산티아고 개척자 발디비아(Pedro de Valdivia)의 기마상이 있다. 주변에는 시청사, 중앙우체국, 대성당, 국립역사박물관이 광장을 에워싸고 있다. 발디비아 기마상은 독립 150주년을 기념하여 1963년 건립되었다고 한다. 대성당은 1566년 최초로 건축되어 1748년 개축되었는데, 그 규모가 매우 웅장하고 화려한 스테인드글라스가 인상적이다. 국립역사박물관은 콜럼버스의 신대륙 발견, 마젤란의 세계일주 이야기를 시작으로 현대까지 이어지는 역사, 정치, 산업, 예술 등 칠레의 전반을 소개한다. 그중 가장 기억에 남는 것은 칠레 현대사에서 가장 아픈 부분인 아옌데(Salvador

칠레 산티아고 대통령 궁
(모네다 궁)

Allende) 의 실각과 자살(1973), 피노체트(Augusto Pinochet) 의 쿠데타
와 군사독재의 상세한 기록이 아닐까 싶다.

산타루시아 언덕　　아르마스 광장에서 모네다 궁까지 걸어간다. 길쭉
한 2층 건물로 아옌데 대통령이 피노체트 쿠데타군에 끝까지 저항하다
최후를 맞은 곳이라 비감함이 느껴진다. 당시 군사 쿠데타의 공습을 받
아 일부가 훼손된 상태이다. 원래 조폐국의 용도로 건축되었다가 훗날
대통령 궁으로 용도가 바뀌면서 모네다(Moneda, 돈) 궁이라고 부르게
되었다고 한다. 근처에 헌법 광장, 자유 광장이 있는데 모두 사각형의
평범한 콘크리트 건물로 서로 조화를 이루지는 못하는 것 같다.

　칠레대학 구 캠퍼스 부근 서점가를 지나 산타루시아(Santa Lucia) 언
덕까지 걷는다. 70미터 높이의 작은 언덕이지만 정상에 올라 시내를 바
라보니 전망이 매우 좋다.

산크리스토발 마리아상　바케다뇨(Baquedaño) 메트로에서 내려 산크리스토발 언덕(San Cristobal)으로 향한다. 언덕으로 향하는 삐오노노(Pio Nono) 거리는 카페 거리인데, 마침 금요일 저녁인지라 많은 젊은이들이 카페에 앉아 담소를 나누고 있다. 매우 자유로워 보인다.

삐오 노노 거리가 끝나는 곳에서 푸니쿨라(*funicular*)를 타고 언덕 정상에 오른다. 86년 된 푸니쿨라이지만 언덕을 부드럽게 잘 올라간다. 산티아고에서 가장 높은 곳으로 야경이 일품이라고 하지만 아직 대낮이다. 길고 긴 여름해가 야속하다.

정상에는 커다란 성모 마리아상이 있다. 그 앞에서 많은 사람들이 감사와 소원을 담아 촛불 세리모니를 한다. 호텔로 돌아오는 길에 이용한 지하철 안은 퇴근 인파로 무척이나 붐빈다. 그 북적거림에 괜히 나도 보태는 것 같아 미안한 생각이 든다.

21 일차　산티아고 → 부에노스아이레스 경유 → 이과수

마침내 칠레를 떠난다. 항공기 출발시각이 아침 7시이기 때문에 이른 새벽 서둘러 출발한다. 밤새도록 파티를 즐긴 젊은이들이 술집에서 쏟아져 나온다. 서로 부둥켜안고 헤어짐을 아쉬워한다. 부에노스아이레스행 란항공기는 정시보다 조금 늦게 출발한다. 정들었던 산티아고를 떠나려니 마음이 허전하다. 오래 살던 도시를 떠나는 기분이다.

국내선 공항 가는 길　문제가 생겼다. 부에노스아이레스행 항공기가 호르헤 뉴베리(Jorge Newbery) 국내선 공항이 아니라 에세이사(Ezeiza) 국제선 공항에 도착하는 바람에 국내선 공항까지 알아서 이동해야 한다. 게다가 국내선 공항은 국제선 공항 정반대 쪽 위치에 있다.

푸에르토 이과수(Puerto Iguacu) 행 항공기가 국내선 공항에서 출발하기에 일부러 예약한 것인데, 비행기가 국제선 공항에 착륙한 것이다. 다행히 시간 여유가 있어 공항버스를 타고 서둘러 국내선 공항으로 이동한다.

버스가 공항을 벗어나자 넓은 공원이 연이어 나타난다. 한없이 넓은 7월 9일 거리(Avenida del 9 Julio), 잘 자란 가로수, 고색창연한 콜로니얼 건축물, 새롭게 올라가는 현대식 고층빌딩들 …. 에세이사 국제선 공항의 혼잡한 인상을 말끔히 지워준다.

부에노스아이레스, 맑은 공기라는 뜻처럼 도시의 하늘이 무척 맑다. 호르헤 뉴베리 국내선 공항은 해변과 맞닿아 있다. 해변에는 산책, 낚시, 그리고 일광욕을 즐기는 시민들로 가득하다. 파란 하늘과 대서양의 검푸른 바닷물이 묘한 조화를 이룬다.

한국의 대척점 라플라타강 하구　이번 여행길에 남아메리카 대륙 내 항공이동은 모두 란항공을 이용했는데, 여행 일정을 망치는 심각한 연발착이나 결항 없이 무사히 이동할 수 있었다.

부에노스아이레스 국내선 공항을 이륙한 항공기는 북동 방향으로 방향을 튼다. 창밖으로 라플라타(La Plata) 강 하구가 대서양을 만나는 모습이 보인다. 이곳이 정확하게 우리나라의 대척점, 즉 지구 반대편이다. 아르헨티나의 평원은 끝이 없다. 곧 열대우림 한가운데 자리한 푸에르토 이과수 국제공항이 보인다. 멀리 폭포의 물보라도 보인다. 착륙 후 공항 터미널에서 나와 곧바로 시내로 이동한다.

22
일차
이과수 → 부에노스아이레스

"my poor Niagara"   이른 아침 이과수폭포행 버스에 몸을 싣는다. 아침인데도 날씨가 더운 탓에 연신 땀이 흐른다. 30분 걸려 공원 매표소에 도착, 100페소(약 2만 8천 원)를 내고 입장료를 구입한다.

이과수폭포는 폭 4.5킬로미터, 평균 낙차 80미터로 브라질, 아르헨티나, 파라과이 3개 국가의 경계에 있는 세계 제일의 폭포이다. 미국 프랭클린 루스벨트(Franklin D. Roosevelt) 전 대통령의 부인 엘리너(Eleanor Roosevelt) 여사가 이과수폭포를 보고 "불쌍한 나이아가라"(my poor Niagara)라고 말했다는 일화를 통해 짐작한 것처럼, 이과수폭포의 규모는 엄청나다.

브라질 vs 아르헨티나   이과수는 브라질에 같은 이름의 도시 포스두 이과수(Foz do Iguaçu)가 있어, 브라질을 통해 방문하기도 한다. 브라질 쪽의 폭포는 원경이나 전체적 조망이 좋다면 아르헨티나 쪽의 폭포는 가까운 거리에서 볼 수 있다는 장점이 있다. 이과수는 세계인들이 꼭 방문하고 싶어 하는 관광지 중 한 곳으로 꼽지만, 워낙 남반구 내륙 깊숙한 곳에 위치한 까닭에 방문이 쉽지 않다.

깊숙한 곳에 위치한 까닭에 방문이 쉽지 않다.

악마의 목구멍　공원 입구에서 미니열차를 타고 가르간타 델 디아블로(Garganta del Diablo, 악마의 목구멍)로 향한다. 열차에서 내려 철제 다리를 20~30분 걷는다. 산마르틴(San Martin) 섬을 사이에 두고 떨어지는 폭포의 물살은 매우 거세다. 물살은 점점 빨라지더니 이윽고 거대한 물안개를 일으킨다. 악마의 목구멍에 다다른 것이다.

　이름을 정말 잘 지은 것 같다. 저 아래 심연으로 모든 것이 빨려 들어가는 것 같다. 등골이 오싹해진다.

이과수를 섭렵하다　상부 순환로를 걸어 아담과 이브 폭포 가까이로 이동한다. 수백 개의 크고 작은 폭포가 이루는 광경은 장엄하다. (이과수에는 총 275개의 폭포가 있다.) 저 아래 계곡에는 폭포 탐험선이 물살을 가르며 폭포 바로 밑까지 거슬러 올라간다. 멀리 번지점프장과 산마르틴 섬 백사장도 보인다. 이어서 하부 순환로를 따라간다. 물보라가 더위를 식혀준다. 이번에는 아까 본 폭포들을 올려다보는 각도의 지점이다. 어느 높이, 어느 각도, 어느 원근에서 봐도 멋진 그림이다. 조물주만이 만들 수 있는 위대한 작품이다.

　이과수폭포 관람에 빠져 있는 사이 어느덧 오후 3시가 되었다. 호텔로 돌아와 부에노스아이레스로 떠날 채비를 한다. 버스터미널 근처에서 피자 세 조각으로 가벼운 식사를 한다. 식당 앞, 볼리비아 사람으로 보이는 여성이 한 손으로는 아이를 업고 다른 한 손으로는 관광객들을 대상으로 구걸에 가까운 행상을 하고 있다. 가난한 나라 사람들(볼리비아, 파라과이) 은 타국에 와서도 구걸을 하거나 막노동을 해야 그나마 돈을 벌 수 있다고 하니 씁쓸해진다.

18시간의 버스 여행　비아 바릴로체(Via Barilroche) 2층 버스는 저녁 7시쯤 터미널을 벗어난다. 부에노스아이레스까지 1,200킬로미터, 비행기로 2시간, 버스로 18시간이 걸리는 거리이다. 운전기사 2명 외에 승무원도 있다. 말쑥하게 제복을 차려입은 승무원은 잘생긴 백인 청년이다. 우등석 버스 요금은 540페소(약 15만 원) 로 비싼 편이지만 숙박비를 아끼고 육로 여행의 낭만을 누린다고 생각하면 그리 나쁜 가격은 아니다.

　버스는 땅거미가 깔린 길을 재촉하며 달리고 엘도라도(El Dorado), 푸에르토리코(Puerto Rico), 에스페란자(Esperanza) 와 같은 멋진 이름을 가진 시골 마을에 들러 승객을 태운다. 밤 깊은 시골의 버스터미널은 이별의 장소이다. 한 마을의 정류장에서는 엄마를 어디론가 떠나보내는 두 소년이 달리는 버스를 뒤쫓아오며 연신 손을 흔든다. 내 뒷좌석에 탄 두 소년의 엄마는 무슨 사연인지 누군가와 통화를 하며 내내 울먹인다.

　밤 10시 반, 버스에서 식사를 제공한다. 케이터링 트럭이 온 것이다. 따뜻한 음식에 미니와인 한 병까지 준다. 즐거운 저녁식사다.

이과수폭포, 악마의 목구멍

23

일차 **여전히 신대륙** 넓은 대륙의 아르헨티나는 항공기나 철도가 구석구석까지 닿지 않기 때문에 버스가 매우 중요한 교통수단이다. 기사 2명이 교대로 운전하며 광활한 대지를 쉬지 않고 달린다. 버스 안에서 아침을 맞는다. 커피와 함께 아침식사가 나온다. 마을은 어쩌다 가끔 나타나고 간간히 비포장도로도 달린다. 휴대폰의 신호는 끊긴 지 오래다. 국토의 78%가 아직 미탐사 지역이라고 하니 언제, 어디서, 무엇이 터져 나올지 모르는 기회의 땅이기도 한 곳이다.

포식의 시대를 열어준 아르헨티나 초원 이과수를 떠난 지 14시간이 지났다. '부에노스아이레스 250킬로미터'라는 이정표가 보인다. 창밖으로는 여전히 대초원밖에 보이지 않는다.

드넓은 팜파스(Pampas) 초원을 보니 1970년대 농업이민으로 이 땅에 발을 디뎠을 한국 이민자들의 애환이 그려진다. 고국에서 농사를 지어 본 적이 없어 도시로 흘러들어갔지만, 다른 분야에서 재능을 발휘하여 이 나라 발전에 이바지했을 것이다.

어디 한국 이민자들뿐이겠는가. 오키나와 출신의 일본계 이민자들은 화훼산업으로 이 나라에 진출했다. 유럽 이민자로는 스페인계와 이탈리아계가 주축을 이루고 레바논, 시리아, 아르메니아계도 많다고 한다. 유대인 이민자들도 큰 규모를 이루고 있다. 근래에는 볼리비아, 페루, 파라과이 등 가난한 나라에서도 이민자들이 들어와 이 나라의 하층 계급을 형성하고 있다고 한다.

고속도로를 오가는 차량 중에는 움직이는 것이 신기할 정도로 낡은 차들도 있다. 이 나라의 현실을 보여주는 것 같아 안타깝다.

한국의 존재감이 약한 아르헨티나　검붉은 라플라타강을 건너니 부에노스아이레스까지 약 한 시간정도 남았다. 이제야 휴대폰 로밍 신호가 약하게나마 들어온다. 시 외곽에는 높고 긴 철조망 너머로 고급 주택단지가 보인다. 고속도로를 따라 수많은 세계 기업들의 공장이 즐비하게 늘어서 있다. 대외 의존형 경제구조를 보여준다. 그러나 아직 한국제품의 존재는 미약한 듯하다.

레티로 풍경　드디어 레티로(Retiro) 역이다. 딱 18시간 걸렸다. 아르헨티나의 푸른 초원을 눈에 가득 담은 멋진 버스여행이었다. 버스터미널 옆에는 수브테(Subte, 지하철) 가 있다. 이 지역의 풍경은 옛날 서울역을 연상케 한다. 많은 인파와 이를 대상으로 호객행위를 하는 택시와 버스가 뒤섞여 매우 혼잡하다.

부에노스아이레스는 1536년 건설된 후 1580년 재건설되었다. 부에노스아이레스 사람들은 스스로를 '멋있는 항구 사람'이라는 뜻으로 '포르테뇨'(Porteño) 라고 부른다. 레티로에서 수브테를 타고 숙소가 있는 시내로 향한다. 수브테 승강장 타일의 벽화가 매우 아름답다. 1913년 개통한 수브테 A선은 남아메리카에서 가장 오래된 지하철로, 나무로 만든 차량이 아직도 다닌다.

라보카와 카미니토 탱고 거리　파스코(Pasco) 역에서 내려 숙소 근처

부에노스아이레스 탱고 거리 카미니토

가게에 들러 비타민이 풍부한 과일을 한 아름 샀다. 오늘 날씨는 32도. 낡은 버스가 매연을 뿜는다. 고색창연한 건물은 대부분 호텔 아니면 아파트이다. 그리고 그 건물의 1층에는 대부분 맥도날드 아니면 슈퍼마켓이 있다. 숙소에 여장을 풀고 시내 탐험에 나선다.

우선 오늘은 상대적으로 거리가 먼 라보카 지역으로 향한다. 64번 버스를 타고 5월 광장(Plaza de Mayo)을 지나 항구 근처에 가니 그곳이 바로 그 유명한 라보카(La Boca)이다. 오래된 항구도시 근처에는 지어진 지 수백 년은 되어 보이는 창고가 쭉 늘어서 있고 그 앞을 대형 트럭들이 분주히 오간다.

이 지역은 1536년 스페인 지휘관 멘도사(Pedro de Mendoza)에 의해 형성된 후 항구라는 입지적 조건으로 인해 이민자들을 중심으로 주택가가 들어선 곳이다. 홍수가 잦아 벽돌 한두 개 높이 위에 집을 지은 것이 특징이다. 주택가 외벽이 알록달록한 이유는 가난한 집주인들이 조선소에서 쓰다 남은 페인트로 집의 외벽을 칠했기 때문이다.

부두 노동자들이 사는 가난한 동네 라보카. 거리 이름은 브란드센 (Brandsen)과 같은 네덜란드식 이름, 브라운(Brown)과 같은 영국식 이름 등 이 지역으로 몰려든 유럽 이민자들만큼이나 다양하다.

보카 주니어스 축구클럽 라보카지역 카미니토(Caminito)는 탱고의 거리이다. 음식점마다 남녀 무희들이 나와 탱고를 선보인다. 스텝을 보고 있노라면 너무 복잡해 현기증이 날 정도다.

알록달록한 건물들을 구경하며 보카 주니어스(CABJ: Club Atlético Boca Juniors) 스타디움까지 걸어간다. 스포츠 상점마다 보카 주니어스 팀 유니폼이 가득하고, 이 팀의 스폰서였던 LG의 로고도 간간히 눈에 띄어 반갑다. 경기장 전면에는 바티스투타, 소사 같은 낯익은 축구 선수들의 청동 얼굴상이 걸려 있고, 경기장 주입구 바닥에는 구단 창립(1905년) 100주년을 기념하여 보카 주니어스 팀을 빛낸 선수들의 이름이 별 모양의 바닥 패널에 새겨져 있다.

아파트가 많은 도시 부에노스아이레스 사람들은 다정다감하다. 이 방인이 길을 묻고, 귀찮은 부탁을 해도 늘 친절과 웃음으로 답해준다. 삶이 녹록하지 않아도 마음의 여유를 잃지 않는 사람들이다. 버스를 타고 호텔로 돌아가는데 창밖으로 아파트가 즐비하게 늘어서 있다. 부에노스아이레스 주민의 2/3가 아파트에 거주한다는 통계가 이해된다. 다만 도시의 멋진 건축물들과 조화를 이루지 못한 채 아무 곳에나 무질서하게 들어선 것이 흉물스럽다. 시내 곳곳에 있는 공원에서는 사람들의 대화가 끊이지 않는다.

　아이들은 먼지를 일으키며 축구에 열중이다. 마라도나, 메시와 같은 축구선수들도 어린 시절 바로 이러한 곳에서 축구를 하며 재능을 키웠을 것이다. 부에노스아이레스의 여름 저녁은 이렇게 저물어간다.

24 부에노스아이레스

일차 **온세역 앞 이민자 거리**　호텔을 나와서 온세역(Estación Once de Septiembre)까지 걷는다. 온세역은 부에노스아이레스의 주요 기차역 중 하나로 북서쪽 방향으로 가는 열차가 출발하는 곳이다. 역 부근은 볼리비아와 파라과이 출신 이민자들의 지역이라고 한다. 거리를 오가는 사람들은 메스티소는 물론 백인, 이탈리아, 스페인, 독일계 등 다양한 생김새를 하고 있다.

　흑인은 거의 눈에 띄지 않는데, 이는 아마도 아르헨티나와 브라질의 차이일 것이다. 아르헨티나에서는 사탕수수 재배를 할 일이 없었기에 흑인 노예가 들어오지 않은 것이다.

부에노스아이레스 차이나타운　온세역 부근 미제레레(Miserere) 수브테역에서 A선을 타고 레티로로 향한다. 혼잡한 탓에 차량 2대를 보내고 겨우 승차했다. 낡은 목제 차량의 백열등이 깜빡거린다. 오늘도 매우 더울 것으로 예상된다. 레티로에서 교외통근열차를 타고 벨그라노(Belgrano) 지역에 있는 차이나타운을 찾아간다. 철도와 부두 하치장

사이에 있는 고립된 섬 같은 공간에 빈민가가 늘어서 있다. 브라질 파벨라보다 더 참혹한 모습이다. 벨그라노는 아파트 숲으로 둘러싸인 도시외곽 주거지역으로, 작은 규모의 차이나타운이 있다.

　역을 나오니 바로 패루가 보인다. 그 옆에는 2009년 아르헨티나 독립혁명 200주년을 기념하여 건립된 기념비가 있다. 차이나타운은 기념품 가게, 중국 식당, 식료품 가게 등이 전부인 작은 지역이다. 그중 아시아 식료품 가게에 들어가 본다. 생선과 육류 냄새가 코를 찌른다. 신라면, 초코파이 등 한국 식품도 있다. 방앗간에서 뽑은 가래떡도 있다.

길 찾기 어려운 도시　아르헨티나를 비롯한 남아메리카에서 가이드 없이 지도 한 장에 의지해 길을 찾는 일은 쉽지 않다. 안내 표지 또한 부실해 사람들에게 수없이 물어가며 길을 찾는 수밖에 없다. 차이나타운을 나와 후라멘토(Juramento) 거리를 걸어 올라가니 수브테역이다. 수브테를 타고 팔레르모(Palermo) 지역에 있는 이탈리아 광장(Plaza Italia)으로 이동한다. 길이 넓고 울창한 숲이 있는 지역이다. 가로수 길이 있고 프랑스식 주택이 많은 이 지역은 한때 부에노스아이레스가 남반구의 낙원이었음을 말해준다.

　이탈리아 광장에서 시원한 그늘을 찾아 휴식을 취한 뒤 시내버스를 타고 레사마 공원(Parque Lezama)으로 향한다.

부에노스아이레스의 러시아 정교당　레사마 공원의 작은 언덕에 오르니 마침 시원한 바람이 불어와 더위를 식혀준다. 공원에는 1536년 이 도시를 개척한 멘도사의 동상이 있고 동상 뒷면에는 그와 함께 항해한

선원들의 이름이 새겨져 있다. 국립역사박물관은 아쉽게도 휴관이다. 공원 옆에는 1904년에 건립된 러시아 정교회(Iglesia Ortodoxa Rusa)가 파란색 돔을 얹고 자리하고 있다. 성 삼위일체를 묘사한 모자이크 타일은 러시아 상트페테르부르크에서 가져왔다고 하는데, 그 화려함에 감탄을 금치 못한다.

동쪽으로 두 블록쯤 걸으니 산 텔모(San Telmo) 지역이다. 항구가 가까운 이곳에 일찍부터 유럽 이민자들이 정착했다. 고색창연한 분위기를 자랑하는 유서 깊은 곳이다. 이 지역 한복판 도르레고(Dorrego) 광장에서 탱고 공연을 볼 수 있기를 기대했으나 시간이 일러서인지 아니면 날이 너무 더워서인지 탱고를 추는 사람은 없고 라쿰파르시타 연주만이 스피커를 통해 흘러나온다.

5월 광장 버스를 타고 몇 정거장 이동하니 드디어 5월 광장이다. 부에노스아이레스의 중심인 이곳에서는 대통령 취임식을 비롯해 집회, 시위 등이 자주 열린다. 광장 한가운데에는 스페인 식민 지배의 부당함에 맞서 독립을 선언한 1810년 5월 혁명을 기념하는 '5월의 탑'이 있다. 독립 1주년에 세워진 것이니 200년이란 역사를 지닌 탑이다.

탑 맞은편에는 대통령 궁이 있다. 대통령 궁 입구에서는 최근 재선에 성공한 크리스티나 페르난데스(Cristina Fernandez Kirchner) 대통령의 사진전을 하고 있다. 포퓰리스트 대통령다운 사진들이 많다.

주변에는 시청사와 메트로폴리탄 성당도 있다. 르네상스 양식의 성당은 모양이 특이하여 성당이라기보다는 도서관이나 극장 같다. 성당 내부에는 독립 영웅 산마르틴(San Martin)의 무덤도 있다. 성당 의자

부에노스아이레스 5월 광장

내부에는 독립 영웅 산마르틴(San Martin)의 무덤도 있다. 성당 의자에 앉아 여행을 회고하고 무사히 여정을 이어온 것에 감사기도를 드린다. 가톨릭 문화권의 나라에는 어디를 가든 성당이 있는데, 이따금 비를 피하거나 더위 혹은 추위를 피해 잠시 쉴 수 있는 장소이기도 해 여행객에는 무척 감사한 곳이다.

포클랜드 전쟁 광장 한편에 각종 구호가 나부낀다. 그중에는 1982년 포클랜드 전쟁 패배로 영국에 빼앗긴 말비나스 제도(Islas Malvinas, 영국명 Falkland Islands) 문제에 대한 각성을 촉구하는 내용이 대부분이다. 포클랜드 전쟁은 1982년 아르헨티나가 남대서양 포클랜드 제도의 영유권을 주장하면서 일으킨 전쟁이지만 당시 영국 마가렛 대처 정부의 강력한 응전으로 아르헨티나의 항복으로 끝났다. 전쟁을 일으킨 아르헨티나 군사정부는 실각하여 정권이 민간에게 이양되었다.

최근 포클랜드 근해에 엄청난 양의 원유가 매장되어 있다고 알려지면서 다시 세계의 주목을 받고 있다.

마라도나와 월드컵 이후 아르헨티나와 영국은 앙숙이 되어 월드컵 축구 경기장에서 만날 때마다 격렬한 싸움을 벌인다. 1986년 아르헨티나는 멕시코 월드컵 8강전에서 잉글랜드(영국을 구성하는 4개 지역 중 하나)를 만나 2대 1로 이겨 포클랜드 전쟁 패배의 아픔을 위로받았는데, 이날의 영광은 두 골 모두를 기록한 마라도나 덕분이었다.

동점골은 그 유명한 '신의 손' 논쟁을 일으킨 골이고, 역전골은 잉글랜드 수비수 6명을 제치며 60미터를 단독 돌파하여 득점한 월드컵 사상 가장 위대한 골 중 하나이다.

남아메리카의 파리 5월 광장에서 멀리 오벨리스크를 바라보며 레푸블리카 광장(Plaza de la Republica)까지 걷는다. 광장 중앙에는 아르헨티나 국기가 펄럭이고 그 앞으로는 세계에서 가장 넓은 도로인 7월 9일 거리(Avenida de 9 Julio)가 있다.

기운을 내어 콜론 극장(Teatro Colón)과 유대교당이 있는 산 니콜라스(San Nicolas) 지역까지 걷는다. 땅고 뽀르떼뇨(Tango Porteño) 공연장 앞을 지난다. 저녁 8시 30분에 공연이 열린다고 한다. 조금 더 걸으니 유대교당 옆에 국립 세르반테스 극장이 있다. 이처럼 부에노스아이레스는 박물관, 미술관, 극장이 즐비한 문화의 중심지여서 '남아메리카의 파리'라고도 불린다.

호텔로 돌아가는 길에 의회 광장(Plaza del Congreso)을 지난다. 지붕에 구리 돔을 얹은 의사당이 있는 광장으로, 아르헨티나의 기점이자 지리적 중심이기도 하다. 의사당 건물은 군정 시절 한동안 폐쇄되었다가 1983년 민정 이양 후 다시 사용되고 있는 것이라 한다. 의회 광장 한쪽에는 한때 멋진 모습을 뽐냈을 법한 고딕첨탑 건물이 흉물스럽게 서 있다.

25
일차 부에노스아이레스 → 상파울루

항공기 출발 전까지 시간적 여유가 있어 국립역사박물관에 들렀다. 박물관 전시는 1808년 나폴레옹의 스페인 침공으로 스페인 국왕이 볼모로 잡히고 아메리카 대륙에 독립의 기운이 만연한 가운데 1810년 5월 독립혁명이 일어난 경위를 설명하는 것으로 시작하는데, 혁명 관련 대형 벽화 3점을 비롯하여 산 마르틴 등 주요 혁명 및 독립 영웅과 국가 탄생에 관한 기록만 있어 아쉬운 관람이었다.

공항행 8번 버스 호텔로 돌아와 짐을 꾸리고 공항으로 향한다. 에세이사 국제공항은 시내 북서쪽으로 35킬로미터 지점에 위치한 먼 곳이지만 항공기 출발까지 시간이 많이 남은 데다, 무엇보다도 이곳을 더 둘러보고 싶은 마음에 도시를 빙 둘러 공항으로 향하는 8번 버스에 몸을 실었다. 버스는 리바다비아 거리(Avenida Rivadavia)를 끝까지 올라가더니 공항을 바로 앞에 두고 공항 근처의 크고 작은 동네를 빙 돌아 약 2시간 후 공항 앞 정류장에 선다. 그렇게 더디게 왔건만 항공기 출발까지 무려 4시간 이상이나 남았다.

버스가 지나온 도시 외곽은 보잘 것 없다. 부에노스아이레스의 명성과는 전혀 어울리지 않았다. 관리만 잘했더라면 아름다웠을 도시 외곽은 시간이 흐를수록 더욱 무질서해지는 듯하다. 멋진 사람들이 사는 도시가 점점 쇠락하는 것 같아 안타깝다.

문명의 남쪽 끝 서쪽 끝　에세이사 국제공항에서는 북아메리카와 유럽 주요 도시뿐만 아니라 쿠알라룸푸르행 말레이시아항공, 두바이행 에미레이트항공, 도하(Doha)행 카타르항공, 요하네스버그행 남아프리카항공도 취항한다.

상파울루행 브라질 땀(TAM) 항공기에는 흑인과 동양인들도 많다. 브라질의 다양한 인종 구성을 보여준다고 할 수 있다. 항공기가 예정보다 한 시간 늦은 밤 8시 45분에 출발한 덕분에 하늘에 오르자마자 끝없이 펼쳐지는 도시의 불빛을 볼 수 있었다.

26
일차 상파울루 → 남아프리카공화국 요하네스버그

상파울루공항 A22 게이트의 해프닝　요하네스버그행 남아프리카항공기를 탑승하려는데 문제가 생겼다. 남아메리카에서 남아프리카공화국으로 입국하는 여행자들은 반드시 엘로 카드(Yellow Card, 황열병 예방접종 증빙서류)가 있어야 하는데, 나의 경우 예방접종을 하지 않아 비행기에 오를 수 없다는 것이다. 내일(자정이 지났으므로 오늘) 예방접종을 한 후 다시 오라고 하니 이 무슨 황당한 상황인가?

　열대지역에는 가지 않았다, 도시 부근만 다녔다 등의 설명을 해보지만 통할 리 만무하다. 게이트 책임자와의 대화를 요구했다. 규정을 보여달라고 하니 책임자는 모니터 화면을 띄워 규정을 설명해주는데, '남아프리카공화국 24시간 이내 통과여객 예외'라는 조항이 눈에 들어온다. 얼른 그 조항을 거론하며 나는 24시간 이내 통과승객일 뿐이고(사실 나의 경우, 요하네스버그 환승 대기시간이 24시간이 넘는다) 규정에 따라야 한다면 요하네스버그공항 터미널 밖으로는 나가지 않고 공항 내 환승 호텔에서만 머물 것이라 말하며 간신히 항공기 탑승 허가를 받았다. 내가 탑승하자마자 항공기는 문을 닫고 새벽 2시 40분에 이륙한다. 큰일 날 뻔했다.

남아메리카 대륙을 떠나며　우여곡절 끝에 탑승한 항공기에 앉아 안도의 숨을 내쉰다. 작년 12월 29일 바로 이곳 상파울루에 발을 들여놓음으로써 시작한 남아메리카 여행이 드디어 끝이 났다.

　3주일 넘게 구석구석을 누비던 대륙을 떠나려니 감회가 깊다. 무한한 가능성을 지닌 대륙. 선진국에서는 발견하기 힘든 소박함과 여유가 있다. 대부분의 사람들이 물질적으로 넉넉한 삶을 살고 있지는 않지만 물질이 행복을 결정하는 데 중요한 요소가 아님을 절실히 깨닫게 해주었다.

다시 요하네스버그로　항공기는 만석이다. 옆자리에는 유리(Yuri)라는 이름의 브라질 남성이 앉았다. 페트로브라스(Petrobras) 브라질 국영석유회사 직원인데, 자기도 브라질 동쪽은 초행길이라고 한다. 항공기는 9시간 비행 후 요하네스버그공항에 착륙한다. 입국심사대에서 옐로 카드를 요구할까? 일단 입국 시도는 해보자. 다행히 열감지기 체크만 할 뿐 예방접종 서류는 요구하지는 않는다.

　호스텔에서 제공하는 차량을 타고 편하게 이동한다. 공항이 근거리에 있는 호스텔은 마치 전원단지 같다. 해발 1,800미터 고원도시 요하

2010 월드컵에 맞추어 개통한 도시고속철도 가우트레인

네스버그의 여름 저녁 상쾌한 날씨가 오랜 비행으로 지친 몸과 마음에 생기를 불어넣어준다.

27
일차
요하네스버그 → 홍콩

시차 때문에 밤새 뒤척이고 일찍 일어나 공항으로 향했다. 공항 수하물 보관소에 가방을 맡긴 후 가우트레인을 타고 시내로 향한다. 어디를 가든 사람들이 매우 친절하다. 시내로 가는 고속도로는 출근 차량들로 가득 메워져 있다. 샌튼에서 환승하여 로즈뱅크 역에서 하차, 요하네스버그 시내 중심으로 가는 버스를 기다린다.

요하네스버그 도심 풍경 아프리카 대륙에서 가장 높다는 칼튼센터 오피스타워(Carlton Center Office Tower)의 전망탑과 함께 즐비한 고층빌딩들이 시야에 들어온다. 높지 않은 언덕이 오르내리는 요하네스버그의 풍경은 유럽과 미국을 한데 섞어놓은 듯하다.

잠시 시내를 산책한 뒤 아파르트헤이트(Apartheid) 박물관으로 향한다. 이 박물관은 요하네스버그 외곽인 골드리프시티(Gold Reef City)에 있는데, 이곳에는 19세기 말 금광을 재현한 민속촌, 카지노, 테마파크 등이 있다. 골드리프시티로 가는 고속도로 양옆으로 공장, 산업 물류기지 건설이 한창 진행 중이고, 중국인들이 투자한 거대한 복합쇼핑몰이 들어서 있다.

아파르트헤이트박물관　아파르트헤이트박물관 입구에는 "자유로워진다는 것은 단지 쇠사슬에서 벗어나는 것이 아니라 타인의 자유를 존중하고 신장하는 삶을 사는 것이다"라는 넬슨 만델라의 글이 새겨져 있다. 그 옆으로 7개의 기둥이 있는데, 이것은 인종차별 철폐 이후 남아프리카공화국이 채택한 헌법이 표방하는 일곱 가지의 가치, 즉 민주주의, 평등, 화해, 다양성, 책임감, 존중, 그리고 자유를 상징한다.

　출입구부터 예사롭지 않다. 백인종과 유색인종을 구분하는 문을 지난다. 나는 입장권에 무작위로 표기된 '유색인종'(Non-White Only) 게이트를 지나 박물관으로 들어간다. 이어서 인종분류 심사대를 지난다. 기분이 묘하다. 당시 흑인(반투족), 유색인(흑인 혼혈), 아시아인, 그리고 백인(European)으로 분류하는 기준에는 많은 오류가 있었다고 한다. 같은 혈통인데도 서로 다르게 분류되어 다른 인생을 살아야 했는가 하면, 중국인이 백인으로 분류되는 등 어처구니없는 일도 많았다고 한다.

소웨토 봉기　만델라 전시실에는 1990년 그가 로벤 감옥에서 석방될 때 타고 나온 빨간색 벤츠가 전시되어 있고, 그가 연설하는 장면이 상영 중이다. 그리고 1995년 럭비월드컵 결승전에 만델라가 스프링복스의 유니폼을 입고 나타나 흑인과 백인 간의 화해를 시도한 일화도 소개되어 마음을 훈훈하게 한다.

　이어서 흑인들의 투쟁 기록이 소개된다. 1976년 소웨토(Soweto) 봉기로 시작된 각종 인권운동, 아프리카 민족회의(ANC, African National Congress)의 활동 기록을 통해 자유는 그냥 얻어진 것이 아니라 많

요하네스버그 아파르트헤이트박물관 게이트

은 이들의 피의 대가로 얻어진 아주 소중한 것임을 상기시킨다. 간단히 부연 설명을 하자면, 소웨토 봉기란 1976년 남아프리카공화국 백인 정부가 모든 과목을 아프리칸스어로만 가르치겠다는 교육법 개정안을 내놓자 이에 대한 반발로 소웨토 지역에서 일어난 학생시위 사건으로 시위자 중 12살 소년 헥터 피터슨(Hector Pieterson)이 경찰의 총에 맞아 사망하자 소웨토 및 남아프리카공화국 전역에서 대규모 흑인 봉기가 이어졌다.

화합의 혁명가 만델라 각종 차별정책에 관한 기록도 생생하게 기록되어 있다. 아파르트헤이트를 제도화하기 위해 1948~1971년 사이에 수백 가지의 법령들이 제정되었다고 한다. 남아프리카공화국 인종차별정책에 대한 국제사회의 제재 관련 기록도 상세하다. 당시에 시행되었던 제재들은 과거 유럽의 식민 지배를 받았던 아시아, 아프리카의 신생국들을 중심으로 아랍, 북아메리카, 그리고 유럽으로까지 번지게 되었고, 석유수출국기구(OPEC)는 남아프리카공화국에 원유 수출을 금지하는 강경 제재까지 들고 나왔다. 이에 놀란 보타(Botha) 정부의 유화정책, 그리고 1990년 만델라 석방까지 남아프리카공화국 격동의 역사가 기록되어 있다.

박물관은 끝으로 만델라가 이끄는 ANC와 백인 정당(NP, National Party)이 대결한 1994년 선거와 만델라의 당선, 그에 따른 새 헌법과 민주 정부를 소개하며 화해와 존중이라는 메시지를 전한다. 가슴을 뭉클하게 하는 박물관이다. 화해와 존중도 평등과 자유만큼 숭고한 가치라는 메시지가 강렬하게 와 닿는다.

관람을 마치고 밖으로 나오니 갈대밭에서 불어오는 잔잔한 바람이 무거운 마음을 달랜다. 박물관을 나서는데 옆으로 백인과 흑인 커플이 지나간다. 아파르트헤이트 관람을 막 마치고 나온 터라 그들의 모습이 더욱 아름다워 보인다.

홍콩행 남아프리카공화국항공기는 오후 5시 20분 정시에 출발한다. 13시간의 긴 비행인데, 다행히 옆 좌석이 비어 편하게 이동한다. 항공기는 한없이 넓은 인도양 위를 지난다.

28 홍콩

일차 **홍콩 산책**   홍콩 시각으로 낮 12시 30분 홍콩 국제공항에 도착했다. 동양의 세계로 돌아왔다. 홍콩공항은 구정 연휴를 맞아 많은 사람들로 북적인다. 인천행 아시아나항공 환승 대기시간이 너무 길어(12시간) 공항 밖으로 나가기로 한다. 수하물 보관소에 가방을 맡긴 후 지명이 낯선 곳으로 가는 버스에 오른다.

40여 분 후 도착한 곳은 홍콩 신계(新界) 지역 동북 해안의 마안산(馬安山) 신시가지로, 새로 지은 고층아파트들이 바다를 바라보며 즐비하게 늘어선 임해 주택지역이다.

해변을 거닐다 사이쿵(西貢)으로 가는 버스에 오른다. 해안 절벽을 따라 이어지는 도로에서 바라보는 바다 풍경은 한국의 서해안과 비슷하다. 사이쿵은 원래 작은 어촌이었지만 지금은 유명 관광지로 명성을 날리고 있다. 구정 연휴를 맞아 사람들로 붐비는 선창가에서는 막 잡아온 생선을 놓고 시민들이 흥정을 벌인다. 해안을 따라 늘어선 해산물 식당의 수족관은 싱싱한 갖은 해산물들로 가득 차 있다.

홍콩 섬 중심 애드미럴티(Admiralty)를 거쳐 애버딘(Aberdeen)으로 이동한다. 몇 년 전 방문했던 곳인데 그때와 비교해 변하지 않은 것은 바다 하나뿐이어서, 홍콩이 빠른 속도로 발전하고 있음을 보여준다. 근처 식당에서 탕면 한 그릇을 시켜 먹는다. 메뉴판의 그림만 보고 시켜도 광동지방 국수는 늘 맛있다.

애버딘에서 센트럴 피어(Central Pier)로 나와 스타페리(Star Ferry)를 타고 침샤츄이로 향한다. 홍콩의 야경은 언제나 마음을 설레게 한다. 사람이 어찌나 많은지 네온사인이 화려한 침샤츄이 거리에서는 세계 각국의 말이 다 들리는 듯하다.

9시간의 짧은 홍콩 나들이를 끝내고 공항으로 돌아와 새벽 1시 한국 인천행 항공기 출발을 기다린다.

새벽 1시에 출발하는 인천행 아시아나항공 비행기는 만석이다. 설 연휴를 맞아 한국으로 단체관광여행을 떠나는 홍콩 사람들 때문이다. 홍콩 국제공항을 이륙한 항공기는 북동쪽 방향으로 속력을 낸다. 한국 시각 오전 5시 10분에 인천공항에 도착하니 한 달간의 남아프리카공화국, 남아메리카 대장정을 무사히 마친 감회가 솟구친다. 미지의 대륙을 향해 떠난 지 한 달 만에 한국에 돌아온 것이다.

적도 에콰도르에서 남위 53도 칠레 푼타아레나스까지, 해수면부터 해발 3,400미터 페루 쿠스코까지 오르내리며 수많은 지형과 기후를 겪었고 다양한 사람들을 만났다. 워낙 대륙이 방대하여 남아메리카에서만 1만 9천 킬로미터, 거의 지구 반 바퀴를 넘게 이동한 대장정이 막을 내렸다. 공항 대합실이나 버스 안에서 여러 밤을 지새우기는 했으나 돌이켜보면 아련한 추억이다.

해외에서 조국의 눈부신 성취의 현장을 목격하고 온 것은 나에게 새로운 희망과 자신감을 불어넣었다. 칠레, 페루에서 본 한국산 자동차의 물결, 에콰도르에서 본 한류의 물결, 남아메리카의 모든 국제공항을 뒤덮은 한국 기업들의 대형 광고판의 물결 ···.

거대한 남아메리카 대륙 여행은 협소했던 나의 세계관에 새로운 지평을 열어주었고, 초라했던 나의 인생관을 다시 설계하는 계기를 마련해주었다. 낯선 곳, 그리고 인간에 대한 무한한 호기심이 없었더라면

이 여행은 가능하지 않았을 것이다.

끝으로 내게 세계로의 탐험이 가능하도록 건강한 신체를 허락해주신 하느님께 감사드린다.

중국 여행
China

2012. 7. 7 ~ 2012. 8. 4

서울·인천 — 우루무치 — 투루판 — 둔황 — 자위관 — 란저우 — 시안 — 구이린 —
쿤밍 — 다리 — 샹그릴라 — 리장 — 판쯔화 — 청두 — 충칭 — 이창 — 우한 — 항저우 —
칭다오 — 서울·인천

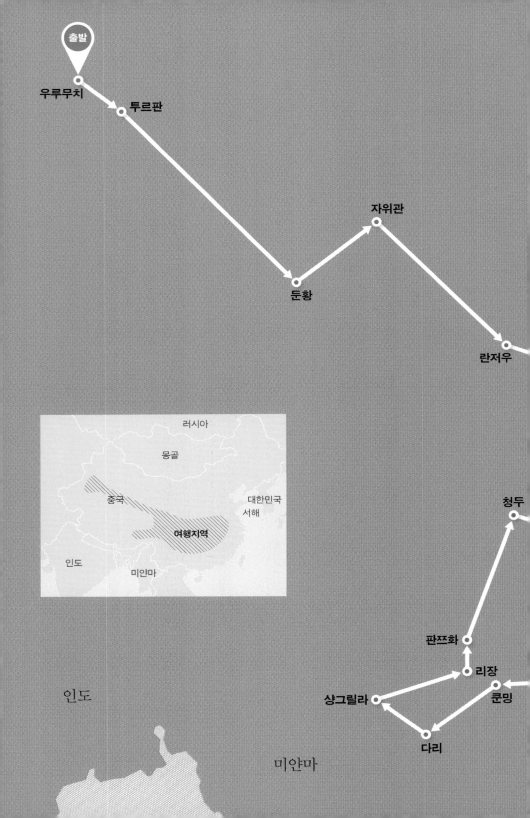

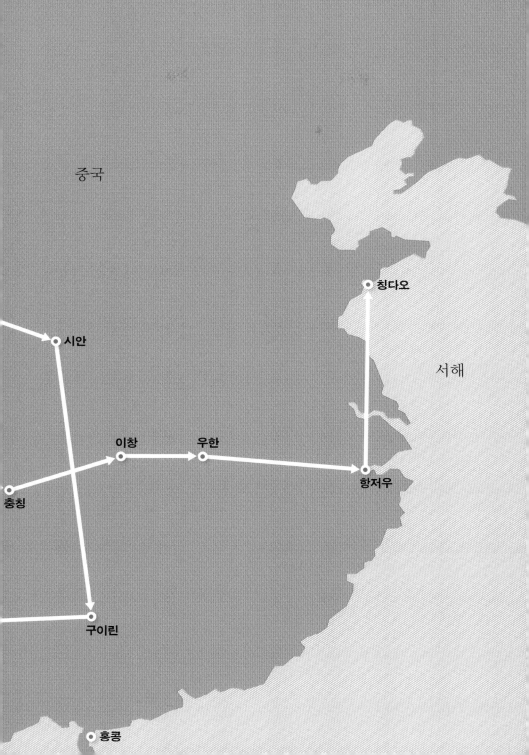

이제는 중국이다. 세계 전체가 낮은 성장률과 경기 침체로 허덕이는 요즘에도 중국은 두 자릿수에 가까운 경제성장률을 보이며 급격하게 성장하고 있다. 수천 년의 역사로 우리와 얽힌 중국은 거부할 수 없는 동반자이자 경쟁자이다. 새로운 세계 질서를 예고하는 21세기를 살아야 하는 젊은이들에게 중국에 대한 이해는 평생 해야 할 과업이 되었다.

그런데 정작 나는 중국에 대한 정확한 정보도 확고한 인식도 없었다. 그동안 여러 차례 중국을 방문했지만 베이징, 상하이, 광저우, 그리고 동북 지방을 다녀온 것이 전부다. 남한의 97배나 되는 거대한 땅의 겉만 겨우 훑은 것이나 마찬가지이다.

우리가 경외의 눈으로 바라보는 중국의 부상을 전국 곳곳에서 확인하고 싶었다. 중국 정부가 힘을 쏟고 있는 빈부격차 해소를 위한 내륙공정의 현장 또한 직접 보고 싶었다.

오래 전부터 그런 생각을 품고 있었지만 중국의 열악한 인프라, 의사소통의 어려움, 그리고 미디어를 통해 접한 중국에 대한 온갖 편견들 때문에 매번 머뭇거렸다. 그새 중국은 일본을 따돌리고 세계 2위의 경제 대국이 되었고, 탈 없이 이대로만 간다면 20년 내에 미국을 추월해 1위가 될 것이라는 예측이 나오는 시대가 되었다. 올림픽을 치르고, 최첨단 공법과 객실장치를 적용한 티베트행 칭짱(青藏) 열차가 개통되고, 곳곳에 신공항이 개항하는 등 중국은 내륙공정에 더욱 박차를 가하고 있다.

중국에 대한 균형 잡힌 인식을 세우기 위해서 내륙 지방 여행을 더는 늦출 수 없는 상황이 된 것이다.

마침내 중국 단수비자 기간인 30일을 꽉 채우는 일정을 기획하게 되었다. 이웃 나라임에도 우리나라에는 중국 여행에 대한 정보가 빈약하기 짝이 없었다. 여러 웹사이트가 있지만 서로 정보를 인용하다 보니 중복되거나 쓸모없는 정보가 너무 많아 론리플래닛, 위키트래블을 통해 대부분의 정보를 수집했다.

일단 중국 지도를 보고 가야 할 곳과 가고 싶은 곳을 적절히 절충하며 방문지를 정했다. 마침 대한항공이 우루무치에 직항기를 띄워 효율적인 동선 구축에 많은 도움이 되었다.

신장 위구르 자치구 우루무치로 이동해 그곳에서 남동 방향으로 시안(西安)까지 이어지는 허시후이랑(河西回廊) 서역루트에서 탐방을 시작하기로 한다. 시안에서 남쪽으로 틀어 구이린(桂林), 윈난성(云南省), 청두(成都), 충칭(重慶), 장강삼협(長江三峽), 우한(武漢), 항저우(杭州)를 지나 칭다오(靑島)에서 여정을 끝내는 것으로 했다.

12개의 성, 자치구, 혹은 직할시를 거치는 이동을 위해 국제선 항공권, 중국 국내선 항공권(3구간), 열차표(9구간)에 양쯔강 크루즈 선표까지 준비하느라 적지 않은 시간을 투자해야 했다.

중국 여행에 필요한 휴대용 회화 책을 준비하고 한자 간체를 익히는 것은 기본이다. 언어 소통 때문에 걱정을 많이 했으나 현지에서 의외의 원군을 만날 수 있기를 기대해본다. 여름에는 많은 중국 대학생들이 여행을 하므로 곳곳에서 그들을 만날 수 있다. 소통이 가능한 수준의 영어를 구사하는 젊은이를 1명쯤은 만나게 된다. 한국에 대한 이미지가 좋아 때로는 기대 이상의 도움을 받는 경우도 있을 것이다. 정 안 되면 필담으로 소통하는 방법도 있으니 큰 걱정은 하지 않기로 한다.

출국날짜에 맞춰 중국 단수비자를 받는 것으로 여행 준비를 마친다.

1 서울 → 우루무치

일차 **막북 하늘을 날다** 우루무치행 항공기 출발 게이트 앞이다. 옆에서는 난생 처음 듣는 언어로 세 모자가 이야기를 나누고 있다. 출국장에서 들리는 낯선 언어는 마음을 더욱 설레게 한다. 우루무치까지는 3,380킬로미터, 5시간 20분이 소요된다. 항공기는 다롄, 베이징, 네이멍구자치구를 지나 몽골 고원 위를 난다.

아시아 대륙 깊숙한 곳, 중국인들 머릿속에 존재하는 막북(漠北, 고비사막 북쪽)이다. 거대한 막북 초원에서 명멸한 수많은 유목 세력들을 떠올려본다. 그들의 투쟁 역사가 곧 중국 역사 아니겠는가?

허시후이랑 한사군 기원전 121년 전한은 흉노를 토벌하고 허시후이랑을 획득하여 우웨이(武威), 장예(張掖), 조우취안(酒泉), 둔황(敦煌)에 사군(四郡)을 설치한다. 뒤따라 한족이 들어와 신장 지역은 중화권에 편입된다. 후한 때 반초(班超)가 신장 깊숙이 들어와 서역 오

중국 주요 도시

아시스 국가군을 한나라에 복속시킨 역사가 펼쳐진 땅이 저 멀리 보인다.

오늘날 허시후이랑 한사군(漢四郡) 지역은 중국의 케이프 커내버럴(Cape Canaveral), 즉 우주선 발사기지로 각광 받는 곳이다.

서역 변방에 닿다 단일 표준시를 사용해 중국의 서쪽 지방은 낮이 매우 길다. 밤 10시가 넘었지만 완전히 어두워지지 않는다. 우루무치에 가까워지니 거대한 석유화학 공업단지가 나를 반긴다. 지리적·군사적 요충지인데다 자원 또한 풍부한 곳으로 이슬람과 중화 문명이 아슬아슬하게 혼재된 곳이다. 밤늦은 시각 디워푸 국제공항은 한산하다.

공항버스를 타고 시내 중심까지 저렴한 가격으로 이동했으나 그다음이 문제다. 나머지 구간은 택시를 타야 하는데 택시 잡기가 만만치 않다. 또 택시에 승차하더라도 택시기사에게 내가 묵을 호텔의 위치를 어떻게 설명해야 할지 …. 유명 호텔이라면 택시기사가 금방 알아차릴 테지만 안타깝게도 내가 찾아가야 할 호텔은 유명하지 않은 저가 호텔이다. 한참을 수고한 끝에 다행히도 친절한 위구르 택시기사를 만나 무사히 호텔로 이동한다. 그에게 얼마나 고마운지 모른다.

2 우루무치

일차 신장 위구르 자치구는 면적 165만㎢, 남한의 18배쯤 되는 곳으로 인구 2천만 명이 거주하고 있고, 자치구의 수도 우루무치에는 200

만 명이 거주하고 있다. 자치구의 인종 비율은 위구르족 45%, 카자크족 7%, 후이족 5%, 한족 41%이다. 1949년 중화인민공화국 설립 시에는 위구르족 비율이 85%였다고 한다. 중심부에는 톈샨 산맥이 있고 북쪽은 중가리아 분지, 남쪽 시짱(西藏) 자치구 경계에는 쿤룬 산맥이 지나고 중앙에는 타림 분지와 타클라마칸 사막이 있다.

중앙아시아의 관문　거대한 땅 신장은 북동쪽으로는 몽골과 러시아, 북서쪽으로는 천산북로를 건너 카자흐스탄, 서쪽으로는 파미르 고원 넘어 키르기스스탄, 남서쪽으로는 천산남로 건너 타지키스탄, 아프가니스탄, 파키스탄, 그리고 남쪽으로는 히말라야를 넘어 인도 카슈미르와 국경을 맞대고 있다. 중국에게 있어 신장이 얼마나 중요한 곳인지 알 수 있다.

　이른 아침부터 호텔 주위로 장이 선다. 수많은 위구르족 사람들이 보인다. 곱슬머리, 흰 피부, 갈색 눈동자, 오뚝한 콧날 등 서양인의 얼굴을 하고 있다. 수천 년 세월 문명의 점이(漸移) 지대에서 피가 섞여 원래의 형질을 많이 잃었음에도 불구하고 그들의 용모는 한족들 사이에서 두드러진다.

톈산톈치 가는 길　도시가 잠에서 깨어 활기를 띤다. 사막의 오아시스라고 해야 할까? 척박하고 험준한 아시아 내륙 깊은 곳에 이렇게 거대한 도시문명이 존재하다니. 택시를 타고 서둘러 인민공원으로 가 톈산톈치(天山天池) 행 승합차에 오른다.

　도시를 벗어나니 오아시스 농업지역이 보인다. 우루무치는 위구르어로 '아름다운 목장'이라는 뜻이다. 주변은 온통 황량한 타클라마칸 사막인데 무슨 소린가 했는데 톈산톈치에 도착하니 이해가 되었다. 초원이 끝나니 다시 황량한 사막이 이어진다. 중국의 눈부신 성장은 이곳에서도 이루어지고 있다. 곳곳에 공장이 들어서고 고속도로, 아파트 등의 공사가 한창 진행 중이다.

인구 대국 우루무치에서 동쪽으로 120킬로미터, 2시간 30분 남짓 이동하니 공원 입구다. 공원 안내판은 영어, 중국어, 위구르어, 일본어 그리고 한국어로도 표기가 되어 있다. 머나먼 변방이지만 톈산톈치 풍경명승구(風景名勝區)는 수많은 인파로 북적이며 인구 대국의 모습을 유감없이 보여준다.

중국 인구는 18세기 후반 변경(邊境) 삼림지역과 양쯔강 중류지역에서 급증해 19세기 초 청나라 중기에는 약 4억에 육박했다고 한다.

사막의 산정호수 공원 입장료는 무려 170위안(약 3만 원)이다. 공원 입구 매표소에서 공원 전용 버스로 10여 분 이동하니 카자크 민속촌이다. 여기서 버스로 20분 남짓 더 이동하니 별천지가 펼쳐진다. 만년설이 녹아 메마른 골짜기를 적시고 해발 1,800미터를 넘어서자 울창한 침엽수림이 나타난다. 거대한 신장 톈산(天山)의 주봉 보고타봉(博格達峰)의 만년설이 호수 너머 멀리서 펼쳐진다. 사막 한가운데서 이런 풍경을 보게 될 줄이야. 유람선을 타고 호수를 한 바퀴 돈다. 물은 깊고 투명하다. 깊은 곳은 수심이 105미터나 된다고 한다.

중국 열차표 구입　시내로 돌아오니 저녁 6시가 넘은 시각이다. 내일 저녁부터는 허시후이랑을 따라 란신철도(蘭新鐵道)를 타고 시안까지 이동해야 하므로 열차표를 구매해야 한다. 한국에서 출발하기 전 예약 구매를 해두어서 표를 수령하기만 하면 된다. 가벼운 마음으로 역을 찾아갔는데 매표소 줄이 한없이 길다. 게다가 역 내부는 덥고 어두운 데다 시끄럽기까지 하다.

　일 년 내내 모든 열차표가 매진일 정도로 열차 이용객이 많은 중국에서 열차표를 구입하는 일은 매우 중요하고도 어려운 일이다. 열차표 실명제에 따라 웃돈을 주고 암표를 사는 일은 무의미해졌다. 특히 열차표에 적힌 이름과 신분증을 철저히 대조하는 서북 변방 지역에서는 더욱 그렇다.

　다행히 2011년 11월부터 인터넷 예약 사이트(www. 12306. cn)가 생겼지만 외국인 여행자들은 어떤 이유에선지 사실상 이용이 불가능하다. 인터넷으로 예약 구매 후 발권을 하려면 중국 내 은행 계좌를 가지고 있거나 중국 인롄(銀聯) 카드가 있어야 하기 때문인 듯하다. 중국 열차표는 출발 10일 전부터 예매가 가능하기에 중국 유학생 제자의 도움으로 란저우~시안 침대표까지 구매할 수 있었다.

3
일차 우루무치 → 투르판

위구르인 용모　숙소 근처에 얼다오차오스창(二道橋市場, 이도교시장)이 있다. 제철 과일을 비롯하여 양고기, 위구르 빵 등 먹을거리가 풍부한 시장이어서 많은 사람들이 이용하지만 도심에 위치한 까닭에 이곳에도 재개발 바람이 불어 닥쳤다고 한다. 위구르 지역의 낡은 토담집들을 헐어 삶의 터전을 잃은 위구르인들의 불만은 점점 쌓이고 있다.

제팡난루(解放南路)와 룽취안(龍泉)의 교차지점을 중심으로 넓은 지역에 위구르 상업지역과 집단 주거지역이 펼쳐진다. 어떤 이는 머리 위에 얹은 둥근 모자만 아니면 생김새는 중국인이고, 어떤 이는 완전히 서양인의 얼굴을 하고 있다. 신기하게도 푸른빛이 도는 회색 눈을 한 여성도 있다. 수천 년에 걸쳐 동서양의 피가 섞였으니 다양한 생김새의 사람들이 많은 것은 어찌 보면 당연한 일일 수 있다.

서부 대개발 현장　신장 박물관에 도착하니 하필이면 휴관이다. 박물관 관람으로 배정한 시간을 어떻게 보내야 할지 …. 오래 고민하기엔 아까운 시간이니 일단 버스를 타고 이름 모를 종점역까지 가본다. 도시 외곽은 거대한 공사장 같다. 건축용 자재를 실은 대형트럭들이 흙먼지를 일으키며 오가는 풍경은 이젠 낯설지 않다. 발이 닿는 곳은 모두 공사를 하는 듯하다. 서부 대개발 현장을 통해 중국의 무한한 성장을 확인하며 시내로 나온다.

인민공원 낮 한때 풍경　중국에서는 어느 도시를 가든 도심 한가운데 인민공원(人民公園)이 있다. 우루무치의 인민공원 팔각정에서는 노인들이 악기와 노래로 한여름 더위를 달랜다. 현악기를 튕기는 솜씨가 예사롭지 않다. 공원 한편에서는 장기를 두는 시민들의 모습도 보인

혼잡한 열차 안의 모습

다. 오가는 행인들이 장기판에 끼어들어 훈수하는 모습을 보니 나도
모르게 웃음이 난다. 참으로 평화로운 한낮 풍경이다.

북새통 우루무치역   오후 6시 54분 열차 시각에 맞춰 역으로 향한다.
우루무치역 광장은 물론이고 건물 내 대합실에도 사람이 가득하다. 3
층으로 된 건물의 역사(驛舍)에는 층마다 커다란 대합실이 있지만 어
느 곳이든 발 디딜 틈이 없다. 우루무치에서 급행열차를 타고 이동하
면 베이징이나 상하이까지 3박 4일이 걸린다고 한다.
나는 후베이성 한커우(漢口) 행 T194열차를 기다린다. 최장 사흘이 걸
리는 긴 열차여행을 위해 사람들은 먹고 마실 것을 한가득 준비해 열차
에 오른다.

좌석 고르기　한없이 기다리다 드디어 열차에 오른다. 전쟁에 가까운 열차 승차는 한 번으로 족한데, 앞으로 수없이 겪어야 하니 걱정이 앞선다. 이런저런 생각에 잠겨 있는 동안 마침내 열차가 움직인다. 40분 정도 늦은 출발이다. 내 좌석은 잉쭈어(硬座)이다.

중국 열차의 좌석에 대해 간단히 설명하면 다음과 같다. 고급 침대칸 르안워(軟臥), 일반 침대칸 잉워(硬臥), 고급 좌석칸 루안쭈어(軟座), 일반 좌석칸 잉쭈어(硬座), 식당칸 찬처(餐車)로 나뉘는데, 잉쭈어는 우리나라 무궁화호쯤은 되고, 루안쭈어는 지금은 사라진 새마을호쯤으로 보면 된다. 다만 잉쭈어의 경우 좌우 3석이 연결된 구조이기에 체격이 큰 사람에게는 불편한 좌석일 듯하다.

잉워는 상·중·하 3단으로 총 6명이 마주보는 구조이다. 상·중·하 사이 요금 차이가 크지 않으니 가급적 아래쪽을 선택하는 것이 좋다. 좁은 사다리를 타고 상단 침대에 오르내리는 것이 여간 불편한 일이 아니다. 르안워는 잠금 장치가 달린 출입문으로 격리된 별실 내에 상하 2단씩 모두 4명이 마주 보는 구조로 꽤 편안하다. 열차표 가격은 같은 구간, 같은 등급의 열차라면 보통 르완워는 잉쭈어의 3배, 잉워는 잉쭈어의 2배 정도로 보면 된다.

란신철도　깐수성 란저우와 신장을 연결하는 란신철도는 복선(複線)이라 속력이 빠르다. 우루무치에서 출발한 지 1시간 20분이 지나 긴 터널을 뚫고 신장 톈산을 넘으니 미국 캘리포니아 데스밸리(Death Valley)처럼 메마르고 거친 사막 산맥이 이어진다. 투르판역에 도착했다.

호텔로 가기 위해 탄 택시는 끝없이 펼쳐진 사막을 한참 달린다. 이름만 투르판역일 뿐 투르판 시내로 가려면 무려 50킬로미터나 이동해야 한다는 것을 택시를 타고나서야 알았다. 택시 요금이 많이 나올 줄 알고 긴장했으나 다행히 90위안(약 1만 6천 원)으로 이동할 수 있었다. 택시는 열풍을 헤치며 고속도로를 달린다. 미국 네바다 사막에서 느꼈던 바로 그 열풍이다. 그렇게 달린 지 한 시간쯤 뒤 어둠이 내린 투르판 시내에 진입한다. 시내 우체국 앞 광장은 사막의 열기를 식히러 나온 인파로 북적인다.

실크로드 교차로　투르판은 위구르어로 '패인 땅'이라는 뜻이다. 중국에서 해발고도가 가장 낮은 지역(-154미터)으로, 중국의 '화주'(火州)라고 불릴 만큼 더운 곳이다. 밤 10시가 되었지만 기온은 섭씨 35도이다.

투르판은 북서쪽 우루무치와 남동쪽 간쑤성, 남서쪽 난장(南疆) 지역 카스를 연결하는 교통의 요충지이기에 한나라 시절부터 서역의 중심 중 하나였다. 91년 후한 시절, 반초가 흉노를 몰아내고 고창고성을 건설한 이후 수, 당, 원 등 중국 역대 왕조가 통치하면서 한 문화권에 편입된 지역이다. 서역 변방, 참혹한 기후의 이 도시에 25만 명이 살고 있으니, 역시 중국은 인구 대국이다.

4 투르판, 유원 경유 → 둔황

일차 **위구르 택시기사 와리스**　본격적으로 투르판 탐방에 나선다. 어제 투르판역에서 타고 온 택시기사 와리스(Waris)와 투어에 동행하고 역까지 데려다주는 조건으로 350위안(약 6만 3천 원)에 계약했다. 예상치 못한 지출이었지만 무더위에 체력과 시간을 효율적으로 쓰려면 어쩔 수 없었다. 와리스의 동생 빠루크(Faruk)도 동승했다. 시안에 있는 대학에서 영어를 전공했고 현재는 고향으로 돌아와 취업 준비를 하는 청년이다. 중국어, 위구르어, 영어 모두에 능통하다고 하니 오늘 일정에 많은 도움을 받을 것 같다.

빠루크에게 소수민족으로서 차별은 없느냐고 물으니 표현의 자유가 없는 중국에서 소수민족의 권리 주장은 매우 어려운 일이라고 답한다. 신장 위구르 자치구 2인자인 부서기가 위구르인이지만 동족의 삶에는 관심이 없고 오직 중국 공산당에게 아첨만 한다고 비난한다.

한족 이주정책 훠옌산(火焰山) 가는 길은 여느 사막 풍경과 비슷하다. 도시 외곽에는 대규모 아파트 단지와 신도시 건설공사가 한창이다. 허난성에서 이주하는 한족들이 살 집이라고 한다. 한족은 변경 지역으로 이주하면 많은 혜택을 받는다고 한다. 공장이나 사업장 운영에 따른 세금을 면제받고, 고교생의 경우 대학 진학 시 학력고사에 가산점이 주어진다. 이 같은 중국 정부의 한족 이주정책으로 인해 소수민족들은 점점 존재감을 잃어가고 있다.

사막의 열풍 시내 동쪽 10킬로미터 지점에 있는 훠옌산에 닿으니 열풍이 불어온다. 훠옌산이란 뜨거운 태양 아래 붉은 바위산과 증발하는 공기가 불처럼 타오른다고 해서 지어진 이름이라고 한다.

훠옌산박물관은 지하에 건립된 재미있는 박물관이다. 그 덕분에 시

삼장법사와 서유기 주인공들 뒤로 훠옌산이 보인다.

원하게 관람할 수 있다. 입구에는 훠옌산 관련 인물 동상들이 관광객을 반기는데, 그중에는 일본, 러시아, 독일의 고고학 발굴조사팀과 함께 중요한 두 사람이 눈에 띈다. 현장(玄奘)과 임칙서(林則徐)이다.

현장, 삼장법사　《대당서역기》(大唐西域記)의 저자 현장은 불교를 공부하면 할수록 어려워 서역 행을 결심하고 인도에 다녀온 뒤 법전을 한문으로 번역한 사람이다. 훠옌산은 현장과 함께 서역 길에 나선 손오공, 저팔계, 사오정의 모험을 상상하여 그린 소설 《서유기》(西遊

記)에도 등장하는 곳이다.

영국이 중국에 들여온 아편을 몰수하여 바다에 매몰한 것으로 유명한 광둥성 흠차대신(欽差大臣, 임금의 명을 받들어 파견되는 대신) 임칙서는 영국의 압박을 견디지 못한 청나라 정부에 의해 신장에 유배된다. 유배 생활 중 투르판과 훠옌산 지역의 카레즈(karez) 관개시설을 연구하고 확대한 공로가 있어 이곳에 그의 동상이 있는 것이다.

눈 닿는 곳은 모두 포도밭　시내로 돌아와 소공탑(Emin Minaret)에 들른다. 높이 44미터, 직경 10미터의 웅장한 탑이다. 청나라 시절인 1779년 위구르 왕 에민(Emin Khoja)을 기리고자 그의 아들 술레이만이 건축한 것으로, 중국 최초의 이슬람 양식 탑이다. 소공탑 주변은 온통 포도밭인데, 가혹한 기후조건에서 자란 과일이라 그 맛이 달콤해 투르판 포도와 포도주는 세계적으로 유명하다고 한다.

고대 3대 토목공사 카레즈　이어서 카레즈로 간다. 카레즈는 중동, 북아프리카 등 세계 건조 지역에 널리 분포된 용수 저장 및 공급 시설이다. 시내 가까운 곳에 있는 카레즈는 만리장성, 대운하와 함께 중국 고대 3대 토목공사로 손꼽힌다.

카레즈는 연 강수량 16밀리미터, 지표 온도 섭씨 80도, 연 증발량 3,600밀리미터라는 투르판의 악조건 기후를 극복한 첨단 테크놀로지로, 천 개의 카레즈가 5천 킬로미터의 수로를 통과해 물을 공급한다고 한다. 지하 카레즈 시설을 지나 지상으로 나오니 당시 카레즈 건설을 위해 사용되었던 측량기와 토목공사 방식이 재현되어 있다.

자오허구청 옛터　　와리스와 함께 위구르 식당에 들러 볶음밥과 양고기 샤실릭으로 점심식사를 했다. 식사 후 디저트로 먹은 요구르트 맛이 매우 독특하다.

포도밭이 끝없이 펼쳐진 길을 따라 자오허구청(交河古城)으로 향한다. 길이 1,650미터, 최대 폭 300미터인 고대 도시의 규모는 방대하다. 지금은 터만 남았지만, 기원전 2세기부터 인간이 거주한 이곳에 한때 관청 지역, 민간거주 지역, 불탑 지역 등 큰 도시가 존재했음을 짐작할 수 있다. 나무 그늘 하나 없이 작열하는 사막 태양을 맞으며 언덕 전망대까지 다녀오니 땀이 물 흐르듯 한다.

대륙의 장거리 열차　　유원(柳園) 행 열차를 타기 위해 역으로 향한다. 투르판역은 어제처럼 붐비지 않아 다행이다. 대합실에서 오늘 여행 일지를 정리하다 보니 어느새 열차 출발시각이다. 란신철도에서 멀리 빗겨나 있는 둔황(敦煌)에 가려면 유원에서 내려 128킬로미터를 더 들어가야 한다.

중국 전체 지도에서 보면 투르판역에서 유원역까지는 아주 가까운 거리이지만 쾌속 열차를 타고 7시간 30분을 이동해야 한다. 대륙의 거대함에 압도당한다. 열차 좌석은 잉워 하단을 예매했다. 열차는 산산(鄯善), 하미(哈密) 같은 오아시스 도시를 지나 남동 방향으로 내려간다. 위구르 아주머니에게서 토마토 한 접시를 샀다. 보기에도 윤기 나는 신장 토마토는 그 맛도 매우 좋다.

컵라면　　열차에 있으면 식사시간 무렵마다 불편해진다. 너나 할 것 없

이 한 통씩 뜯는 '캉스푸'(康師傅) 컵라면 냄새 때문이다. 열차 내 식당
이나 이동 판매원이 파는 도시락은 서민들에게 부담되는 가격이기에 대
부분의 서민들은 컵라면을 먹는다. 많은 사람들이 컵라면을 애용하니
캉스푸 라면회사는 삽시간에 재벌이 되었다. 일찌감치 컵라면을 개발
한 한국업체들이 좀더 빨리 중국시장에 진출했더라면 좋았을 텐데 ···.
나중에 알게 된 것이지만 우리나라 농심 신라면이 중국에서 잘 팔리지
않는 것은 맛보다는 높게 책정된 가격 때문이라고 한다. 캉스푸는 보통
한 통에 4∼5위안(약 700∼900원) 정도인 데 비해 신라면은 그 2배인 8
위안(약 1,400원)인 것이다.

이슬람 세계에서 중화 세계로 바로 옆 침대에서 아이들이 쉬지 않고
떠든다. 소음, 악취라는 열차 내 복병을 예상하지 못했다. 자는 둥 마
는 둥 뒤척이는데 열차 승무원이 깨운다. 유원역에 가까워진 것이다.
유원의 밤공기가 시원하다. 자동차 번호판이 모두 '감'(甘)자로 바뀐
것을 보고서야 신장 자치구를 벗어나 간쑤성(甘肅省)에 들어왔음을 확
인한다. 하룻밤 사이 이슬람 세계에서 중화 세계로 넘어온 것이다.

5 둔황

일차 유원에서 둔황까지는 128킬로미터. 많은 택시기사들이 호객 행
위를 하지만 교통비를 아끼기 위해 승합택시에 오른다. 정원이 다 차
야 출발하는 승합택시는 무려 한 시간이 지난 후에도 정원을 다 채우지

못해 결국 택시로 옮겨 타야 했다. 새벽 4시에 출발한 택시는 퇴비 냄새가 진동을 하는 간이 포장도로를 무서운 속도로 달려 새벽 5시 반 둔황에 닿는다. 이동 중 라디오에서 이준기의 〈바보 사랑〉이 흘러나와 깜짝 놀란다.

실크로드로 번성했던 둔황　간쑤성 둔황은 인구 18만이 거주하는 오아시스 도시이다. 서역으로 향하는 수많은 사람들이 지나간 십자로로서 '크게 번성한다'라는 이름의 뜻에 걸맞게 예로부터 실크로드의 주요 거점이었다. 전한 한사군 설치 지역 중 하나이고, 7~8세기 중엽 동서양 교류가 가장 왕성했던 당나라 시절에는 문화의 꽃을 피우며 둔황 미술을 탄생시킨 곳이기도 하다. 사막 한가운데 위치하지만 해발 고도가 1,138미터로 높아 날씨가 덥지 않다.

밍샤산　호텔 체크인을 하기에는 너무 이른 시간이라 곧장 밍샤산(鳴沙山)으로 향한다. 새벽 6시인데 밍샤산 풍경구 매표소에는 많은 관광객들로 왁자지껄하다. 일출을 보러온 사람들이다.

밍샤산은 둔황 남쪽 5킬로미터 지점에 솟은 모래 언덕으로, 모래의 입자가 매우 고운 곳이다. 영겁의 시간동안 바람이 실어 나른 고비사막의 모래가 쌓인 것이니 곱지 않을 수 없다. 이러한 모래산이 남북 20킬로미터, 동서 40킬로미터에 걸쳐 둔황을 둘러싸고 있으니 놀라운 자연의 조화다.

사막의 오아시스　밍샤산 입구에는 모래산 꼭대기까지 데려다주는 전동 카트, 낙타, ATV(All Terrain Vehicle), 그리고 말까지 다양한 종류의 이동 수단이 배치되어 있다. 나는 전동카트를 타고(비용은 지불해야 한다) 웨야취안(月牙川) 앞까지 이동한다. 사막 한가운데 지어진 누각과 초승달 모양의 오아시스 웨야취안은 사진을 통해 자주 봐서인지 낯설지가 않다. 그 비경을 직접 목격하고 있다니 매우 감격스럽다. 뽀얗게 모래 먼지를 뒤집어쓴 누각의 모습은 애처롭다.

쿤룬산맥의 눈이 녹아 지하로 스며들었다가 저지대인 이곳에서 솟아나 생긴 웨야취안은 광풍이 불어도 모래에 덮이지도 않고 좀처럼 마르지도 않는다고 한다. 감탄하며 하염없이 바라본다. 노란 모래와 파란 하늘이 조화를 이룬다. 발목까지 빠지는 모래바닥을 딛고 공룡 비늘 같은 능선을 따라 걸으며 웨야취안을 내려다본다. 형언하기 어려울 정도로 아름다운 모습이 모래 언덕까지 올라온 수고를 보상해준다. 건너편 모래 언덕에서는 젊은이들이 썰매를 타고 내려온다.

둔황구청 세트장 공원 입구로 나오니 아침 8시, 여전히 이른 시각이다. 내친 김에 가까운 거리에 있는 둔황구청(敦煌古城)도 가본다. 혼자 다니는 여행자에게 이동은 어렵고 돈이 많이 든다. 중국은 더욱 그런 것 같아 금방 지친다. 택시를 타고 15분 정도 거리를 40위안(약 7천 원) 주고 이동한다. 시내 동남쪽 25킬로미터 지점, 밍샤산 기슭에 자리 잡은 둔황구청은 당송 시대에 크게 번성했던 둔황의 모습을 재현한 영화 세트장이다.

세 개의 성문, 성루, 높은 성벽으로 둘러싸인 고성 안에는 불교 사원, 이슬람 사원, 탑, 주택, 객잔(중국의 숙박시설) 등이 재현되어 실크로

둔황 밍샤산 웨야취안

드의 번영을 말해준다. 중국 최대의 영화 세트장답게 고대 사극부터 현대물까지 수많은 드라마와 영화가 이곳에서 제작된다고 한다.

　한참 구경하다 보니 아침 10시가 되었다. 이곳 또한 포도 재배의 최적지라고 한다. 시내 전역에 붙어 있는 둔황 포도주 광고물이 입 안 가득 침이 고이게 한다. 호텔이 있는 시내로 향한다. 체크인하기에는 여전히 이른 시각이지만 짐이라도 맡기려고 들렀는데 고맙게도 지배인이 호텔방 열쇠를 내준다. 지친 몸을 이끌고 간신히 침대에 누우니 온 세상을 얻은 기분이다.

둔황 미술의 절정 모가오쿠 늦은 아침 식사를 하고 모가오쿠(莫高窟)로 향한다. 거친 사막 길을 한참 들어간 둔황 시내 동남쪽 25킬로미터 지점에 위치한다. 주차장 초입에 둔황석굴 연구소가 있기에 들어가 본다. 석굴 내부의 일부를 절묘한 솜씨로 복제한 전시실, 둔황석굴 건축에 관한 기록이 소개되어 있다.

그중 재미있는 이야기 하나를 소개한다. 1920년 러시아 혁명 끝 무렵 적군에 패하고 중국 신장으로 쫓겨 들어온 백계 러시아군이 둔황석굴의 훼손에 일조했다고 한다. 당시 중국 정부는 신장지역에서 민간인을 약탈하며 해를 끼치는 러시아 군인들을 둔황석굴에 격리 수용했는데, 그들이 석굴에서 지내는 동안 목재를 뜯어 취사에 이용하는 등 석굴에 심각한 해를 끼쳤다는 것이다.

천년 역사를 간직한 석굴 석굴 건축에 투입된 승려, 조각가, 도공,

둔황 미술의 절정 모가오쿠

목공 등의 장인들은 이란, 아프가니스탄, 파키스탄, 그리고 몽골 등 여러 지역에서 왔다고 한다. 밍샤산 기슭 고비사막의 거센 바람, 척박하고 황량하기 이를 데 없는 땅에서 전설을 일군 그들이 믿었던 것은 무엇이며 영광을 돌리고자 했던 대상은 누구였을까?

당시 불교문화가 얼마나 찬란했으면 그렇게 많은 장인들이 가족을 떠나 중국으로 왔을까? 천 년에 걸쳐(4세기~14세기) 수많은 사람들이 드나들며 석굴을 팠고 그렇게 만들어진 동굴이 천 개라고 한다. 오랜 세월에 걸쳐 만들어진 만큼 동굴마다 그려진 벽화와 불상의 모습은 각 시대의 변화를 상세히 보여준다. 동굴마다 고유번호가 있는데, 그중 17번 동굴에는 신라시대 승려인 혜초 스님이 인도 유학을 다녀와 남긴 《왕오천축국전》(往五天竺國傳)이 보존되어 있다.

6
일차   둔황 → 자위관

숙면을 취한 덕분에 그동안 쌓인 여독이 모두 풀리는 듯하다. 호텔 체크아웃 후 가방을 맡기고 둔황 박물관을 찾는다. 밍산루 밍샤산 가는 길에 있는 현대식 건물로, 전시물 설명이 영어, 중국어, 일본어, 한국어로 되어 있다. 고맙게도 입장료는 무료이다.

전시 내용 중 둔황은 서융(西戎) 흉노가 한때 강점했던 곳을 회복한 것이라는 내용이 있는데, 옛 영토를 회복한 것이 아니라 원래 유목민 지역이었던 곳을 중화 세계에 편입시킨 것으로 알고 있던 나는 잠시 당황했다. 역사 왜곡까지는 아닐지라도 내가 아는 역사와 해석이 달라

당황스러웠다. 또한 둔황은 중화민족이 서방에 가장 먼저 개방한 곳이라고 표현했다. 박물관 한편에는 기원전 전한 한무제의 서역 개척사를 묘사한 서사 부조가 벽면을 장식하고 있다.

둔황 박물관 박물관에는 둔황 개척 역사와 초기 출토품을 시작으로 후한과 5호 16국 전진 시대를 거쳐 당·송·원·명·청에 이르기까지 둔황의 부침(浮沈) 의 역사가 기록되어 있다. 후한 시대에는 실크로드가 개폐를 세 번씩 반복했다는 내용이 흥미롭다. 73년 반초의 서역 원정사와 그의 부하 감영이 대식국(파르티아) 을 지나 동로마제국 콘스탄티노플(현 이스탄불) 에 가서 로마 황제 마르쿠스 아우렐리우스(Marcus Aurelius) 를 알현했다는 내용도 있다.

서진 시대에 불교가 이곳을 거쳐 들어오는 등 국제 상업무역도시로 번성한 둔황의 역사는 알수록 재미있다. 명나라에 이르러서는 바닷길을 중시하면서 실크로드와 둔황 모두 쇠락의 길을 걷는다.

이 같은 천년의 역사와 함께 상업·문화·종교의 교류 변천사가 모가오쿠 1천 개의 동굴에 각기 다른 방식으로 기록되어 있다. 중국인들이 이처럼 훌륭한 박물관을 지은 것은 그만큼 역사를 중요하게 생각한다는 것을 의미하는 것 같다.

인터넷 이용 불편 박물관 관람을 마치고 백양나무가 늘어선 거리를 걸어 숙소로 돌아간다. 인터넷이 되는 카페에 들렀으나 중국 ID가 없어 이용할 수 없다고 한다. 인터넷 접속 시 매번 IP 주소와 신분을 입력해야 할 정도로 인터넷 사용 규제가 엄격한 중국에서 개인 여행자가 인터넷을 이용할 수 있는 방법은 매우 한정된다. 다행히 모가오 호텔 로비의 Wi-Fi 환경이 훌륭해 그동안 쌓인 메일을 확인할 수 있었다.

사막 열차 신축 둔황역은 시내 동쪽 10킬로미터 지점, 모가오쿠로 가는 길목에 있다. 둔황에서 자위관(嘉峪關)까지 363킬로미터, 열차 내에 냉방시설이 없는데도 먼지 때문에 창문을 열 수 없다. 차내에는 이미 꽤 많은 먼지가 쌓여 있다. 철도 연변은 온통 사막뿐이다. 열차 승무원이 수시로 객실 테이블과 바닥을 닦는다.

　맞은편에 앉은 젊은 남녀와 영어로 대화를 한다. 남학생은 베이징에 있는 대학에서 항공우주공학을 전공하고 여학생은 청도사범대학에서 저널리즘을 전공한다고 한다. 그들은 여름 방학을 맞아 중국의 명승사적지를 탐방 중이라고 한다. 해외로 여행을 가는 것은 불가능하니 그 대신 국내 여행을 열심히 다닌다고 한다. 그들은 한국을 중국의 친구라고 언급하며 한국에 대해 잘 알고 있다고 이것저것 이야기한다. 즐거운 대화였다.

중국 대학생들 그들에게 고향을 떠나 다른 지역에서 대학을 다니면 언어 소통에 문제가 없느냐고 물어보았다. 행정, 교육, 미디어 용어가 베이징 표준어인 푸퉁화(普通話)로 통일되어 있기 때문에 별 문제는 없다고 답한다. 중국이 푸퉁화 언어정책을 시행하기 전에는 지역 간 의사소통이 어려운 경우가 많았다고 한다. 중국은 사회주의 체제에 힘입어 내부적 소통 문제는 해결한 듯하나 '표현의 자유'를 의미하는 진정한 의미의 소통은 이루지 못한 것 같다는 생각을 잠시 해본다.

만리장성 서쪽 끝, 천하제일웅관 자위관

2시간쯤 지났을까? 창밖으로는 사막 풍경이 끝나고 푸릇푸릇한 초원도 보인다. 드디어 장성이 보이고 곧 자위관역에 도착한다. 5시간을 달린 끝에 밤 9시 20분에 도착한다. 양꼬치 구이와 칭다오 맥주로 입안의 모래 먼지를 씻어내며 자위관 도착을 자축한다. 밤공기가 시원하다.

도시의 역할 자위관은 중국 서북 지역에서 가장 큰 철강연합 기업이 있는 도시이다. 자위관에서 동쪽으로 12킬로미터 지점에 인접한 주취안(酒泉)은 한나라가 사군을 설치한 서역의 중요 교두보이기도 하지만 오늘날은 우주선 발사기지로 각광받는 곳이기도 하다. 얼마 전 우주궤도 비행을 마치고 무사 귀환한 3인승 유인우주선 선저우(神舟)호도 이곳에서 발사되었다. 이처럼 중국에서는 변방이라도 나름대로 중요한 역할을 하는 도시가 많다. 이러한 도시가 중국 전역에 수백, 수천 개 늘어서 있으니 대륙의 규모를 알고도 남는다.

7 자위관 → 란저우

일차 **만리장성 서쪽 끝에 서다**　시내 남서쪽으로 6킬로미터 지점에 있는 자위관 관성으로 향하는 버스의 정류장이 마침 호텔 앞에 있어 편하게 움직인다. 로터리마다 조형물을 설치한 도시 분위기가 정갈하다. 이른 아침부터 햇빛이 강렬해 시민들 대다수가 선글라스를 끼고 다닌다.

　장성이 가까워지면서 멀리 헤이산(黑山)과 눈 덮인 치롄산(祁連山) 의 장엄한 모습이 보인다. 그곳에 있는 거칠고 메마른 땅이 서역, 유목민들의 땅이다. 푸르고 온화한 중화 세계와 대비를 이룬다. 관성은 허시후이랑에서 가장 좁은 지역에 있는데, 허베이성(河北省) 보하이만(渤海湾)에 면한 산해관(山海關)에서 시작한 만리장성이 서쪽으로 6천 킬로미터를 달려 끝나는 지점이다. 장성은 이것만으로도 충분히 긴데, 최근 들어 만리장성의 동쪽 끝은 랴오닝성 단둥시 북쪽 호산장성(虎山長城)이고 서쪽 끝은 둔황 양관(陽關)이라고 주장하며 수천 킬로미터를 더 늘이려고 한다.

　유네스코 세계문화유산과 함께 '천하제일웅관'(天下第一雄關)이라는 기념비가 눈길을 끈다. 1809년 청나라 감숙(甘肅) 주 총병 이연신이 자위관을 시찰하다가 그 모습이 웅장하여 세운 비석이다. 14세기 후반

명나라 시절에 짓기 시작한 자위관 관성은 만리장성의 수많은 관성 중에서 가장 잘 보존된 것이라고 한다. 높은 토벽으로 쌓은 내성과 벽돌로 쌓은 외성의 이중구조로, 7,500평의 도시가 들어섰다. 광화문(光化門, 동문)으로 들어가 광화루에 오른다. 내성 성벽 위에는 성루와 망루가 곳곳에 배치되어 있다. 끝없이 펼쳐진 광야와 함께 산 너머 풍경은 장엄하다는 표현으로는 부족하다.

마침 란신철도로 열차가 지나고 국도에서는 트럭이 굉음을 내며 무심히 질주한다. 이젠 중화 세계와 유목 세계 사이의 경계가 없는 듯하다. 지그시 눈을 감으니 사막의 바람이 이 역사의 흥망성쇠에 대해 이야기하는 듯하다.

억지로 늘린 만리장성　성을 나와 출구로 향하는 길에 장성박물관이 있다. 박물관 입구에는 "장성은 중국의 혼"이라고 쓰인 커다란 기념비가 있다. 박물관에는 장성의 역사, 전쟁 및 개척사, 허시후이랑과 실크로드에 관한 전시물, 그리고 각종 출토물들이 있다. 장성은 인류문명사의 기적이라고 불릴 만큼 신기원을 이룩했지만, 한편으로는 북쪽과 서쪽에서 시도 때도 없이 들어오는 유목민들이 얼마나 두려운 존재였는지 보여준다. 박물관 대형지도를 보니 장성은 동쪽으로는 산해관을 넘어 단둥 호산장성까지, 서쪽으로는 자위관을 넘어 양관까지 이어지는 것으로 수정되어 전시되고 있다.

다양한 서역 루트　장성박물관 자료를 보면 전한 장건의 흉노 격퇴와 장성 수성을 위한 군역 제도를 소개되어 있는데, 장성 축조와 경비 덕분에 서역으로 오가는 안전한 교통로가 확보되었음을 알 수 있다. 서역으로 가는 실크로드가 매우 상세히 그려진 대형 지도가 흥미를 끈다.

여기에는 우루무치 북쪽 신장 톈산 북쪽을 지나 키르기스스탄 비슈케크(Bishkek), 신장 카스를 지나 타지키스탄 두샨베(Dushanbe), 혹은 우즈베키스탄 타슈켄트(Tashkent), 사마르칸트(Samarkand) 등으로 연결되는 다양한 루트가 소개되어 있다. 투르크메니스탄을 지나 이란 테헤란, 이라크 바그다드, 요르단과 시리아 너머 카이로 혹은 터키 이스탄불에 닿는 모든 경로가 그려져 있다. 전시 내용의 일부는 이해하기 어렵지만 전체적으로 매우 훌륭한 테마 박물관이다.

끝없는 옥수수 밭 일찌감치 자위관역으로 가 란저우행 열차를 기다린다. 승객이 매우 많다. 오랜 기다림 끝에 열차에 오르지만 열차는 떠날 줄 모른다. 이에 대한 안내방송이 없지만 승객들 어느 누구 하나 불평하지 않는다. 만만디(천천히). 그러려니 하고 수천 년을 살아온 이들이다. 에어컨의 시원한 바람 덕분에 르안워 객실은 매우 쾌적하다. 자위관-란저우 770킬로미터의 여정은 편할 것 같아 다행이다.

드디어 열차가 달린다. 가시덩굴이 뒹구는 뜨거운 반사막을 한 시간 넘게 달린다. 장예(張掖) 부터는 사막이 끝나고 옥수수 밭이 끝없이 펼쳐진다. 옥수수 밭이 이렇게 넓은데도 중국은 옥수수가 모자라 매년 엄청난 양의 옥수수를 수입한다고 한다. 진창(金昌)쯤 오니 주위는 온통 스텝 지대로 바뀌고 광활한 초지에서 양들이 풀을 뜯고 있는 목가적인 풍경이 한동안 펼쳐진다.

한참을 달리니 도시의 불빛이 보이기 시작한다. 란저우가 가까워졌다는 뜻이다. 7시간 30분의 긴 열차 여행이 끝나간다. 국토 면적이 좁은 나라에서 태어나 자란 나에게는 이렇게 긴 열차 이동은 의미 있는 경험이다. 앞으로 이보다 더 긴 열차 이동이 나를 기다리고 있어 걱정 반 기대 반이다.

열차는 자정 무렵 란저우역에 도착했다. 중국 서북부 깊숙한 곳을 돌다 오랜만에 만나는 대도시이다. 간쑤성의 성도(省都) 란저우는 중국의 지리적 중심으로서 한족, 후이족, 완저우족, 티베트족, 몽골족 등 다양한 민족으로 구성된 250만 명의 인구가 살고 있는 곳이다.

단체 여행객으로 넘치는 중국 예약한 숙소가 역 근처에 있어 편리하게 이동한다. 도착하니 호텔 로비는 중국 각지에서 온 단체 여행객들로 발 디딜 틈이 없다. 이제 막 여행 붐이 일기 시작한 중국에서는 사람들이 수십 혹은 수백 명씩 무리를 지어 다닌다. 시끌벅적한 그들을 보니 얼굴이 찡그려지지만 열차표 및 항공권 구입, 여행지에서의 불편한 대중교통, 무엇보다도 호텔 예약과 체크인 때문에 단체여행을 선호하지 않을 수 없을 것 같아 곧 그러려니 한다.

성가신 호텔 체크인 매일같이 숙소를 옮겨야 하는 나 같은 여행자에게 호텔 체크인은 참 성가신 절차다. 대개 하룻밤 숙박료에 해당하는 보증금을 걸어야 하고 여권 제시와 함께 지난 숙소, 다음 숙소, 중국 입국일자 및 입국지점, 비자정보 등을 매번 기입해야 한다. 게다가 내가 주로 머무는 2, 3성급 호텔의 근무자들은 거의 영어를 할 줄 모르니 답답할 때가 많다.

8

란저우 → 시안

일차

국제 뉴스가 많은 CCTV 새벽에 일찍 잠에서 깨어 TV를 켰다. 중국 최대의 국영방송사 CCTV 뉴스 채널에서는 전 세계의 다양한 소식을 전한다. 이탈리아 크루즈 여객선 좌초 반년 추념식, 일본 도쿄 동물원에서 판다가 죽었다는 소식 등 전 세계의 소소한 소식들까지도 CCTV 특파원들이 직접 보도한다. 또한 세계 정치, 경제와 관련해서는 매우 심층적으로 보도한다. 세계를 경영하기 위해서는 세계를 잘 알아야 한다는 중국의 의중이 드러난다.

물꼬 터진 국내 여행 아침식사를 하기 위해 역 앞으로 나간다. 밤새 열차를 타고 온 수많은 사람들이 역에서 빠져나온다. 전체 인구의 15%가 국내 여행을 한다고 하니 한국 전체 인구의 4배나 되는 인구가 이동하는 셈이다. 역 앞은 택시, 버스 그리고 인파가 뒤섞여 매우 혼잡하다. 오늘밤 11시 시안 행 열차를 탈 때까지 이 거대하고도 혼잡한 도시를 헤집고 다녀야 한다고 생각하니 아찔하다. 오후에는 최고 32도까지 온도가 오른다는 이야기까지 들으니 더욱 심란하다.

식사를 마친 후 버스를 타고 간쑤성 박물관으로 향하는데 도중에 란저우시 박물관이 보여 바로 하차한다. 백의사(白衣寺) 탑이 중앙에 있고 세기태평고(世紀太平鼓)가 박물관 마당에 놓여 있다. 란저우시 역사문물전시관에는 생활도구, 청동기 토기와 도자기, 명·청대 예술품이 전시되어 있고, 당나라 시절 전래된 티베트 불교 양식이 소개되어 있다. 관람을 마치고 간쑤성 박물관으로 향한다. 도시 서쪽 란저우 서역 부근에 위치한 곳으로, 정류장에 매 1분마다 버스가 정차하지만 매번 승객이 가득 차 있다.

1등 박물관, 간쑤성 박물관　박물관은 매우 웅장하다. 이곳은 성급(省級) 박물관으로 중국에서도 손꼽히는 곳이다. 1층 로비 중앙에 중국 영토 지도가 전시되어 있다. 필리핀과의 갈등 요인인 남사군도(南沙群島)는 중국의 영토라고 강조되어 있다.

　마침 이자건(李自健) 조국순례 유화특별전이 열리고 있다. '인류와 사랑'이라는 테마로 2013년까지 전국을 순회할 예정이라고 한다. 중국 전역을 돌며 그린 수백 점의 대형 유화는 붓의 터치가 매우 섬세해 입체적으로 보인다. 조국에 대한 사랑이 없었다면 절대 해낼 수 없는 방대한 작업이다. 그중 가장 눈길을 끄는 것은 초대형 서사화 〈난징대학살〉이다. 상상으로 그렸지만 리얼리즘이 극치를 이룬다. 1937년 12월 일본군이 난징을 함락한 후 자행한 30만 양민대학살 사건의 잔혹함을 표현한 것으로, 현재 난징대학살 추모박물관에 전시되어 있다.

　이렇듯 중국 박물관에는 애국을 주제로 한 예술품들이 유난히 많다. 중국 정부는 박물관이 가지는 여러 기능 중 국가통합의 기능을 잘 활용하는 듯하다. 입장료가 대부분 무료인 것과 최고의 시설을 갖추고 있는 것이 바로 그런 이유에서 기인한 것이 아닐까 한다.

　2층에는 고생물, 실크로드, 간쑤성 공산혁명 역사가 전시되어 있고, 3층에는 간쑤성 도예관, 불교예술관이 있다. 간쑤성은 불교 전래 통로에 위치한 만큼 위진 시대부터 수당 시대에 이르기까지 수많은 불교 예술품들을 가지고 있고, 그중 석굴은 둔황을 비롯하여 14곳에 산재해 있다. 불교예술관에 재현된 맥척산 석굴은 경주 석굴암과 매우 흡사하다. 화려한 불교문화가 대륙의 동쪽 끝 변방 통일신라에까지 흘러 들어간 것이다. 이어 공룡전시관과 중생대 생물전시관에서는 공룡 알과 중생대 화석이 눈길을 끈다.

전시관을 이동할 때마다 그 규모와 방대한 전시물의 양에 매번 놀란다. 중국에는 각 직할시, 성, 자치구마다 이런 규모의 박물관이 1개 이상씩 있으니 중국 정부가 박물관에 얼마나 많은 관심을 기울이고 투자하는지 알 수 있다.

박물관을 나서는데 백인 청년이 내게 중국어를 할 줄 아느냐고 묻는다. 미국 보스턴 출신으로 파키스탄에서 육로 이동을 하여 신장에 왔다고 한다. 용감한 청년이다. 예나 지금이나 실크로드는 서구인들에게 로망인가 보다.

황하를 만나다 백탑산 공원으로 이동한다. 드디어 황하를 만났다. 중국인들에게 황하는 '어머니강'이다. 전체 길이 5,400킬로미터, 중국에서 두 번째로 긴 강인 황하는 칭하이(靑海)성에서 발원하여 쓰촨(四川), 간쑤(甘肅), 닝샤후이족(寧夏回族) 자치구, 네이멍구(內蒙古) 자치구, 산시(山西), 섬서(陝西), 허난(河南), 산둥(山東)까지 9개 성 혹은 자치구를 적신 후 보하이만에서 황해로 유입된다. 인류 최초 문명이 양쯔강 유역과 같이 비옥한 땅을 두고 메마르고 거친 황하에서 움튼 것은 대륙성 건조기후로 비옥한 퇴적토가 황토 지대를 형성했기 때문이다.

백탑산에서 내려다 본 황하와 란저우시

백탑산에서 도시를 조망하다　중산교 위로 수많은 사람들이 오간다.
공연히 나도 다리 위를 걸어본다. 103년 된 중산교는 황하의 폭이 가장
좁은 곳에 지어졌기 때문에 다리의 길이가 그리 길지 않다. 이어 백탑
산에 오른다. 산비탈에 사원들이 아슬아슬하게 걸쳐있고 멀리 산 정상
에 하얀 탑이 보인다. 20분 남짓 걸려 정상에 오르니 백탑사와 7층 원형
기단의 백탑이 있다. 백탑사 뒤 시내 반대쪽은 메마른 황무지이다. 산
바로 아래 남쪽으로 황하가 흐르고 그 너머는 란저우시 중심가다. 그
너머에는 해발 1,600미터의 우취안산(五泉山)이 높이 버티고 서있다.

산을 내려와 시내 중심으로 향한다. 드문드문 나타나는 모스크 중에서도 특히 중산로 부근 란저우대학 제 2병원 앞 란저우 서관(西關) 칭전사(淸眞寺) 모스크의 모습은 장대하다. 명대에 최초 건립되고 청대 강희제 때 중건한 모스크 안으로 들어가 본다. 파스파 문자인 듯한 낯선 글씨가 쓰여 있고 예배당 안에서는 후이 족이 기도를 올리고 있다.

중국 시내버스　시내버스를 타고 우취안산 공원으로 간다. 승객이 많은 것만 빼면 중국의 시내버스는 편리하다. 정류장에 걸린 버스노선도는 진행 방향이 화살표로 표기되어 있어 한자만 읽을 줄 안다면 동서남북 어느 방향으로든 이동에는 별 문제가 없을 것이다. 우취안산 공원 입구는 온갖 잡상인, 야바위꾼 등이 모여 있어 1970년대 서울 영등포역 분위기를 자아낸다. 방범 때문에 저녁 6시면 폐장한다고 한다. 해가 긴 여름 저녁, 너무 일찍 문을 닫는 것 같아 아쉽다.

해가 기우니 날씨가 선선해진다. 열차 출발까지 시간이 많이 남아 아무 버스나 타고 강 건너 도시 외곽으로 향한다. 황하 양쪽 강변으로 신축 아파트가 빽빽하게 들어서 있다. 서울처럼 강변을 볼품없게 만드는 아파트 단지가 되어서는 안 될 텐데 하는 안타까운 마음이 든다. 서늘해지는 시각에 맞추어 운행을 시작한 유람선은 거센 황하 물결을 거슬러 서쪽으로 올라간다.

또다시 이동의 전쟁터로　날씨가 시원해지자 강변으로 시민들이 몰린다. 건조 기후의 상쾌한 여름 저녁을 실컷 즐기고 호텔로 돌아와 짐을 챙겨 역으로 향한다. 역시 혼잡하다. 역 안을 채우고 있는 사람들은 한국 명절 귀성 인파보다 훨씬 더 많아 보인다.

　란저우에서 시안까지 676킬로미터, 열차는 출발 지연이다. 그래도 반가운 것은 오늘 밤을 마지막으로 당분간 열차 이동은 없다는 것이다. 오랜 기다림 끝에 개찰을 시작하지만 질서를 지키지 않는 사람들 때문에 불쾌해지기 일쑤다. 좌석은 이미 정해져 있는데 왜 저리들 막무가내로 가는지 이해하기 어렵다. 다행히 일단 열차에 올라타면 그 이후는 쾌적한데 문제는 열차표 구입, 역 대합실 입장, 승차 대기 등 절차가 매우 성가셔서 목적지에 다다르기도 전에 지치기 십상이라는 점이다. K890 열차는 칭하이성 시닝(西寧)에서 출발하여 허난성 정저우(鄭州)까지 간다. 열차는 50분 정도 지연되어 00시 03분에 출발한다. 내가 앉은 좌석은 4인 1실 르안워 상층이다. 에어컨이 완비된 쾌적한 환경이라 침대에 눕자마자 깊은 잠에 빠진다.

9 시안

일차　중국인들의 매너 1　열차에서 상쾌한 아침을 맞는다. 밤사이 거친 광야가 곡창으로 바뀌어 있는 것을 보니 간쑤성을 거의 빠져나온 듯하다. 옥수수와 작물들이 황하의 자양분을 머금고 쑥쑥 자란다. 일찍 일어나 열차 세면대를 이용한다.

열차 내에는 아무 데나 침 뱉는 사람이 흔하고 객실에서 흡연하는 사람, 큰 목소리로 통화를 하는 사람 등 다양한 사람들이 있다. 한국에서라면 상당히 불쾌한 장면들이었을 텐데 타지에서 보니 그저 우스울 뿐이다. 재미있는 것은 내가 이런 환경에 점차 적응해가고 있다는 것이다. 어디선가 컵라면 냄새가 다시 피어오른다.

오전 9시 12분, 드디어 시안에 도착했다. 우루무치에서 시안까지 허시후이랑 육로 이동을 무사히 마친 것에 안도한다. 시안의 아침 공기가 후덥지근하다. 오늘도 만만치 않은 하루가 될 것이다. 시안역 앞에서 병마용(兵馬俑)으로 향하는 버스에 몸을 싣는다. 고속도로를 달리는 자동차들의 외관은 훌륭하지만 운전 실력은 영 엉망이다. 사고가 나지 않는 것이 신기할 정도이다.

화칭못과 시안사변　병마용으로 향하는 버스는 화칭못(華淸池) 근처를 지나지만 나는 그곳을 들르지 않고 지나간다. 오후에 중국 내 성급 박물관 중 최고라고 하는 산시성 박물관에 가야 하기 때문이다. 내일은 박물관이 휴관하므로 오늘 꼭 가야 한다. 화칭못은 수려한 풍광과 품질 좋은 온천수 때문에 역대 왕들의 사랑을 받았던 곳이라고 한다. 당나라 현종(玄宗)과 양귀비가 온천을 즐기며 겨울을 보낸 곳이고, 1936년 시안사변 때는 장제스(蔣介石)가 구금되었던 곳이기도 하다.

옵션 관광에 낚이다　병마용에 거의 다 온 것 같은데 버스는 더 이상 가지 않고 나와 중국 대학생 2명을 택시에 옮겨 태운다. 이상하다 싶었지만 동행하는 학생들이 있기에 별 의심 없이 택시에 올라탔다. 그런데 웬걸, 택시가 진시황 지하왕릉 기념관으로 향하는 것이다. 중국인 단체 관광객들에 쓸려 다니며 겨우 관람을 끝냈다. 전시의 주제는 진시황의 폭정으로, 지하 전시관에는 진시황의 모형 무덤이 있다. 다음으로는 세계 8대 불가사의 전시장으로 데리고 간다. 나는 어서 빨리 병마용으로 가고 싶은데 …. 그제야 옵션 관광에 낚였음을 알았다. 이런 것까지 조심해야 하다니. 택시기사에게 화를 냈더니 겸연쩍은지 멋쩍은 웃음을 보이며 병마용행 버스 타는 곳까지 데려다준다. 이러한 황당한 일을 겪는 것 또한 중국 여행의 일부라고 생각하며 스스로를 위로하지만, 소중한 시간을 낭비한 것 같아 씁쓸하다.

비싼 입장료　드디어 병마용이다. '세계 8대 불가사의'라는 칭호에 걸맞게 세계 각국에서 온 관광객들로 매우 혼잡하다. 병마용의 정확한 명칭은 '진시황 병마용 박물관'(Emperor Qin's Terra-Cotta Warriors and Horses Museum) 으로, 2009년 완공되었으며 박물관 개량 역사 소개와 함께 각종 출토물이 전시되어 있다. 입장료는 150위안(약 2만 7천 원) 으로 비싼 편이지만 많은 관광객들로 발 디딜 틈이 없다. 입장권 뒷면에는 삼성이 시안에 세계 최대 메모리칩 공장을 세웠다는 광고가 찍혀 있어 흐뭇하다.

병마용갱　병마용갱(兵馬俑坑) 은 1974년 땅을 파던 농부에 의해 발견되었고, 그 자리에 박물관이 지어진 것이라고 한다. 현재까지 3개의 갱(坑) 이 발견되었고 700여 개의 토용(土俑) 과 100개가 넘는 전차, 40여 필의 말, 10만여 개의 병기가 발굴되었다고 한다. 1호 갱은 동서 230미터, 남북 62미터로 어마어마한 규모를 뽐낸다. 도대체 진시황은 어떤 통치자였기에 이런 무덤을 지었단 말인가?

　병마용갱 토용을 찬찬히 감상한다. 천인천색의 다양성과 정교함을

천인(千人) 천면(千面)
시안 병마용

확인한다. 시간만 넉넉하다면 수많은 병사 한 사람 한 사람의 얼굴에 무슨 메시지가 담겨 있는지 관찰하고 싶다. 불멸을 꿈꿨던 진시황이 사후 자신의 무덤을 지키기 위해 일일이 흙으로 구웠다고 한다. 기원 전 아득한 옛날에 이 같은 기술을 갖추었다는 것이 매우 감탄스럽다.

산시 역사박물관　병마용을 나와 버스를 타고 산시 역사박물관으로 이동한다. 1991년 개관한 박물관 입구에는 '애국교육현장'이라는 현판이 걸려 있다. 고대 청동기, 도자기, 당 벽화 등 국보급 문화재만 18만 점이 전시되어 있다. 고대문명 전시실을 지나 전한 전시실로 이동한다. 여기서는 한나라 황제 무제와 장건이 주인공이다. 박물관 1층 중앙에는 두 차례에 걸친 장건의 서역 원정 루트 개념도가 있어 시간 가는 줄 모르고 관람한다.

8세기 당나라 장안을 보다   수당(隋唐) 전시실에는 수당시대 장안 모습의 모형이 있다. 폭이 100미터나 되었다는 주작대로가 단연 흥밋거리다. 당대 비천왕상과 무인상의 그로테스크한 모습이 재미있다. 우리나라 사찰에 가면 반드시 있는 사천왕상 바로 그것이다. 무인상 또한 우리나라 왕릉이나 귀족릉에서 보는 돌장수의 모습이지만 얼굴 표정이 매우 다양하다. 경주 괘릉에 있는 서역인 얼굴을 한 무인상이 떠오른다.

당나라 시절 여성들의 헤어스타일을 소개한 전시물 또한 재밌다. 얼굴이 하나같이 모두 통통하다. 당시에는 통통한 얼굴이 미의 기준이었나 보다. 양귀비도 무척 뚱뚱했다고 알려져 있지 않은가.

다음은 실크로드 관련 전시실로 이동한다. 실크로드를 통한 동서양 문명 교류 관련 출토물들은 당시 시안의 모습이 어떠했는지 짐작케 한다. 토우(土偶)들은 장안에 드나들었던 수많은 사람들의 모습을 보여준다. 낙타를 타고 있는 어떤 모형은 아프리카인의 얼굴을 하고 있어 매우 흥미롭다.

시안은 아테네, 로마, 카이로와 함께 세계 4대 고도로 꼽히는 곳이다. 기원전 11세기부터 2천 년 동안 13개의 왕조 혹은 정권이 시안을 도읍으로 정했다. 시안은 지정학적 조건과 온화한 기후 덕분에 오래도록 제국의 수도였던 것이다. 특히 현종 때 전성기를 이뤄 로마와 함께 세계의 중심으로 부상했다. 당시 시안의 인구는 150만 명이었고 드나드는 외국 사신들의 수는 4천 명 정도였다고 한다(참고로 오늘날 시안 인구는 7백만 명이다).

실크로드 전시실을 나와 고대실로 이동한다. 이곳의 테마는 진나라의 천하통일이다. 문자와 화폐 관련 전시물이 흥미롭다. 박물관 폐장 시각인 오후 5시까지 알뜰하게 관람하고 박물관을 나선다. 찬란한 역사를 지닌 곳이기에 전시물 또한 매우 훌륭했다. 병마용 일정을 재촉하며 이곳까지 관람하길 정말 잘한 듯싶다.

성곽도시 시안　종루 부근에 있는 호텔에는 서양인 투숙객이 많아 호텔 내 직원들이 영어를 할 줄 알기에 여러모로 많은 도움이 되었다. 시내 곳곳에는 명품관, 술집 등이 즐비하고 고급 승용차들도 많이 다닌다. 종루에서 멀지 않은 남문을 통과해 시안 성곽까지 걷는다. 시안 성곽은 중국에서 가장 잘 지어진 고성 중 하나로 전체 길이 13.6킬로미터, 높이 12미터, 폭 15미터의 규모를 자랑한다. 명나라 주원장 때 건설된 성곽이니 600년 이상의 역사를 지닌 셈이다. 밤이 되자 성문과 누각들이 화려한 조명을 밝혀 도시 풍경을 더욱 황홀하게 만든다. 한때 전 세계인들을 매료시켰던 도시의 진면목이 드러난다. 당나라 현종 시절 '개원의 치'(開元之治) 가 바로 이런 시대이지 않았을까 상상해본다.

10 시안

일차　**종루와 고루**　오늘은 시안 시내 명소 몇 군데만 방문하는 여유로운 일정이다. 시안의 지리적 중심에 자리한 종루(鍾樓) 는 명(明) 태조 주원장 17년인 1384년에 세워져 1582년 지금의 위치에 옮겨진 것이라고 한다. 못을 사용하지 않고 건물을 올린 것이 특징이다. 당시는 아침에 종이 울리면 성문을 열고, 저녁에 종이 울리면 성문을 닫았다고 한다. 종루를 기점으로 로터리가 형성된 것은 우리나라의 동대문, 남대문과 같다.

종루에서 200미터쯤 떨어진 곳에는 고루(鼓樓)가 있다. 종루보다 4년 먼저 건축된 것으로 베이징의 자금성, 명십삼릉과 함께 대표적인 명대 건축물이다. 종루가 종을 쳐서 시간을 알려주었다면 고루는 북을 쳐서 시간을 알려주었다.

짜증나는 열차표 구입　종루 부근에 열차 매표소가 있어서 열흘 후 윈난성 리장에서 쓰촨성 청두로 가기 위해 필요한 판쯔화-청두 구간 열차표 구매를 시도했다. 그런데 판매원은 무조건 표가 없다고만 한다. 인터넷으로 확인해보니 내가 구매하려는 표는 아직 많이 남아 있다. 다시 예매소로 가 이 같은 사실을 말해도 판매원은 무조건 표가 없다는 말만 되풀이하더니 나중에는 짜증을 낸다. 이곳에서는 안 되겠구나 싶어 시안역으로 이동한다. 그러나 시안역에서도 사정은 마찬가지.

허둥거리고 있는데 한 직원이 전산시스템에 아직 정보가 올라오지 않아 그런 것이니 오후에 다시 와보라는 말을 해준다. 생각해보니 종루 부근 매표소 직원의 말이 맞는 것이었다. 미리 알았더라면 고생하지 않았을 텐데. 공연히 매표소 직원을 원망했다.

친절한 중국 대학생들　시안역에서 열차표를 문의하는 과정에 친절한 중국인들을 여럿 만났다. 그중 한 사람은 시안 출신으로 하얼빈에서 대학을 다니며 일본어를 전공하는 학생이다. 그는 바쁠 텐데도 시간을 내어 통역사 역할을 해주었다. 또 한 사람은 충칭 출신으로 우루무치 소재 대학에서 영어를 전공하는 크리스털(Crystal)이라는 여대생이다. 그녀 또한 나의 성가신 부탁에 응해주었다.

열차표 구입은 오후로 미루고 역에서 멀지 않은 대명궁(大明宮) 유지(遺址) 공원과 그에 인접한 단풍문 유지에 가보기로 한다. 당 시대 장안에 있던 궁전터 일부를 복원, 발굴작업 중인 상태에 지붕을 씌워 박물관으로 꾸민 곳이다. 인공적으로 복원한 것이기에 어설프기는 하지만 박물관의 현대식 실내 시설은 무척 깨끗하다.

성장의 그늘　대명궁 유적지까지 크리스털과 동행하면서 많은 이야기를 나누었다. 이렇게 빠른 속도로 성장하는 나라에서 태어난 것이 다행스럽지 않느냐고 물었더니 집값, 결혼, 취직문제 때문에 그렇지 않다고 한다. 나라가 부강해지면 그 나라 국민들의 위상도 올라가 자긍심은 높아지겠지만 급격한 성장과정에서 발생하는 여러 후유증과 부작용을 지적하는 것이다.

경제성장은 그에 상응하는 사회적·문화적 여건과 조화를 이루며 진행되어야 하는데, 대부분 물질(하드웨어)이 먼저 성장하고 사회 및 문화적 부분(소프트웨어)의 성장은 그에 뒤따른다. 중국의 경우 아직 드러나지 않고 있지만 가까운 미래에 사회 및 문화적 의식 수준에 따른 성장의 그늘, 후유증을 겪게 될 것이라 예상한다.

박물관 관람을 마치고 출구로 향하는데 초등학생 관람 단체가 몰려든다. 역사에 관심이 없을 나이인데, 그들은 가이드의 설명에 귀를 기울인다. 단체에서 이탈하거나 장난치는 아이들은 거의 없다. 중국이 역사

교육을 얼마나 철저하게 하는지 짐작하게 하는 반면, 역사수업 시간이 점점 줄고 있는 우리나라의 교육현실도 오버랩되어 씁쓸해졌다.

버스를 타고 다시 종루로 향한다. 고루 부근에 있는 칭전다사(淸眞大寺) 모스크를 찾아간다. 서양시 골목 안에 숨어 있어 찾는 데 애를 좀 먹었지만 그 과정에 소득이 있었다. 고루 부근에서 길을 헤매다가 우연히 열차 매표소가 눈에 띄기에 혹시나 싶어 오전에 구입을 실패한 열차표가 있는지 물어보았다. 반갑게도 열차표가 있다고 해 바로 구매했다. 박물관을 관람하는 동안 예매 시스템이 열린 것이다. 시안역 직원의 말이 맞았다. 쓰촨성 판쯔화에서 청두행 잉워 하단 침대표를 구입하고 나니 복권에 당첨된 것처럼 기분이 좋다. 열흘 후 열차표인데도 서둘러 구매한 것은 빡빡한 일정 속에서 제때 이동하지 못해 그 다음 일정이 연쇄적으로 엉클어지는 상황을 예방하기 위해서였다.

박칼린을 닮은 커피숍 여주인 칭전다사 입구에 인터넷이 되는 커피숍이 있어 그동안 쌓였던 정보에 대한 갈증을 해소했다. 오페라 연출자 박칼린을 닮은 커피숍 여주인은 아무리 봐도 서양인의 얼굴인데 토박이 중국인이라고 한다. 시안에서 태어났다고 하는데 여기가 서양인 거리임을 감안한다면 아마도 그녀의 조상 중 한 사람이 이곳을 드나들었던 이란계 소그드인의 후손은 아니었을까 하는 쓸데없는 상상을 해본다. 이번에는 커피숍 주인이 나에게 한국인이냐고 묻는다.

어떻게 알았냐고 되물으니 얼굴에 써있다고 답하기에 한바탕 웃었다. 대부분의 중국인들은 나를 중국인으로 보는데 오랜만에 그런 이야기를 들으니 국적을 되찾은 것 같아 기분이 좋아진다.

이슬람 사원 칭전다사 시안 칭전다사는 중국에서 가장 오래된 이슬람 사원 중 하나이다. 신장과 간쑤성에서 봤던 이슬람 사원들과는 많이 다르다. 병기되어 있는 아랍문자만 아니면 불교 사찰로 오인할 뻔했다. 당나라 때 건축되어 송·원·명·청으로 이어지면서 증개축을 거듭했다고 한다. 마침 중국인 회교도 한 무리가 본관 예배당에서 쏟아져 나오는 것을 보고서야 여기가 이슬람 사원임을 다시금 확인한다. 중국어인지 아랍어인지 모를 알아듣기 어려운 언어로 코란을 낭송하는 소리가 들린다.

대안탑과 소안탑 아직 볼거리가 더 남았는데 벌써 오후 6시가 넘었다. 열차표 구입에 너무 많은 시간을 소모해버린 탓이다. 대안탑, 소안탑, 그리고 대당부용원 탐방은 건너뛰기로 한다. 대안탑은 652년 당나라 때 현장법사가 인도에서 가져온 불경과 불상을 보존하기 위해 지은 64미터 높이의 7층 전탑이다. 사진을 통해 많이 보았던 시안의 상징, 대안탑을 건너뛰어야 한다니 매우 아쉽다. 대안탑 가까이에 있는 대당부용원은 당나라 전성기의 문화와 생활상을 재현한 테마공원으로 야경이 무척 아름답다는데 이것 또한 놓치게 되어 속상하다.

11 시안 → 구이린

일차 새벽 5시, 호텔을 체크아웃하고 공항버스 승차장으로 향한다. 공항버스 정류장 부근에서 택시 한 대가 합승객을 모집하고 있다. 이미 두 사람이 승차 중이다. 택시기사가 여성이고 승객 중 젊은 여성도 있기에 의심하지 않고 바로 승차했다. 택시는 빠른 속도로 달려 30분 만에 셴양공항에 닿아 무사히 구이린행 여객기에 오른다.

곳곳에서 영토 갈등을 일삼는 중국　공항에서 판매하는 〈차이나 데일리〉(*China Daily*)라는 영자 신문에 다양한 소식이 실려 있다. 우주비행사들이 격리에서 풀려나 대중 앞에 모습을 보인 것, 심해 탐사정이 무사 귀환한 것 등 중국의 탐험 스토리가 주 내용이다. 더불어 미국 소식도 많은데, 이는 중국이 미국을 무척이나 의식한다는 증거가 아닐까. 런던올림픽에서 미국팀이 입을 유니폼이 '메이드 인 차이나'(Made in China)라는 사실에 미국이 분노했다는 소식, 아메리칸 드림이 끝났다는 논평 등 다양한 내용이 실려 있다. 또한 일본과의 댜오위다오(釣魚島) 갈등, 필리핀과의 남사군도 갈등에 대한 기사도 실려 있는데 이는 여행기간 내내 도마 위에 오른 내용으로, 중국 내 주요 쟁점이다.

우리나라 신문과 차이점이 있다면 중국 신문은 세계 곳곳의 소식을 많이 싣는다는 점인 것 같다.

중국인들의 매너 2　중국에서 국내선 항공기를 이용하는 사람들은 중산층 이상의 사람들이다. 그렇다면 해외여행은 극소수의 최상위 계층 사람들만이 누리는 특권일 것이다. 대한민국 서울 혹은 제주도로 여행 온 중국인들을 함부로 볼 수 없는 이유가 바로 여기에 있다. 그러나 그들의 항공기 이용 매너를 보면 한숨이 절로 나온다. 열차에서 마주친 사람들보다는 낫지만 비행기 이·착륙 시 이곳저곳으로 움직이고 운항 내내 시끄럽게 떠드는 등 완전히 도떼기시장이다. 머리가 지끈지끈 아파온다.

중국인이 선호하는 해외 여행지 〈차이나 데일리〉에 실린 재미있는 기사 하나를 소개한다. 중국인들도 차츰 단체관광에서 벗어나 가족 단위 맞춤여행으로 눈을 돌리고 있는데, 여러 관광지 중에서도 특히 리조트 시설이 잘 갖추어진 대한민국의 강원도나 동해안이 인기라고 한다. 이에 힘입어 한국 정부가 관광비자 발급조건을 완화했다고 하니 잘한 결정이라고 생각된다.

동방항공기는 정시에 시안 셴양공항을 이륙하여 1,020킬로미터를 날아 오전 9시 40분 광시(廣西) 좡족(壯族) 자치구 구이린에 도착했다. 열차로 이동했더라면 족히 24시간은 걸렸을 거리를 1시간 30분 만에 이동했으니 비싼 항공요금이 제값을 한 셈이다.

북방에서 남방으로 인구 4천 5백만 명이 거주하는 광시좡족 자치구에는 좡족, 먀오족 등 다양한 소수민족이 한족과 어울려 산다. 수도는 난닝(南寧)이지만 이 지역 자동차 번호판이 '계'(桂) 자로 시작할 정도로 구이린이 더 유명하다. '계수나무 꽃이 흐드러지게 피는 곳'이라는 뜻의 구이린은 인구 50만 명이 거주하는 소담한 도시이다. 주위 사람들의 생김새가 달라졌다. 얼굴이 까무잡잡하고 몸집이 작아졌다. 언어 또한 달라졌다. 무슨 뜻인지 이해할 수는 없지만 베트남식 성조가 많이 섞여 있음은 알 수 있다. 베이징, 상하이보다는 베트남 하노이가 훨씬 가까우니 그럴 만도 하다.

가슴 설레는 구이린 산수　세계적인 카르스트 지형과 그 사이를 휘감고 도는 리강(漓江)이 조화를 이룬 구이린은 예로부터 '맑은 산(山淸), 아름다운 물(水秀), 기이한 동굴(洞奇), 멋진 돌(石美)'의 고장으로 알려진 곳이다. 많은 이들이 중국 여행의 절정은 구이린이라고 말해 마음이 설렌다. 비가 내리기 시작한다. 사막 혹은 건조지역을 열흘 넘게 다니다 비를 만나니 무척 반갑다. 길은 질척거리지만 날이 시원해 참 좋다.

호텔 체크인을 하고 서둘러 리강 유람에 나선다. 호텔에서 가까운 구이린역에 가 리강행 차편을 알아보니 마침 출발하는 현지 팀이 있어 지체 없이 버스에 오른다. 자리가 모자라 호떡의자에 앉는다. 호떡의자란 간이의자로, 자리가 모자란 경우가 자주 발생해 버스기사가 여분으로 가지고 다니는 의자를 말한다.

버스 안에서 만난 대학생들과 대화를 나눈다. 후난성 장사에서 대학을 다니는 이들로 토목공학을 전공하고 있고, 남학생의 고향은 허베이성, 여학생의 고향은 후난성이라고 한다. 이처럼 남녀 대학생이 한 쌍이 되어 여행을 다니는 경우를 자주 보게 되는데, 중국에서 남녀관계에 대한 사회적 인식이 많이 변했음을 알 수 있다.

답답한 일당 체제　남학생에게 고향을 떠나 타 지역 소재의 대학에 진학한 이유를 물었다. 문화의 다양성을 체험하기 위해서라고 답한다. 이번에는 그들이 나에게 중국의 일당체제에 대해 어떻게 생각하느냐고 묻는다. 이렇게 거대한 대륙에서 효율적으로 경제성장을 이루려면 일당체제가 도움이 될 수도 있는 것 아니냐고 답했더니 실망한 기색으로

구이린 산수 리강 유람

나를 쳐다본다. 자유민주주의 국가에서 온 여행자에게 기대한 답은 그런 것이 아니었나 보다. 공연히 미안한 마음이 든다.

세외도원 리강 유람　　그새 버스는 큰길을 벗어나 여러 개의 언덕을 넘어 강변마을에 접근한다. 양쪽으로 소박한 농촌 풍경이 펼쳐진다. 길게 자란 옥수수, 소를 모는 아이, 널판 지붕 집에 퇴비 냄새마저도 긴 여행으로 지친 여행자의 심신을 위로한다. 드디어 리강 선착장이다. 우리 팀 8명(현지 버스팀)은 납작한 대나무 보트에 올랐다. 작은 동력으로 느리게 강을 거스르는 보트는 리강을 감상하는 데 제격이다. 비용과 수고를 들여 머나먼 이곳까지 들어온 것을 보상받는 기분이다.
　　수억 년 동안 녹아내린 석회암의 모습, 그대로 굳어버린 봉우리 등 그림엽서 같은 풍경들을 감상한다. 꺾어진 봉우리, 아이스크림처럼 녹아내린 봉우리, 두 개의 봉우리가 하나로 합쳐진 봉우리 등 기묘한 봉우리들을 바라본다. 현세 속의 절경, 선경(仙景)이라는 표현 말고는 적합한 단어가 없을 듯하다.

관암 간이선착장에서 출발한 대나무 보트는 첩첩산중 깊은 곳을 돌고 돌아 양티(楊堤) 간이선착장에서 우리를 내려준다. 양티 선착장 앞 마을에서 양숴(陽朔)행 버스를 탄다. 그런데 갑자기 하늘이 어두워지더니 광풍이 불며 세차게 비가 내린다. 도로에는 비바람으로 인해 부러진 나무들이 쓰러져 있다. 무사히 구이린행 버스로 갈아타고 시내에 도착하니 오후 5시다. 이른 저녁식사를 한다. 바쁜 일정으로 점심식사도 하지 못한데다 남방에 오니 음식이 입에 맞아 맛있게 식사를 한다.

상비산에 오르다　시내 중심에 있는 상비산(象鼻山)에 오른다. 상산공원(象山公園) 안에 있는 동산으로 입장료는 40위안(약 7천 원)이다. 정원이 예쁘게 꾸며져 있다. 길이는 짧지만 경사가 가파르다. 비가 내린 후라 숲이 뿜어내는 공기는 싱그럽고 시원하다. 언덕 정상에는 보현탑이 있다. 드디어 시내가 한눈에 들어오는 지점에 닿았다. 굽이도는 리강, 멀리 안개와 구름에 갇힌 기암괴봉, 보슬비까지 내려 구이린의 운치는 더할 나위 없이 아름답고 신비롭다.

남방의 정취　거리로 내려와 호텔까지 걷는다. 꽤 먼 거리인데다 비까지 내려 길이 질펀거리지만 남방의 유쾌함과 활기가 묻어나 좋다. 허기가 져 물만두집에 들른다. 물만두집 주인은 대한민국을 좋아한다며 나를 무척이나 반긴다. 어떻게 이곳까지 온 것이냐고 묻기에 중국 내륙을 탐방하는 중이라고 대답했더니 나를 향해 엄지손가락을 치켜 올린다. 보슬비마저 정겨운 남방도시 구이린의 정취를 한껏 느끼며 호텔로 향한다.

12일차 구이린 → 쿤밍

용척제전(龍脊梯田)이라는 대규모 계단식 논지역과 산등성이 장족 마을도 유명해 방문하면 좋았을 텐데 구이린에서 멀리 떨어진 용승현(龍勝縣)에 있다. 빡빡한 일정 때문에 건너뛴다. 한국에서 일정을 세울 때와는 달리 현지에서는 실제 거리 및 교통수단으로 인해 일정을 포기해야 하는 경우도 종종 발생한다. 무리하지 않고 구이린에 머물며 여유로운 하루를 보내기로 한다.

홍콩을 닮은 구이린 오전 10시쯤 호텔을 나선다. 남방의 태양이 벌써부터 작열하니 어제 내린 비가 몹시 그립다. 날씨, 거리, 2층 버스, 사람들의 생김새 등 구이린은 홍콩을 많이 닮은 것 같다. 구이린 역 건너편에서 2층 버스를 타고 중산로를 북상한다. 버스는 중심광장을 비롯하여 웬만한 시내 중심지를 모두 지난다.

무릉호(木龍湖) 부근에서 하차한다. 동화 속에 있을 법한 예쁜 도시이다. 첩채산(疊彩山) 공원 근처에 있는 나비박물관 정원과 연못이 있는데 그 풍경이 매우 예쁘다. "계림산수 갑천하"(桂林山水 甲天下) 라

고 쓰인 현판이 눈에 들어온다. 해발 73미터인 첩채산 봉우리에서 조
망할 구이린 시내를 상상하며 비 오듯 흐르는 땀을 연신 닦아내며 산에
오른다.

　정상으로 가는 길 중턱에는 동굴과 함께 시원한 쉼터가 있는데, 청
나라 말 개혁사상가 캉유웨이(康有爲)가 강의를 하던 곳으로 간단한
소개와 함께 그의 좌상이 놓여 있다. 좌상 주위 쇠사슬에는 온갖 소원
이 적힌 명패가 주렁주렁 매달려 있다. 재(財), 축(蓄), 복(福), 수
(壽)와 같은 소원들이다.

첩채산에 오르다　정상에 올랐다. 구이린 풍경은 아무리 보아도 질리
지 않는다. 멀리 보이는 산들의 날카로운 곡선은 공룡의 등지느러미 같
다. 한 가지 아쉬운 점이 있다면 강물이 탁하다는 것이다. 리강뿐 아니
라 중국 어디를 가도 강물이 탁하다. 갑자기 시원하게 비가 쏟아진다.
고마운 비다.

　첩채산에서 내려와 중산로를 따라 걷다 보니 기독교 예배당이 보인
다. 들어가 감사와 희원의 기도를 한다. 예배당에서 나와 좀더 걸으니
천주교당이다. 공산주의 국가에서 종교는 겨우 명맥을 유지한다는 것
을 증명하듯 지극히 소박한 모습이다.

중국의 PC방　PC방에 들어갔다. 의외로 아무런 제어가 없다. 거대
한 홀 안에 수백 명의 젊은이들이 컴퓨터 모니터 앞에 앉아 있다. 그 모
습을 보니 거대 대륙 중국에서는 인터넷 통제를 어떻게 하고 어디까지
통제할 수 있는지 궁금해진다. 이메일 및 기타 확인사항을 체크하고

바로 길을 나선다.

마침 근처에 열차 매표소가 있어 9일 후 이용할 청두-충칭 간 야간 침대열차표를 구입했다. 그동안 여러 번 기차표를 예매했는데도 그때마다 왜 이리 뿌듯하고 든든한지 모르겠다. 찌는 듯한 더위에도 불구하고 에어컨이 가동되는 곳은 매우 드물다. 지나가다 은행이 있기에 볼일이 있는 척 들어가 시원한 에어컨 바람을 쐰다. 시원한 실내에 앉아 창밖을 바라보며 이 더위에도 에어컨 없이 어떻게 생활을 하는지 거리에 있는 사람들의 생활력에 감탄한다.

은행을 나와 곧장 공항행 버스에 몸을 싣는다. 공항에 도착하자마자 컵라면 하나를 뚝딱 해치운다. 컵라면 냄새를 잔뜩 풍기며 게걸스럽게 먹는 중국인들을 흉봤었는데, 시간이 흐를수록 그들을 닮아가는 것 같다.

중국인들의 매너 3　구이린공항 국내선 터미널에서 늘씬한 항공기들이 5분이 멀다하고 전국 각지로 떠난다. 그러나 그러한 항공기를 이용하는 사람들의 수준은 매우 낮다. 큰 소리로 떠드는 것은 문제도 아니다. 아무 데나 침을 뱉고, 쓰레기를 버린다. 조용히 앉아 책이나 신문을 읽는 사람은 거의 찾아볼 수 없다. 경제 수준이야 빠른 시일 내에 선진국을 따라잡을 수 있겠지만 의식 수준은 아주 오랜 시간 국민 모두가 노력해야 변할 수 있는 것인데, 과연 저들이 이를 실천할 수 있을지 의심스럽다.

쿤밍행 남방항공의 출발이 심각할 정도로 지연되고 있다. 더 길어질 예정인지 항공사에서는 대기 승객들에게 스낵과 생수를 나눠준다. 중국 동부와 남부지역에 내린 폭우로 인해 항공기 전국 운항에 차질이 생긴 것이다. 여러 편의 항공기 출발이 지연되자 공항 대합실은 금세 북새통으로 변했다. 게이트가 17개나 있지만 이러한 상황을 감당하기에는 공항시설이 너무나도 부족한 듯하다. 지어도, 지어도 모자란 인프라 때문에 중국 정부는 고민이 많을 것 같다.

세계 2위 중국 민간항공 남방항공기는 예정보다 2시간 늦게 출발했다. 항공기는 만석이다. 중국의 교통수단은 종류를 가릴 것 없이 언제나 만석이라고 보면 된다. 중국의 여러 항공사 중 남방항공은 2012년 기준 연간 여객수송 인원이 8천만 명으로 미국의 델타, 유나이티드, 사우스웨스트아메리칸항공에 이어 세계 4위이다. 동방항공은 세계 9위, 중국국제항공은 10위에 랭크되어 있으니 중국의 민간항공 시장규모가 얼마나 큰지 알고도 남는다.

쿤밍 신공항 항공기는 자정을 넘겨 쿤밍 창슈이(長水) 공항에 도착했다. 공항의 규모는 거대할 뿐만 아니라 실내시설이 모두 최신설비이다. 내가 가진 정보에 따르면 쿤밍공항은 시내에서 4킬로미터 떨어진 곳에 위치해야 하는데 실제로는 25킬로미터나 떨어져 있다. 불과 지난 몇 달 새에 신공항을 개장한 것이다. 이렇듯 중국에서는 모든 것이 매우 빠르게 변한다. 해발 1,891미터의 고원도시 쿤밍은 시원해서 참 좋다. 이곳은 겨울에도 날씨가 따뜻해 '춘성'(春城)이라 불리기도 한다.

13 쿤밍

일차　여행지에 도착하면 먼 곳부터 다녀오는 나의 방식대로 스린(石林)을 먼저 다녀오기로 한다. 스린은 만 하루가 걸리는 코스로 당일관광 프로그램은 모두 이른 아침에 떠났다고 한다. 차선책은 동부터미널로 가서 시외버스를 타고 스린까지 이동해 택시나 시내버스로 옮겨 타 목적지를 찾아 가는 것이지만 왠지 엄두가 나지 않는다. 더구나 비까지 내리니 썩 내키는 일정이 아니다. 오늘은 쿤밍 시내 주요 지점을 돌고 윈난(雲南) 민족박물관을 가기로 한다.

　오랜만에 다시 찾은 대도시는 그야말로 정신이 하나도 없다. 허드렛일이나 행상을 하는 사람들 중에는 소수민족들이 많은 듯하다. 알이 굵은 옥수수나 초대형 군고구마를 파는 행상인들이 눈길을 끈다. 윈난 민족박물관은 도시 남서쪽 외곽에 자리하고 있다. 박물관의 입구에는 기부자 명단이 걸려 있는데 그중 일본 정부는 4,400만 엔(약 4억 6천만 원)을 기부했다고 적혀 있다.

윈난 민족박물관　박물관에는 민속의상, 수공예, 고서적, 생활용품, 악기 등 다양한 전시물이 마련되어 있다. 먀오족, 하니족, 노족들의 악기는 어디선가 많이 본 듯 익숙한 것들이다. 수공예품과 의상은 그 색감이 매우 빼어나다. 높은 수준의 문화를 가진 소수민족들이 많다는 것을 의미한다. 고문서관(古文書館)은 소수민족 고유의 언어와 문자로 기록한 서적과 필사본 등을 전시해두었다. 기록매체도 나무, 종이, 비석, 점토판 등 매우 다양하다. 언어학자들이 이 전시물을 본다면 군침을 흘릴 만큼 방대한 컬렉션이다.

테마파크 윈난 민족촌　건너편 윈난 민족촌으로 넘어간다. 민족촌 입구에는 쿤밍 고성이 재현되어 있다. 고성지역을 채운 것은 모두 상점들이지만 처음 접하는 이국적 풍경이 눈을 즐겁게 한다. 민족촌 내에는 윈난성에 분포한 바이족, 먀오족, 장족, 하니족 등 소수민족의 전통가옥이 재현되어 있다. 신장 톈산톈치, 시안 병마용, 구이린 상비산에 이어 이곳 또한 중국어, 영어, 일본어, 그리고 한국어로 쓰인 안내문이 구비되어 있다.

　민속 의상을 입은 근무자들의 표정이 왠지 딱딱해 보인다. 민족촌 내 각종 설치물들은 너무 인공적이어서 유치해 보이기도 하지만 주제의식은 뚜렷해 보인다. 깊숙한 산악 지역이나 오지에 거주하는 소수민족들의 삶을 한 장소에서 체험할 수 있어 의미 있는 곳이다. 소수민족 마을 중 가장 규모가 큰 바이족(白族) 마을의 충성사 삼탑은 모형으로 재현되어 있는데, 실제로 뒤에 있는 산의 모습까지 연출하기 위해 부단히 애를 쓴 티가 나 안쓰럽기까지 하다.

인도차이나 길목 윈난성　윈난성(雲南省) 소수민족들의 생김새는 대부분 동남아시아 사람들과 비슷하다. 그도 그럴 것이 윈난성은 서쪽으로 미얀마, 남쪽으로 라오스, 베트남과 국경을 접하고 있어 동남아시아, 인도차이나, 혹은 그 너머 인도양으로 진출하는 길목에 위치해 있기 때문이다. 중국이 라오스 서북부, 미얀마 동북부, 그리고 윈난성 남서부가 만나는 꼭짓점 지역을 녹색 삼각주(Green Triangle)이라 부르며 인프라 구축과 투자에 열을 올리는 모습을 라오스 여행길에서 확인한 바 있다.

중국 입장에서 인도차이나와의 관계는 특히 중요하다. 국제하천 메콩강과 살윈강이 티베트에서 발원하여 윈난성을 종단하기 때문이다. 메콩강은 태국, 라오스, 캄보디아, 베트남으로 연결되어 남중국해로 통하고, 살윈강은 미얀마를 흘러 인도양으로 통한다. 말레이반도 남단 말라카 해협에 이상이 생길 때 유럽, 중동, 아프리카에서 중국으로 향하는 선박들이 인도양에서 직접 중국 대륙으로 들어올 수 있는 것이다. 미국을 비롯한 서방이 미얀마 아웅산 수치 여사의 민주화운동을 지원하는 반면 중국은 미얀마 군사독재정부를 지원하는 것도 이런 이유에서다. 인도차이나 선점을 위해 중국과 일본이 곳곳에서 경쟁하는 것도 같은 맥락이다.

소수민족 가무쇼　민족촌 중앙 대형 공연장에서는 매일 오후 3시 가무쇼가 열린다. 각 민족의 러브스토리를 서사적으로 각색한 것이다. 소수민족의 화려한 전통의상은 보는 방향에 따라 시시각각 다른 색감을 보이고 무대 조명은 이를 더욱 극대화해 환상적인 무대를 연출한다. 가무쇼가 전하는 메시지는 전통계승과 민족화합이다. 1시간가량 진행되는 공연 말미에는 모든 출연진이 무대로 올라와 관중들의 합창과 율동을 유도하는데, 이때 소수민족 사람들의 얼굴을 가까이서 볼 수 있어 좋은 경험이다.

고원의 진주 쿤밍호　민족촌에서 가까운 거리에 있는 쿤밍호로 향한다. 남북으로 40킬로미터, 동서로 8킬로미터 뻗어 있는 쿤밍호의 동쪽 끝에는 해경공원(海梗公園)이 있다. 이곳에서는 쿤밍호보다는 뎬츠(滇池)라는 이름으로 알려져 있다. 중국에서 여섯 번째로 큰 담수호로 건너편에는 구름에 가린 시산(西山)이 보인다. 해발 1,900미터에 위치한 이 호수는 '고원의 진주'라고도 불린다.

쿤밍호보다 예쁜 추이후 공원　버스를 타고 시내 중심으로 돌아와 추이후 공원(翠湖公園)으로 향한다. 길을 헤매 먼 거리로 돌아왔지만 아름다운 쿤밍의 풍광, 선선한 여름 저녁 날씨 덕분에 지루하지 않게 이동했다. 추이후 공원은 도심 한복판에 있는 시민들의 휴식처이다. 흐트러진 버드나무와 호수 가장자리를 가득 채운 연꽃이 정자와 어우러져 아름답다. 언젠가 사진으로 봤던 바로 그 풍경이다. 공원으로 나온 시민들은 즐거운 한때를 보내고 있고 나 또한 그들 사이에서 여유로운 시간을 보낸다.

어설픈 버스전용차로　추이후 공원을 벗어나 버스를 타고 쿤밍 역으로 향한다. 시내 중심가에는 버스전용차로가 있지만 세계 최고의 버스 인프라를 갖추고 있는 서울에 비하면 어설프기 짝이 없다. 중앙차로 내 버스 승강장이 너무 좁아 승객들이 버스에 오르내릴 때 매우 위험한데다 버스전용차로로 승용차들이 수시로 드나들어 버스를 탈 때마다 아슬아슬하다. 도로 이곳저곳에서는 지하철 공사까지 겹쳐 더욱 혼란스럽다.

중국 솔로 여행의 애로　유럽은 대부분의 명소가 구도심에 올망졸망 모여 있어 걸어 다니며 관광하기에 편하다. 그러나 중국의 경우 명소가 곳곳에 위치한데다 도시 규모가 매우 커 대중교통으로 쉽게 연결되지 않아 난감할 때가 많다. 택시 잡기도 하늘의 별따기다. 게다가 목적지의 위치에 관한 기존의 여행 정보와 현지에서의 실제 정보가 다른 경우도 빈번하다. 그러므로 중국 여행을 계획할 때에는 이동시간에 여유를 두고 일정을 짜야 한다.

아프리카를 향한 중국의 구애　숙소로 돌아와 뉴스를 시청한다. 지난 며칠간 중국 미디어의 대부분을 장식한 내용은 베이징에서 열리고 있는 중국-아프리카 포럼(China-Africa Forum)이다. 아프리카 각국의 지도자와 고위 관계자들을 베이징에 초청해 진행하는 행사이다. 일부에서는 새로운 형태의 제국주의 아니냐는 비판의 목소리도 있지만 중국은 이에 대해 남남협력(South-South cooperation), 다시 말해 개발도상국끼리의 협력사업일 뿐이라고 말한다. 거대한 자원이 축적되어 있는 시장이자 미래의 소비시장인 아프리카 대륙을 선점하기 위해 중국은 부단히 노력하고 있다.

　마침 다른 채널에서는 15세기 초 정화(鄭和, 동양의 콜럼버스)의 아프리카 동해안 도착을 언급하며 중국과 아프리카의 오랜 역사를 강조하는 다큐멘터리가 방송되고 있다. 이처럼 중국은 서방을 따돌리고 제3세계에서 이슈를 독점하기 위해 애쓰고 있다. 아프리카에 대한 중국의 구애(求愛)가 뜨겁다.

14 쿤밍

일차 티베트인 얼굴 중국인 그룹에 섞여 아침 8시 스린(土林) 일일 투어에 나선다. 투어요금은 스린 입장료(150위안, 약 2만 5천 원)와 왕복 교통비, 점심, 강제 보험을 포함하여 300위안(약 5만 원)이다. 버스는 역시 만석이다. 승객들 중에는 티베트 사람과 승려도 있다. 가까운 거리에서 티베트인들을 본다. 고산 지역의 태양에 얼굴이 몹시 그을렸지만 모두 체격이 좋고 이목구비가 뚜렷하다.

중국인들의 운전 매너 1 도시 외곽도로 공사로 파헤쳐진 길이 어제 내린 비로 진흙 구덩이가 되었다. 그런 길을 고급 승용차들은 흙탕물을 거세게 튀기며 달린다. 역시 운전솜씨, 매너는 엉망이다. 외곽 신도시 개발로 떼돈을 번 촌부가 장화를 신고 벤츠를 몰고 다니는 격이랄까? 가이드는 벌써 한 시간째 뭔가를 설명하고 있다. 윈난성에 대해 이야기하는 것 같다. 예상했던 대로 버스는 출발 1시간 반 만에 쇼핑센터 앞에 선다.

  은제품을 파는 곳이라고 한다. 중국인들은 열심히 구경하며 물건을 사지만 나는 하릴없이 그들을 기다린다. 40분이 지났다. 타고 갈 버스를 놓치면 안 되기에 오랜 시간 신경을 곤두세우며 사람들을 기다리는 것은 이만저만 고역이 아니다.

집을 생각나게 하는 여행 여행하다 보면 심신이 쉽게 지친다. 낯선 곳을 혼자 다니다 보면 늘 긴장해야 하기 때문이다. 그렇기에 틈틈이 쉬어야 하는데, 중국의 경우 마땅히 쉴 장소를 찾는 것이 더 힘들다. 중국에서는 카페에 앉아 스마트폰으로 웹서핑을 하는 것과 같은 여유를 즐기기 어렵다.

여행을 시작한 지 보름밖에 안 되었지만 시시각각 한국이 그립다. 조용한 학교 연구실, 안락한 내 집, 내 방⋯ 마음 편히 쉴 수 있는 곳이 그리워진다. 그동안 세계 각지로 여행을 다니며 나름대로 고된 경험을 많이 했다고 생각했건만 이런 기분이 드는 여행은 이번이다.

짜증나는 중국 관광　쇼핑을 마친 관광객들을 태우고 드디어 버스가 출발한다. 목적지에 도착할 때가 훨씬 지났건만 버스는 아직도 달리고 있다. 쇼핑 장소에 들르기 위해 먼 길로 우회하는 것이다. 오전 12시스린을 코앞에 두고도 관광버스는 한 쇼핑센터 앞에 선다. 이번에는 비취(jade, 옥)를 파는 곳이란다. 무려 한 시간을 머물렀다. 쇼핑센터에 되도록 긴 시간 머물면서 관광객들로 하여금 기어코 뭔가를 사게 만드는 얄미운 상술이다. 일정한 급여 없이 프리랜서로 일하는 관광 가이드에게 있어 관광객들의 쇼핑을 통해 얻는 수수료가 수입의 전부인 시스템에서 관광 가이드의 목표는 오로지 하나, 관광객들의 쇼핑 유치에 있을 수밖에 없다.

중국인 관광객들 모두가 쇼핑 봉투 하나씩을 들고 나온다. 가이드의 얼굴에 밝은 미소가 핀다. 기다림에 지쳐 짜증이 나지만 이 또한 중국을 이해하는 길이라 생각하며 체념한다. 쇼핑 시간이 끝날 때까지 쓰촨성에서 온 티베트인들과 손짓발짓하며 대화를 나눴다.

드디어 점심시간이다. 반찬이 많이 나오는 중국식 정찬이다. 중국

패키지여행을 할 때마다 나오는 정찬이기에 투어 여행만 다니는 사람들에게는 지겨운 식단일 수 있겠지만, 홀로 여행을 다니는 사람들에게는 아주 반가운 메뉴이다. 이번 여행에서는 대부분 국수나 만두로 끼니를 때우기 일쑤였는데 오늘과 같은 패키지여행 덕분에 제대로 된 식사를 할 수 있어 기분이 좋다.

인산인해 스린 풍경구 쿤밍에서 남쪽으로 120킬로미터 지점에 있는 스린은 세계에서 가장 넓은 카르스트 지형 중 하나이다. 중국 관광지 중 최고 등급인 5A급 명승지인데다 유네스코가 지정한 세계자연유산이다. 돌기둥이 나무처럼 솟아올라 삼림을 이루고 인간의 상상력으로는 도저히 만들어낼 수 없는 기기묘묘한 형상이 곳곳에서 전개된다. 입구에서 전동차를 타고 대석림(大石林) 지역으로 간다. 연못과 기암기석이 있고 높은 곳에는 팔각정까지 있어 오묘한 분위기를 자아낸다. 유명 관광지라 사람들이 매우 많아 인파의 흐름에 따라 움직인다. 우루무치 텐산텐치, 시안 병마용의 인파는 이곳에 비하면 아무것도 아니었다. 사람 구경을 한 것인지 스린 구경을 한 것인지 모르겠다.

다시 전동차를 타고 소석림(小石林) 풍경구를 지나 공원 출구로 이동한다. 오후 4시 정각 쿤밍을 향해 출발한 버스는 고속도로를 달려 곧장 쿤밍 시내에 진입한다. 역시나 버스는 열심히 달려 쇼핑센터 앞에 선다. 이번에는 향유 쇼핑이다. 쇼핑센터에서 약 1시간을 머물고 쿤밍역 근처 출발한 지점에서 승객들을 내려준다. 저녁 7시가 되었다.

11시간의 투어 여행. 쿤밍에서 스린까지의 거리는 120킬로미터, 길어야 왕복 4시간인데, 족히 5시간쯤을 쇼핑에 할애한 투어였다. 이번을 계기로 다시는 투어관광을 이용하지 않기로 다짐하고 또 다짐한다.

15

15 쿤밍 → 다리

일차 **중국인들의 운전 매너 2** 다리(大理)행 시외버스 맨 앞자리에
앉았다. 맨 앞자리에 앉으니 넓은 시야로 풍경을 감상할 수 있어 좋지
만 버스기사가 쉬지 않고 경적을 울리기에 잠시도 눈을 붙일 수 없다.
이제 막 차량이 보급되고 있어, 중국 사람들의 운전 매너는 참으로 볼
품없다.

특히 고속도로에서는 차선 안 지키기, 예고 없이 끼어들기, 갑자기
나타나는 공사구간, 과적으로 인해 차량 흐름을 방해하는 트럭 등 문
제가 매우 심각하다. 이러한 환경에서 방어운전을 하기 위해서는 경적
을 울릴 수밖에 없으니 불평을 할 수도 없고 괴롭다.

쿤밍에서 다리까지는 330킬로미터, 서울-광주 거리이다. 버스는 항
저우에서 미얀마 국경 루이리(瑞麗)까지 가는 동서횡단 항루(杭瑞) 고
속도로를 이용한다. 중간 휴게소에서 모든 버스는 검사소에 들른다.
차량에 이상은 없는지 점검하고 확인 도장을 받는다. 괜찮은 제도라고
생각하지만 일손이 많이 필요해서 중국에서나 가능한 제도인 것 같다.

도로가 점점 험해지더니 높은 산들이 연이어 나타나고 버스는 곧 다
리에 도착한다. 다리 터미널 도착 직후 샹그릴라행 버스표를 예매한
다. 마침 건물 내에 열차 매표소가 있어 열흘 후에 출발하는 우한-항저
우 간 열차표까지 예매하니 마음이 편하다.

중국 여행 197

고마운 중국 젊은이들　버스 옆자리에 앉은 젊은 여성이 영어를 사용하기에 다리에 관한 몇 가지 정보를 물었다. 다리 출신으로 쿤밍에서 대학을 나와 현재 쿤밍 소재 중국은행(中國銀行)에 다니고 있는 엘리트 여성이다. 지금은 휴가를 내 고향에 가는 길이라며 매우 즐거워하며 이야기한다.

이 여성의 고교동창 여럿이 마중을 나왔다. 동창생 중 한 여성은 충칭 소재 대학에서 독일어를 전공한 후 취업준비를 하고 있고, 한 남성은 허베이(河北)에서 한국어를 전공했다고 한다. 마침 그녀의 친구들이 몰고 나온 자동차에 빈 자리가 있어 얻어 타고 다리 고성 부근까지 간다. 먼 거리인데도 불구하고 호의를 베풀어주어 무척 고마웠다. 게다가 내가 묵을 숙소를 찾아 체크인까지 도와주고서야 떠나는 것이다. 얼마나 고마웠는지 모른다.

소담한 산골 마을에 오니 마음이 여유로워진다. 산골 마을이라고는 하지만 중국은 중국인지라 거주 인구가 50만이나 된다고 한다. 날씨마저 좋으니 마음이 설렌다. 윈난성에서 비교적 긴 시간을 보내도록 여정을 계획해 다행이다. 숙소에 짐을 풀고 다리 고성 탐방에 나선다. 중국 무협영화에서 본 듯한 익숙한 분위기이지만 치켜 올라간 추녀와 흰 벽 등 건축물의 모양과 색상은 여태 보았던 중국의 전형적인 스타일이 아님을 금방 깨달을 수 있다.

대리석과 푸얼차　다리는 송나라 시절 다리국(738~1253) 도읍지로 번성했다. 도시의 이름은 아직도 수십 개의 관구에서 채굴하는 대리석에서 유래된 것이라고 한다. 소수민족 바이족(白族)의 본거지이기도 한 이곳은 청대 말 흑사병이 유행하고 1926년에는 대지진이 일어나는 등 불운을 겪었으나 이제는 쿤밍, 미얀마, 티베트를 잇는 교통의 요지로서 다시 활기를 띠고 있다.

이곳에는 대리석만큼 유명한 것이 하나 더 있는데, 바로 푸얼차(pure tea, 보이차)이다. 발효차의 일종인 푸얼차는 지방분해 작용이 탁월해 기름진 중국음식을 먹을 때 많이 마시는 차다. 푸얼차의 주산지는 쿤밍에서 남서쪽으로 400킬로미터 지점에 있는 푸얼(普洱)이라는 도시이다.

남문에서 입성하여 다리 고성 안을 걷는다. 성루에 올라 먼 곳을 본다. 서쪽으로는 창산(蒼山)이 뻗어 있고 산기슭마다 하얀 집들이 산을 향해 옹기종기 모여 있다. 반대편 동쪽으로는 얼하이호(洱海)가 길게 펼쳐져 있다.

아기자기 다리 고성　다리 고성은 명나라 주원장 때 건설된 성이다. 청색의 기와집과 도로를 따라 잘 가꾸어진 꽃밭, 아기자기한 상점들로 많아 걷는 동안 지루함을 느낄 새가 없다. 북쪽으로 좀더 올라가니 다리시 박물관이다. 신석기와 청동기 출토물, 다리국 이후 원명시대까지의 도자기들이 전시되어 있다. 박물관 뒷마당에는 아편전쟁 이후 더욱 가혹해진 청나라 압제에 저항한 후이족 출신 혁명가 두문수(杜文秀)의 기념관이 있다.

거대한 충성사 삼탑　고성 내를 어슬렁거리다 충성사 삼탑(崇聖寺三塔, 다리삼탑)으로 향한다. 중국 정부가 5A급 명승지로 지정한 곳이

다리 고성 상점가

다. 사찰의 거대한 규모도 놀랍지만 그보다 더 놀라운 것은 탑의 규모
이다. 천심탑(千尋塔)이라 불리는 주탑은 70미터 높이의 16층 구조
로, 26층짜리 아파트 높이인 셈이다. 양옆으로는 40미터 높이의 10층
구조 부탑 두 개가 있다. 시안에서 놓친 대안탑, 소안탑을 이곳에서 보
는 것 같다. 대안탑, 소안탑처럼 당나라 시대에 건립되었으니 1,200년
이나 된 셈이다.

부탑도 충분히 높은데 주탑이 너무 높아 상대적으로 작게 보인다.
이렇게 거대한 탑은 처음 본다. 몽골군 침입으로 불타 없어진 경주의
황룡사 구층목탑은 80미터 높이로, 요즘 기준으로 하면 아파트 30층
높이라고 하니 안타까운 마음이 든다.

충성사 삼탑을 지나 맨 끝 충성사 본당을 향해 수많은 계단을 하염없
이 오른다. 최근 복원된 것이라 고풍스런 멋은 없지만 규모만큼은 엄
청나다. 뒤로 펼쳐진 창산의 높은 봉우리들은 구름에 가려져 신비한

충성사 삼탑. 가운데 주탑은 70미터, 좌우의 부탑은 40미터이다.

분위기를 자아내고 앞으로는 얼하이 호가 길게 뻗어 있어 가슴을 탁 트이게 한다.

얼하이호를 가까이에서 보기 위해 차이춘(才村) 부두로 향한다. 바닷가의 짠 냄새만 나지 않을 뿐 그 외의 모습은 바다와 같다. 서울 면적의 2/5에 해당하는 크기의 호수가 해발 1,972미터, 한라산 정상과 같은 높이에 있다는 것이 놀라울 따름이다.

사랑이 싹트는 고도 다리　다리 고성 거리를 걸어 숙소로 향한다. 홍군(紅軍) 기념관 앞에서 마을 사람들이 저녁 운동을 한다. 하나둘 불이 켜지며 고성을 밝힌다. 거리에는 관광객이 넘쳐나지만 특히 이 도시는 청춘남녀들이 많은 것 같다. 사랑을 속삭이기에 좋은, 낭만적인 고도의 여름밤을 만끽한다. 대륙이 보여주는 다양함에 놀라며 여행기를 정리하는 밤이 이렇게 아늑할 수 없다. 여기가 곧 낙원인가 보다.

16 다리 → 샹그릴라

일차　다리 하관(下關) 버스터미널은 남부와 북부 두 군데에 있다. 어제 쿤밍에서 버스가 도착한 곳은 남부터미널이지만 샹그릴라행 버스는 북부터미널에서 출발한다는 것을 어제 저녁 호스텔 주인과 대화하며 알게 되었다. 북부터미널은 꽤 먼 거리에 있어 아침 일찍 출발해야 한다.

베이징이나 상하이가 아닌 한 중국 대부분 지역에서는 모닝커피를 마시는 일이 사치이지만, 숙소마다 물을 끓이는 포트가 있어 나는 커피 믹스를 타 마시곤 했다. 오늘도 이른 아침 커피 한 잔과 함께 호텔을 나선다.

중국의 카사블랑카　중국에서는 하루를 늦게 시작하고 일찍 마무리한다. 대도시라 해도 시내버스의 첫차 시간은 아침 6시 반 혹은 7시이고, 막차 시간은 밤 10시이다. 거의 24시간 내내 시내버스가 다니는 한국과는 전혀 다른 시스템인 것이다. 그만큼 우리 대한민국 사람들은 분주히 산다는 얘기다. 아침 7시이지만 다리의 거리는 텅 비었다. 이 시간이면 서울은 출근길 교통체증으로 시끌벅적할 것이다.

　밤새 내린 비로 도시가 깨끗해졌다. 멀리 산기슭에 늘어선 하얀 집을 보니 카사블랑카가 생각난다. 바이족의 본고장, 하얀 집의 도시, 여기가 바로 중국의 카사블랑카 아닌가?

중국의 화장실　중국여행에서는 숙소에서 나올 때 가급적 모든 생리현상을 해결하고 나오는 것이 좋다. 공항이나 비싼 입장료를 내고 들어간 풍경구가 아닌 이상 깨끗한 화장실을 사용할 수 없기 때문이다. 휴대용 화장지는 필수로 지참해야 한다. 심지어 공항 화장실에도 화장지가 없는 경우가 부지기수다.

　언젠가 칭다오시에서 공중화장실에 화장지 공급을 시도한 적이 있다고 한다. 그러나 하루에 수십 통씩 소모되는 것을 보고 화장지 공급을 중단했다고 한다. 사람들이 화장지를 훔쳐가서가 아니다. 그저 화장실 이용자가 많아서이다. 그래도 위안을 삼자면 사람이 워낙 많은 나라이기에 곳곳에 화장실이 배치되어 있으니 낯선 곳이어도 화장실을 찾아 헤맬 일은 없다.

티베트 학생 칠리놈부　샹그릴라행 중형버스는 8시 30분 정시에 출발한다. 이번에도 맨 앞자리에 앉았다. 버스기사가 제발 경적을 덜 울리기를 바랄 뿐이다. 옆자리에 앉은 사람은 칠리놈부(Chilinombu)란 이름의 고등학생으로 영어를 무척 잘한다. 그의 아버지는 티베트인이고 어머니는 나시족이다. 집은 샹그릴라인데 다리에 있는 이모 집에서 고등학교를 다닌다고 한다. 이모가 함께 버스에 올라 이것저것 챙겨준다. 모계사회인 나시족 여성답게 극성스럽게 조카를 챙긴다.
　다리 출발 후 한 시간 반, 버스는 본격적으로 산악도로에 접어든다. 샹그릴라까지 이어진 왕복 2차선 산악도로는 곳곳에 철도와 고속도로 공사로 인해 길이 파헤쳐진데다 비까지 내려 매우 험하다. 303킬로미터를 이동하는 데 왜 8~9시간이 소요되는지 그 이유를 알고도 남는다.

풍족한 양쯔강 상류　산중 작은 마을들을 수없이 지나지만 마을마다 신기할 정도로 사람이 많다. 양쯔강(長江) 중상류 지역은 이미 18세기 후반부터 개척되어 인구 이동이 있었으니 인구가 많은 것은 당연한 것인데도 신기하다. 깊은 내륙 산중이지만 물이 풍부하고 땅이 비옥해 옥수수 밭, 계단식 밭이 넓게 형성되어 있다. 중국은 이 같은 자연환경 덕분에 14억을 육박하는 인구를 품고 있는 것이 아닐까 싶다.

싼장빙류하는 윈난　샹그릴라행 버스는 쿤밍, 리장, 다리, 심지어 쓰찬성 판쯔화에도 있다. 쿤밍에서는 침대버스로 하루에 여러 대가 출발한다고 한다. 철도는 현재 쿤밍에서 리장까지 연결되어 있고, 리장에서 샹그릴라까지의 구간은 건설 중이라고 한다.

젠추안(劍泉)에서 드디어 양쯔강의 지류인 진사강(金沙江)을 만난다. 윈난성 서북부는 누강(怒江, 살윈강 상류), 란창강(瀾滄江, 메콩강 상류), 그리고 진사강(양쯔강 상류)이 400킬로미터 가량 나란히 흘려 '싼장빙류'(三江竝流) 지역이라고 불린다. 메콩강은 국경을 넘어 태국, 라오스, 캄보디아를 지나 베트남을 적시고, 살윈강은 미얀마를 지나 인도양으로 흐르고, 진사강은 양쯔강에 합류한다.

진사강은 어제부터 연이어 내린 비로 거대한 탁류를 이루고 있다. 양쯔강 상류의 지류 하나가 이미 이렇게 큰 규모를 이루고 있다면 양쯔강 본류는 도대체 얼마나 크고 넓단 말인가?

샹그릴라 가는 길　버스가 계속해서 구절양장 산악도로를 지나는 바람에 몇몇 여성 승객들은 멀미 끝에 구토를 한다. 계곡, 급류, 천애(天涯) 절벽으로 이어진 길은 샹그릴라를 얼마 남기지 않고 거대한 초원과 대협곡의 길로 바뀌었다. 그중에서도 차마고도(茶馬古道)가 지나는 후타오샤(虎跳峽)는 급류 래프팅으로 유명한 곳이다. 분위기는 이미 티베트에 온 듯하다.

샹그릴라 가는 길은 산악주행의 백미이다. 내가 타고 있는 이 버스의 목적지는 중뎬(中甸)이 아니라 중뎬에서 북쪽으로 4~5시간쯤 더 올라가는 더친(德欽)이라는 곳이다. 영국의 외교관이자 작가인 힐턴(James Hilton)이 소설 《잃어버린 지평선》(*Lost Horizon*)에서 묘사한

샹그릴라 여행자 거리

이상향으로, 그는 이곳을 설산 협곡에 금빛 찬란한 절이 있고, 호수와 대초원, 소와 양떼가 노니는 곳으로 묘사했다.

티베트 문턱까지 오다 버스는 다리에서부터 9시간을 달려 오후 5시 반쯤 샹그릴라(香格里拉)에 도착했다. 이 지역은 윈난성에서 티베트로 차(茶)를 실어 보내는 차마고도의 중요한 길목이었다. 이를 증명하듯 샹그릴라에서 티베트 라싸(拉薩)까지는 하루에 한 번 버스가 다닌다. 2007년 칭하이성(青海省)과 티베트를 연결하는 칭짱철도가 개통

되기 전까지는 쓰촨성 청두와 티베트를 연결하는 촨짱(川藏) 도로와 함께 윈난성 쿤밍과 티베트를 연결하는 도로가 티베트로 향하는 주요 접근 루트였다고 한다.

게스트 하우스 풍경   겨우 숙소를 찾았다. 고성 지역 골목 안에 자리한 까닭에 여러 차례 길을 물어 찾을 수 있었다. 호텔일 것이라 예상했던 숙소는 호텔이 아니라 게스트하우스였다. 어쨌거나 날이 어두워지기 전에 숙소를 찾아 다행이다. 기성세대들은 호텔에서 숙박하지만 젊은이들은 게스트하우스에서 머문다. 숙박비도 저렴하고 여러 국적의 다양한 사람들을 사귈 수 있기 때문이다.

나도 이곳에서 묵으며 여러 명의 중국 젊은이들을 만날 수 있었다. 그들은 중국 각 지역에서 대학을 다니며 방학에는 여러 지역으로 이동해 그 지역에 있는 게스트하우스에서 아르바이트를 하며 휴가를 즐긴다고 한다. 그들은 내가 세계 여행을 열심히 다녔다고 하니 무척이나 부러워한다. 그들에게 세계 여행은 불가능에 가까울 정도로 어려운 일이기 때문이다.

앗, 그런데 이게 웬일인가? 갑자기 온 동네가 정전이다. 초 하나를 켜고 벽을 더듬거리며 방으로 올라간다. 정전되기 전 이메일과 문자메시지를 확인해 다행이다. 이번 중국 여행 중 주로 머문 2, 3성급 호텔들과 비교하면 지금 머물고 있는 게스트하우스의 인터넷 네트워크 환경은 매우 좋다. 여권을 보여줘도 출입이 불가능했던 PC방부터 아무런 제재 없이 인터넷을 사용할 수 있었던 게스트하우스까지 참으로 다양한 모습의 중국이다.

동서양 젊은이들이 함께 어울리는 샹그릴라 시팡지에(四方街) 광장으로 향한다. 전 세계 젊은이들이 모두 모여 축제를 즐기고 있다. 중국인 할머니의 춤을 보며 젊은이들이 따라 춘다. 아름답고 정겨운 모습이다. 샹그릴라에는 서양 젊은이들이 유독 많다. 그동안 중국을 여행하며 한 지역에 이렇게나 많은 서양인들이 있는 것은 처음 본다. 힐턴의 소설에서 이상향으로 묘사되었던, 서양인들이 찾아 헤맨 안식처가 바로 이곳 샹그릴라이기 때문일 것이다.

17 샹그릴라

일차 대서천, 홍군 대장정 도시 탐방에 나선다. 샹그릴라 거리는 기념품, 전통의상 등 관광지 특산품을 파는 상점들이 주를 이루지만 서양 레스토랑, 카페, 클럽, 특히 아웃도어 전문점이 많다. 무엇이든 벨 수 있다는 티베트 칼은 이곳의 특산품으로 대부분의 상점에서 판매하고 있다. 거리의 상점들을 구경하며 지루할 틈 없이 이동하다 보니 벌써 홍군(紅軍) 대장정 기념관에 도착했다.

홍군 대장정(大長征) 혹은 대서천(大西遷) 란 장제스 국민당군의 추격을 피하기 위해 마오쩌둥이 홍군, 즉 농공 공산혁명군을 이끌고 1935~1936년까지, 2년 동안 12,500킬로미터를 행군한 일을 말한다.

공산당의 본거지 동부 장쑤(江蘇) 성을 떠나 구이저우(貴州) 성, 윈난성을 지나 산시성 옌안(延安) 까지 '북상항일'(北上抗日) 의 기치를 걸고 이동한 이 사건은 중국 공산혁명의 시작이자 원점이 된다. 윈난성의 진사강 중상류의 험준한 계곡을 따라 주로 이동했기에 이 지역에는 유독 대장정과 관련된 기념비가 많다. 샹그릴라의 중심가 도로명도 '장정대도'(長征大道)일 정도이다.

북상항일과 중국 공산당　홍군 대장정 기념관 입구에 있는 동상은 티베트 승려가 홍군 병사를 맞이하는 모습이다. 동상 기반석 4면에는 혁명화 부조와 함께 '북상항일'이란 단어가 새겨져 있다. 그런데 애석하게도 기념관이 휴관이다. 아쉬운 마음에 주위를 빙빙 돈다. 중국에 대한 일본의 침략이 중국 공산당 창립과 세력 확장, 더 나아가 공산혁명

윈난성 샹그릴라 홍군 대장정
기념관 앞 티베트 승려와 홍군의 해후

과 중화인민공화국 성립의 구실이 된 것은 아닌지 생각해본다.

토번국 후예들은 어디로　홍군 대장정 기념관 맞은편에는 디칭 장족 자치주 박물관이 있다. 마침 티베트 노파가 커다란 짐을 지고 광장을 가로질러 간다. 수천 년 고산 태양에 그을린 얼굴, 쪽머리, 망토 등 안데스에서 봤던 인디오 노파의 모습과 같다. 스페인 침략자들로 인해 거대한 문명이 사라졌듯 티베트는 1950년 중국이 침공하기 전까지는 찬란한 문명의 후예들이 영세중립국을 선언하고 살던 땅 아닌가? 한때 토번국을 세워 방대한 영토를 지배했고 고유 문자와 언어를 사용했으며 불교의 3대 종파를 이룩했던 민족 아닌가?

　광장 중앙에는 티베트 노인이 야크를 끌고 나와 아이들을 태워주는 대가로 돈을 받는다. 박물관 입구에는 1949년 중화인민공화국 성립으로 소수민족들이 해방되었다는 글이 있다. 참 아이러니컬하다.

고산도시 샹그릴라　광장은 구산공원(龜山公園)으로 이어진다. 공원 꼭대기에 있는 사원과 스투파로 향한다. 높지 않은 계단이지만 샹그릴라는 3천 미터에 가까운 고산 지역이라 얼마 오르지 않았는데 곧 숨이 찬다. 에콰도르 키토(2,800미터) 보다 높고, 페루 쿠스코(3,400미터) 보다는 조금 낮다.

　언덕에 오르니 도시 전체가 한눈에 들어오고 멀리로는 5~6천 미터의 준봉들이 펼쳐진다. 날씨가 싸늘해 재킷을 꺼내 입는다. 예측할 수 없는 고산기후로 인해 종일 비가 오락가락한다.

함께 돌리는 회전 스투파　스투파는 디칭에서 샹그릴라로 주 명칭을
변경한 것을 기념하여 2002년 5월에 건립되었다. 그런데 이 스투파를
돌리려면 수십 명의 인원이 필요하다고 한다. 설립 기념비에는 인류
공영과 세계 평화를 염원하는 중국 56개 소수민족의 경축 메시지가 새
겨져 있다. 여럿이 협력해야만 돌아가는 거대한 스투파. 독창적인 아
이디어다. 언덕을 내려오는데 어디선가 우렁찬 함성 소리가 들린다.
근처 군부대 홍군의 후예들이 지르는 함성이다.

혁명에 열성적이었던 소수민족들　고성 부근 시팡지에 광장 초입, 장
정대로 옆에는 혁명열사 추모공원이 있다. 혁명 중 혹은 그 이후 공비

작은 포탈라 궁, 쑹짠린사

토벌작전에서 희생된 수백 명의 묘역이다. 추모탑에는 '영면불멸'(永眠不滅)이라고 쓰여 있다. 어느 나라든 혁명 과정에는 대개 소수민족들이 적극적으로 참여한다. 중국 동북지역에서 조선족 혁명열사가 많이 나왔듯이 이 머나먼 변방 장족 마을에서도 열사가 많이 나왔나 보다.

소수 세력은 세상의 질서를 바꾸고자 혁명에 적극 참여했을 것이다. 그러나 애석하게도 그 결과는 해방과는 거리가 먼 것이었지만 혁명을 일으켜 동참한 그들의 뜻과 의지는 오래도록 기억되어야 할 것이다.

작은 포탈라 궁 쑹짠린사 고성 입구에서 버스를 타고 쑹짠린사(松贊林寺)로 향한다. 17세기 후반 청나라 강희제 시절에 건축된 티베트 사원으로 '작은 포탈라 궁'이라고도 불린다. 황금빛으로 입힌 지붕과 웅장한 규모가 인상적이지만, 그보다 더 압권인 것은 사원 제일 높은 곳에서 바라보는 도시와 주변 풍경이다. 그런데 이렇게 웅장한 사원이 고작 '작은' 포탈라 궁이라면 티베트 라싸(拉薩)에 있는 포탈라 궁은 도대체 얼마나 장대하단 것인지 궁금하다.

그림 같은 여름 풍경 절 주위를 둘러싼 크고 작은 스투파, 연못, 산언덕을 따라 올라간 장족의 집들, 사방을 둘러싼 산, 초원에 흐트러진 유채꽃밭. 기막힌 풍경이다. 수백 개의 돌계단을 오르다 뒤돌아 바라보는 초원의 풍경은 장엄하고 찬란하게 빛난다. 윈난성 서북부 샹그릴라의 여름 풍경은 어느 것 하나도 놓칠 수 없어 연신 카메라 셔터를 누른다. 사원 꼭대기에 있는 석가모니전, 일명 문수보살전까지 오른다. 석가모니상의 오뚝한 코가 인상적이다.

내려오는 길은 일부러 호젓한 골목을 돌고 돌아 내려온다. 마침 눈이 마주친 동자승은 밥을 짓다 말고 내게 인사를 건넨다.

머나먼 천국, 가까운 일리초원   다시 시내로 나와 고성 입구에서 나파하이(納帕海)행 버스에 오른다. "천국은 너무 머니 나파하이 일리초원으로 오라"라는 광고 문구가 나의 기대감을 더욱 부풀린다. 버스는 20분 걸려 유채꽃밭을 지나 나파하이에 닿는다. 아득히 먼 산기슭까지 닿아있는 초원, 그 안에 점처럼 박힌 소와 양떼들. 내륙 깊숙한 곳에 어떻게 이토록 황홀한 풍경이 펼쳐질 수 있을까?

샹그릴라가 맞다   샹그릴라라는 지명이 딱 맞다. 힐턴이 소설에서 묘사한 '이상향'의 광경을 나도 느끼고 있는 것이다. 금빛 찬란한 건축물, 설산협곡, 호수와 대초원, 그리고 그곳을 무리지어 다니는 소와 양떼들. 하루 일정을 마치고 숙소로 돌아왔는데 여전히 정전이다. 내일 아침 첫 차를 타고 리장으로 떠나야 한다. 샹그릴라의 저무는 해가 아쉽다.

18 일차   샹그릴라 → 리장

리장 가는 길   오늘은 리장으로 이동한다. 180킬로미터, 대략 4시간 30분 정도 걸릴 것으로 예상된다. 윈난성 서북쪽의 끝자락에 왔다가 이제는 동쪽으로 이동한다. 남은 여정의 목적지는 대부분 대도시이고 충칭(重慶), 우한(武漢), 항저우 등 더운 지역이라 걱정이 앞선다.

출발한 지 1시간가량 지나자 초원이 끝나고 협곡이 보이기 시작한다. 어제 저녁 쿤밍에서 출발하여 밤새 달려온 샹그릴라행 버스들이 줄줄이 지나간다. 협곡에는 급류가 소용돌이치며 내려가고 곳곳에 급류를 활용한 소규모 수력발전소들이 있다. 에너지가 부족한 중국에서 진사강이라는 천혜의 자연조건을 그냥 둘 리 만무하다.

버스는 후타오샤(虎跳峽)를 지나 진사강 옆 아름다운 길을 달린다. 리장에 도착하자마자 내일 아침 쓰촨성 판쯔화행 버스표를 예매한다.

나시족 중심지　리장은 위롱나시(玉龍納西)족 자치현의 중심으로 해발 2,410미터에 위치해 매우 선선하다. 예로부터 인도, 티베트, 네팔과의 교역로이자 나시족 중심지로 둥바(東巴) 문화를 꽃피운 곳이기도 하다. 샹그릴라에서는 계속 비가 내려 날씨가 쌀쌀했는데 이곳의 날씨는 더할 나위 없이 산뜻하고 좋다. 리장 또한 홍군 대장정 경유지라 곳곳에 기념비, 기념물들이 있다. 공산혁명군은 이렇게 험준한 산악지방을 행군한 것이다.

게스트하우스 예약 부도　예약한 숙소를 어렵게 찾아갔다. 고성 지구내 구불구불한 화강암 골목길을 한참 들어간 곳에 있었다. 자동차가 진입하지 못하는 길이라 무거운 여행 가방을 끌고 한참을 걸어 찾아갔건만 이게 웬일인가? 내가 예약한 방이 없단다. 말이 전혀 통하질 않으니 무슨 영문인지 알 수가 없다. 대개 숙박업소 종업원들은 체크인에 필요한 간단한 영어회화정도는 할 줄 아는데 이곳의 종업원들은 한마디도 하질 못한다.

근처 게스트하우스 몇 군데를 알아보았으나 빈방은 없는데다 혹 있더라도 터무니없이 비싼 숙박비를 요구한다. 휴가철이라 부르는 게 값이다. 게다가 교통이 불편한 골목 안에 묵으니 내일 아침 판쯔화행 버스를 편리하게 이용하기 위해 버스터미널 근처로 발걸음을 옮긴다. 중국인들이 이용하는 터미널 근처의 호텔들은 모두 깨끗하다. 그런데 규정상 외국인을 받을 수 없으나 편의를 봐주는 것이라며 처음 부른 값의 2배나 되는 숙박비를 요구한다. 황당했지만 숙소 찾는 것이 더는 귀찮아 그렇게 하기로 한다.

동양의 베니스 리장 고성　드디어 도시탐험이다. 먼저 리장 고성 투어센터로 갔다. 방문자센터 간판은 중국어, 영어, 그리고 나시족 상형문자로 되어 있다. 세계에서 유일하게 현존하는 상형문자인 둥바문자는 이후 고성 전역에서 자주 보았다. 성벽 없는 리장 고성은 1997년 유네스코 세계문화유산으로 지정되었다.

고성은 송대 말~원대 초에 건설되어 명·청 시대에 크게 융성하였으니 800년 이상의 역사를 가지고 있다. 도시 전체를 거미줄로 엮은 수로를 따라 맑은 물이 흐르고, 그 위로 354개의 나무 혹은 돌로 만든 다리가 있다. 배는 다니지 않지만 '동양의 베니스'라는 말이 억지는 아닌 것 같다.

보도는 모두 화강암으로 되어 있어 외관이 깔끔하다. 비가 내려도 길이 질퍽거리지 않아 좋을 듯하다. 목적지도 없이 거리를 유유히 걷는다. 스페인 세비야의 산타크루즈 골목을 배회할 때와 비슷한 느낌이다. 다른 점이 있다면 여기는 고성 내 모든 가옥들이 객잔, 가게, 여행

동방의 베니스 리장 고성

고성 마을 전경

사, 카페로 활용되고 있다는 점이다. 손자와 함께 계단에 걸터앉아 있는 나시족 노파의 얼굴에 오랜 세월이 묻어 있어 짙은 여운을 남긴다.

발아래 물결치는 고성 마을 무리를 따라 경사진 길을 걸어 오르다보니 사자산 전망대가 나온다. 전망대에서 고성 마을을 내려다본다. 기와를 얹은 수천 개의 지붕이 바다의 물결처럼 보인다. 저 아래 고성마을에 6,200가구, 다시 말해 2만 5천 명이 살고 있고, 그중 74%가 나시족 사람들이다. 한쪽에서는 음악소리가 들리고 다른 한쪽에서는 밥 짓는 냄새와 함께 연기가 피어오른다. 이런 풍경을 뭐라고 설명해야 하나? 말로는 표현할 수 없다. 아늑한 저녁 풍경이 오늘 낮 숙소 예약으로 지쳤던 몸과 마음을 위로해준다.

마지막 힘을 내어 전망대(万古樓)까지 올라 도시와 도시 너머 먼 곳까지 조망한다. 멀리 북쪽으로 위룽쉐산(玉龍雪山)이 보인다. 이곳은 설산이라지만 여름철에는 눈이 거의 없다. 고성의 보호·유지관리를 위해 입장료를 받는다고 들었는데 그 어디에도 입장료를 받는 곳이 없다. 주변 사람에게 물어보니 여행사나 숙박업소를 통해 간접 징수한다고 한다.

고성마을 저녁 풍경 여기도 중심은 시팡지에다. 시팡지에 주변은 젊은이들로 가득하고, 늘어선 바와 디스코텍은 젊음의 열기로 뜨겁다. 시팡지에는 과거 티베트 상인들이 윈난성으로 들어와 교역하던 곳이다. 작은 광장에는 나시족 할머니들과 관광객들이 서로 어우러져 춤판을 벌였다. 화강암으로 만든 보도는 사람의 잦은 통행으로 반질반질

윤이 난다. 이제야 고성을 빠져 나간다. 들어오는 길은 금방 찾았는데 나가는 길은 한참을 헤매다 겨우 찾았다.

고성 마을 곳곳에 있는 우물터에서 아이들은 물장난치고 여인들은 빨래를 하는 모습은 어릴 적 동네 개울가를 떠오르게 한다. 인파로 붐벼 정신없이 밀려다니다시피 한 고성 마을에서 빠져나오니 바깥은 참으로 적막하다.

유럽의 고도에서 느끼는 고즈넉함과 호젓함은 없어 아쉬웠지만 며칠 전 보았던 다리 고성과는 전혀 다른 분위기를 풍겨 볼거리가 많았다. 방문하는 곳마다 늘 새로운 모습들을 보여주는 중국의 방대함과 다채로움에 놀라지 않을 수 없다.

19 일차   리장 → 판쯔화 → 청두

오늘 아침 CCTV 뉴스는 중국 여러 지역의 호우 소식과 광둥성, 하이난성의 태풍 소식을 전한다. 양쯔강 싼샤댐이 9년 만에 최고 수위에 올랐고 그로 인해 양쯔강 선박 운행이 중단되었다고 한다. 그러나 댐 덕분에 그 같은 호우에도 인명이나 재산 피해는 발생하지 않았다고 하니 다행스런 일이다. 나흘 후 일정인 양쯔강 크루즈가 걱정된다. 이번 여정의 하이라이트인데 무사히 출항할 수 있기를 바랄 뿐이다.

판쯔화행 절경 산악도로 9시간   리장에서 쓰촨 성 판쯔화까지 287킬로미터, 9시간쯤 걸린다고 하는데 어떤 길일지 기대된다. 버스는 출발하자마자 높디높은 산을 하나 넘는다. 까마득한 절벽 아래 진사강이 흐르고 앞으로 넘어야 할 산들이 눈앞에 겹겹이 펼쳐진다. 이 험한 산중에도 높은 산중턱까지 밭들이 일구어져 있고 산골마을이 쭉 이어진다. 숨 막히도록 아름다워 혼자 보기엔 아까운 풍경이다.

페루 마추픽추에 올라 우루밤바강을 보았고 불과 엊그제는 샹그릴라로 향하는 도로에 찬사를 보냈는데 이 모든 것을 취소해야 할 듯하다. 9시간이 아니라 19시간이라도 견딜 수 있을 만큼 아름다운 경치다.

중국 내륙의 산중 마을은 한국보다 족히 40~50년은 뒤진 것 같다. 어제 샹그릴라-리장 협곡도로에서 봤던 것처럼 이곳 또한 곳곳에 양수발전소가 있어 벽지 마을의 전력 수요에 보탬을 주고 있다.

버스는 오후 5시쯤 판쯔화에 도착한다. 전 구간이 산악으로만 이어진 이 멋진 도로는 머지않아 곧 안녕이다. 리장-판쯔화 고속도로가 험

산악도로의 절정,
리장-판쯔화 간 도로

준한 계곡을 뚫어 건설 중이기 때문이다. 중국에는 개발의 손길이 뻗치지 않은 곳이 없다.

아름다운 윈난성에서 꿈같은 한 주를 보내고 드디어 쓰촨성에 발을 디딘다. 쓰촨성은 중국에서 인구가 가장 많은 성 중 하나로 광둥성(1억 3,400만 명), 산둥성(9,580만 명), 허난성(9,400만 명)에 이어 4번째(8천만 명)다(2010, 전국인구조사).

쓰촨 성 오지의 중공업 도시　판쯔화는 쓰촨 성 동남쪽 끝에 위치한다. 조용한 산촌의 모습을 기대했으나 대도시의 모습을 하고 있다. 거대한 석탄 산지와 석회암 광산이 있어 초대형 트럭들이 많다. 시 외곽은 공장에서 뿜어내는 먼지와 매연으로 몹시 뿌옇다. 철강, 석유화학, 석탄 코크스 공장 같은 중화학 공해산업의 집합소이자 거대한 중공업 도시이다. 이 도시 또한 고층아파트들이 계속해서 건설되고 고급 승용차들이 거리를 누빈다. 동쪽으로 거세게 흐르는 진사강을 끼고 높은 굴뚝들이 연기를 뿜으며 공업단지를 형성하고 있다.

판쯔화 버스터미널에서 기차역은 꽤 먼 거리에 있다. 역에 도착하자마자 PC방에 들러 인터넷을 한다. 인터넷 이용을 위해 여권을 보여주었는데 가게 주인은 한국 여권을 처음 보기라도 한 듯 신기해한다. 이처럼 중국에서 한국 사람은 어디를 가도 환영받는데, 이는 아마도 한류 때문이지 않을까 싶다.

모두가 친구가 되는 밤　저녁 식사 후 열차에 오른다. 란저우-시안 여행 이후 11일 만에 하는 열차여행이다. 청두까지는 749킬로미터의 거리로 약 13시간을 이동해야 하는 먼 길이다. 침대차 잉위 하단에 누워 중국인들과 함께 호흡한다. 열차는 밤 8시 44분에 출발해 진사강을 거슬러 오른다. 열차에서는 국적을 불문하고 서로의 친구가 된다. 중국에서는 열차 이동을 했다 하면 보통 12시간 이상 걸리기 때문에 서로가 서로의 친구가 되지 않고서는 이동 내내 지루해서 긴 시간을 버틸 재간이 없다.

사람들과 어울리다 보면 중국어를 못하니 내가 한국인이라는 사실은 금세 알려지고 그러면 주위 사람들은 호기심 어린 눈으로 내게 이것저것 물어본다. 가장 많이 듣는 질문 중 하나는 왜 혼자 이곳까지 왔냐는 것인데, 이번 여행은 나의 기나긴 여행 중 일부일 뿐이라고 답하면 모두들 깜짝 놀라며 혀를 내두른다.

바로 건너편 침대에 탄 어린 초등학생 취링링(曲玲玲)은 야무지기 이를 데 없다. 짧은 영어로 내 말동무가 되어주기도 하고 나의 잘못된 중국어 발음을 고쳐주기도 한다. 이처럼 누구와도 친구가 되는 것이 열차여행의 매력인 듯하다. 하지만 안타깝게도 현재 많은 구간이 고속철도로 바뀌고 있으니 이와 같은 열차 내 풍경도 곧 사라질 것이란 생각에 아쉬운 마음이 든다.

20 청두

일차 **열차의 분주한 아침** 열차에서 상쾌한 아침을 맞는다. 열차 내 숙박이었지만 푹 잤다. 이 무서운 적응력이란 … . 아침 7시, 열차는 쓰촨성의 비옥한 농토를 가로지르며 달린다. 쓰촨, 즉 '사천'이라는 말은 이곳에 양쯔강을 비롯하여 4개의 강이 흐른다는 뜻이다.

농부들은 이른 아침부터 밭에 나와 작물을 살피고 인부들은 고속철 공사장에서 작업을 시작한다. 열차 내 아침도 분주하다. 낯익은 캉스푸 컵라면, 세면장의 북적거리는 사람들. 나도 그들 틈에 끼어 하루 일과를 시작한다.

《삼국지》 촉나라의 본거지 청두　천부지국(天府之國)이라고도 불리는 쓰촨성 청두는 혹한이 없는 연중 온화한 기후로 물도 풍부해 농사짓기 좋은 곳이다. 춘추전국시대 촉(蜀)의 도읍지였고 삼국시대에는 촉한(蜀漢)을 통일한 유비가 수도로 삼았던 곳이다. 또한 유비가 산둥성에 있는 초가를 여러 번 방문한 끝에 제갈량을 모셔왔다는 '삼고초려'(三顧草廬)와 명문 '출사표'(出師表)의 주인공 제갈량의 활동 무대였던 곳이기도 하다. 어린 시절 필독서로 누구나 읽고 꿈을 키웠던 《삼국지》, 유비의 본거지인 2천 년 역사의 도시에 오니 감개무량하다.

윈난성 리장에서 버스를 타고 9시간 이동, 다시 야간열차를 타고 12시간 이동, 거의 하루에 가까운 시간을 달려 닿은 곳이기에 더욱 감회가 깊다. 청두역에 도착했다. 대도시 중앙역은 여전히 정신없지만 시안역의 혼란을 겪은 터라 대수롭지 않다. 두장옌(都江堰) 행 버스 정류장을 물어물어 찾아간다.

고대 수리시설 두장옌　두장옌은 청두에서 북쪽으로 58킬로미터 지점에 있는 도시이다. 버스는 두장옌 버스터미널까지만 가므로 그곳에서 시내버스로 갈아타 두장옌 풍경구 입구까지 이동해야 한다. 두장옌은 국가 5A급 풍경구로, 유네스코 세계문화유산이다.

입구에는 강바닥 준설 및 보수작업에 사용되었던 와철(臥鐵)이 전시되어 있다. 조금 더 들어가니 물소리가 들린다. 전시관에는 이곳을 방문한 역대 중국 지도자 및 외국 귀빈들의 방문 기념사진이 걸려 있다(마오쩌둥, 덩샤오핑 등 중국의 모든 지도자들이 방문했고 1982년에는 김일성도 방문했다).

이곳은 진나라 시절 촉군 군수 이빙이 건설했으니 2,200년의 역사를 지닌 수리시설로 지구상에서 유일하게 댐이 없는 수리시설이기도 하다. 민강(岷江)이 쓰촨성 서북에서 남동 방향으로 흐르는 지리적 조건을 이용해 물을 도시로 끌어들여 홍수조절과 관개에 활용하는 시설이다. 홍수기에는 유속을 조절하여 강물을 외곽에서 역류시키는 하이테크놀로지를 구사하기도 했다. 많은 이들이 쓰촨성의 풍부한 농작물 생산은 두장옌이 있기에 가능했다고 평가한다.

구내 전동카트를 타고 민강을 외강과 내강으로 가르는 위쭈이(魚嘴)까지 이동한다. 외강은 강의 본류이고 내강은 관개용으로 끌어들인 물줄기이다. 당시 필요에 따라 외강과 내강의 비율을 6:4 혹은 8:2로 바꾸며 수량을 조절했다고 한다. 나오는 길목에 있는 천부공원의 연못과 정자는 아름다운 중국식 정원의 모양을 하고 있지만 물이 탁해 아쉽다.

청두의 중심 천부광장   청두로 돌아와 숙소를 확인하고 인민공원과 천부광장(天府廣場)으로 향한다. 인민공원에서 많은 사람들이 그룹댄스를 즐기고 있다. 어려운 스텝인데도 중국인들은 유연히 해낸다. 천부광장으로 이동한다. 광장 전면에는 쓰촨 과학기술박물관이 있고 바로 그 앞에 마오쩌둥 동상이 있다. 8천만 명이 넘는 인구가 사는 쓰촨성 중심광장으로 손색이 없는 모양새이다. 다만 광장 주위를 둘러싼 건물들이 주로 백화점, 호텔인 것이 아쉽다. 여름밤, 드넓은 광장에는 많은 시민들이 나와 더위를 식히고 있다.

21 청두 → 충칭

일차 풍요의 도시 청두 신남문(新南門) 버스터미널에 시내순환관광버스가 있다는 인터넷 정보를 믿고 가보았으나 더 이상 운행하지 않는다고 한다. 대신 러산대불, 아미산, 구채구 등 쓰촨성 내 유명 관광지로 가는 버스는 모두 있다. 터미널 앞 빈강(濱江)은 시내 한복판을 가로질러 흐른다. 빈강, 청강(淸江), 민강(岷江), 금강(錦江), 이렇게 4개의 강은 청두 시내 곳곳을 누빈다. 중국 내륙 한복판 풍요의 땅이 바로 청두인 것이다. 인구 천만 명의 대도시는 그냥 만들어진 것이 아니었다.

두보를 만나다 신남문 터미널에서 택시를 타고 두보초당(杜甫草堂)으로 향한다. 지금은 시내 한복판이 되어버렸지만 참 풍치 좋은 곳이다. 759년 안사의 난을 피해 당 현종을 따라 피난 온 두보가 초가집을 짓고 4년을 지낸 곳이다. 두보는 평생 정치에 뜻을 두고 지냈으나 그 뜻은 이루지 못하고 수백 편의 시를 남겨 시성(詩聖)이 되었다. 청두에서 지내는 동안 지은 240수의 시는 주로 조국의 혼란에 대한 안타까움과 백성의 고통에 대한 아픔을 읊조린 애국시이다. 연못, 연꽃, 금붕어, 매미소리, 그리고 영원히 해가 들지 않을 것 같은 울창한 대나무 숲. 이런 것들이 두보초당의 풍경이다.

고교 시절 그의 시 한두 편을 접해 보지 않은 한국인은 없을 것이다. 두보가 양쯔강 일대를 유람하며 남긴 〈등고〉(登高), 〈등악양루〉(登岳陽樓)와 같은 시는 시험에도 자주 나왔던 명시 아닌가? 인생의 소회와 함께 전쟁(안사의 난)으로 도탄에 빠진 조국과 백성의 아픔을 노래한 시들이다. 철없던 시절 시험에 나온다니 할 수 없이 읽었던 두보의 시가 나이가 들어 그의 초당을 찾은 나의 가슴에 절절이 와 닿는다.

초당 옆에는 그의 족적을 기린 박물관이 있고, 한쪽에는 744년 같은 시대에 활동했던 시선(詩仙) 이백(李白)을 만나는 장면이 재현되어 있어 눈길을 끈다.

망강루 공원　　두보초당 북문 앞 버스정류장에 마침 망강루(望江樓)로 가는 버스가 있다. 동서로 시내를 관통하는 노선이다. 금강(錦江)을 끼고 대나무 숲에 자리한 공원의 모습은 매우 소담하다. 망강루는 당나라의 유명한 여류시인 설도(薛濤)를 기념하여 지어진 곳으로 비록 기생이었지만 대나무를 자신의 지조에 빗대어 대나무를 찬미한 시를 많이 남겼다. 그래서 망각루를 대나무 정원 혹은 금성죽원(錦城竹園)이라고도 부른다. 망강루에 올라 금강을 굽어본다. 강변을 따라 늘어선 아파트 군이 흉물스럽다.

망강루를 나오니 마침 무후사(武侯祠)로 가는 버스가 보인다. 오늘은 청두 시내버스로 도시를 종횡무진 누비며 효율적으로 다니게 되어 기분이 좋다. 더운 날이지만 에어컨이 잘 나오는 버스 안에서 틈틈이 휴식을 취하니 더할 나위 없이 좋다. 식사하고 나서 무후사 입장권을 사기 위해 매표소로 향한다. 매표소 줄이 길어지자 사람들이 서로 밀고 새치기하기 시작한다. 제발 무사히 표를 살 수 있기를.

무후사와 도원결의 무후사는 서진 시대에 3세기 삼국시대를 풍미한 유비, 관우, 장비 등의 명장과 전설의 지략가 제갈량을 기리기 위해 만들어진 곳이다. 무후사라는 명칭은 제갈량 사후, 그의 시호인 충무후에서 유래되었다. 사당 안으로 들어가니 촉한의 문무관 28위의 소조상이 있다. 이름을 알 듯 말 듯, 저마다의 사연이 생각날 듯 말 듯하다. 집으로 돌아가면 다시 한 번 《삼국지》를 읽어봐야겠다.

유비전(劉備殿)에 들어가니 나의 어릴 적 영웅이었던 관우에게 먼저 눈길이 간다. 장비의 소조상은 만화에서 봤던 모습 그대로이다. '삼의묘'(三義廟)는 유비, 관우, 장비의 의리를 기린 사당이고, 그 뒤에는 도원결의 터인 도원(桃源)이 있다. 도원에는 복숭아나무 대신 무성한 대나무와 함께 세 사나이의 석상이 늠름하게 서 있다.

무후사 담 너머에는 금리(錦里) 거리가 있다. 삼국시대 거리의 모습을 재현해놓았지만 기념품 가게와 음식점뿐이다. 그래도 시간만 충분하다면 그 안에 있는 수많은 볼거리를 즐기는 것도 재미있을 것 같다. 하루 종일 찌는 듯이 덥더니 얄밉게도 숙소로 돌아갈 때가 되니 천둥번개와 함께 시원하게 소나기가 내린다.

택시 잡느라 우왕좌왕 금요일 저녁 퇴근 시간 충칭행 열차가 출발하는 청두 동역(東站) 역으로 가는 길이 만만치 않다. 30~40분을 헤맨 끝에 겨우 택시를 탔다. 중국에서는 교통수단이 공급보다 수요가 훨씬 많은 것 같다. 시내 외곽 신시가지에 새로 지은 청두 동역은 택시요금이 꽤 많이 나오는 먼 곳인데다 금요일 퇴근길이라 교통체증이 심해 걱정이다. 인구 천만이 거주하는 도시에 지하철 노선이 두 개뿐이니 지하철과 버스가 쉬지 않고 사람들을 실어 나르지만 역부족이다. 게다가 도로 대부분이 지하철 공사로 파헤쳐져 있어 체증은 더 극심하다. 마음을 느긋하게 먹는 수밖에 없다.

거대한 청두 동역 청두 동역은 최신식의 거대한 구조물이다. 서울역의 몇 배나 되는 규모로 청두 본역이 아닌 부역(副驛)일 뿐인데 이렇게까지 크게 지을 필요가 있었는지 의문이다. 혹 과시욕에 따른 중국인들의 허세 때문이 아닌지 궁금하다. 청두 동역에서는 청두 시내에서 동쪽, 그러니까 주로 충칭이나 충칭을 거쳐 다른 지역으로 가는 열차가 출발한다. 청두–충칭은 이제 고속열차로 3~4시간이면 이동할 수 있을 정도로 가까워졌지만 나는 하룻밤 시간을 벌기 위해 일부러 야간열차를 이용해 이동한다.

KFC 열차를 기다리는 동안 KFC에서 간단히 저녁 식사를 한다. 서민들이 이용하는 식당의 국수나 볶음밥은 비싸봐야 한 그릇에 15위안(약 2,700원)인데 KFC에서는 30위안(약 5,400원)이 제일 저렴한 메뉴이다.

재미있는 것은, 가격이 비싼데도 불구하고 중국 젊은이들은 이러한 곳을 선호한다는 것이다. 아마도 스타벅스, 맥도날드와 같은 미국 브랜드에 맥을 못 추는데다 환경까지 쾌적하기 때문일 것이다. 반면 롯데리아, 이마트 등 한국 브랜드는 고전을 면치 못하고 있다. 맛이나 서비스의 질 때문이 아니라 브랜드 파워가 약해서인 것 같아 속상하다.

22 일차 충칭

충칭이 가까워지면서 열차 안은 분주해진다. 해가 떠오르는 양쯔강의 모습은 거대하다. 유구한 세월에 걸쳐 도도히 흘러온 양쯔강 본류를 따라 열차는 충칭으로 입성한다. 창밖으로 간밤에 드리워놓은 혁명을 통해 중국의 체제를 변화시키고 대륙에 거대한 변화를 가져왔

홍암혁명
기념관

으니 결과적으로 일본이 세계사에 영향을 미쳤다고 볼 수 있다.

홍암혁명기념관에는 초대형 혁명화가 많이 전시되어 있다. 기념관의 전시물들은 충칭에서 이루어진 팔로군 남방국의 활동을 국민당 통치 지역이라는 최악의 조건 속에서 이루어진 위대한 혁명이라고 칭송한다.

차오티엔먼 부두에서 양쯔강을 만나다   홍옌춘을 나오니 마침 차오티엔먼(朝天門) 부두행 버스가 있다. 차오티엔먼 부두는 워낙 유명한 곳이기 때문에 충칭 시내 어디에든 그곳으로 가는 버스가 있다고 봐도 된다. 차오티엔먼은 양쯔강의 중요한 거점 항구로서 1927년 생긴 이래 충칭의 근현대사를 함께한 곳이다. 황토물이 장엄하게 흐르는 양쯔강을 마침내 가까이서 보니 감격스럽다.

곧 출항하는 유람선에 승선한다. 밤에 탔다면 멋진 야경을 즐길 수 있었겠지만 이 무덥고 긴 여름날, 야경을 보기 위해 밤까지 기다리는 것은 무리인 듯싶다.

배에 오르니 시원한 강바람이 더위를 식혀준다. 부두 바로 건너에 보이는 따지위엔(大劇院, 충칭대극원)의 모습이 웅장하다. 강가에 공연장을 세운 콘셉트가 매우 독창적인 것 같다. 부두에는 호화 크루즈들이 오늘밤 출항을 준비하고 있고, 대형 화물선, 컨테이너선들이 분주히 오간다. 유중(渝中) 반도와 건너편을 잇는 수많은 다리들이 있지만 그것만으로는 모자란 듯 여러 개의 다리들이 새롭게 건설 중이다. 한 달이 멀다 하고 한강에 다리를 건설하던 우리나라의 초고속 성장기, 바로 그때의 모습이다.

중국인들은 양쯔강 중류 중에서도 언덕이 많은 이곳에 거대한 도시를 건설했다. 충칭의 새로운 랜드마크가 될 쉐라톤 호텔과 IFC 쌍둥이 건물이 신축 중이다. 유람선은 장강대교에 못 미쳐 회항한다. 유람선에서 내려 충칭의 대표 음식인 담담면으로 점심식사를 해결한다. 빽빽한 국수에 갖은 양념을 얹어주기에 어떻게 비비나 했는데 국수장수 아저씨가 삽시간에 골고루 비벼준다. 음식이 맛있는 건지 배가 몹시 고팠던 건지 앉은자리에서 두 그릇을 뚝딱 해치운다.

'3통' 중에서 통행이 문제   오늘은 시내이동이 많지만 교통편과 관련해서는 큰 걱정은 없다. 노란 택시가 즐비하고 수백 개의 시내버스 노선, 지하철, 경전철까지 완비되어 있는 충칭의 대중교통은 훌륭하다 못해 예술적이다. 인구가 많고 면적이 넓은 중국에서는 도시 간 이동 못지않게 힘든 일이 도시 내에서의 이동이다.

중국 정부가 그토록 3통(三通, 통행, 통신, 통상)을 강조하는 것은 어찌 보면 당연한 것이란 생각이 든다. 이 중에서 '통행'은 아직 갈 길이 멀지만 '통신'은 완벽하다. 오지에서도 스마트폰을 즐기는 사람들의 모습은 이젠 익숙한 풍경이기 때문이다.

인민대례당   시내 중심 인민대례당 건너편에 있는 싼샤(三峽) 박물관으로 이동한다. 마주 보이는 인민대례당(人民大禮堂)의 거대하고도 화려한 모습에 놀란다. 화려한 채색의 둥근 비루(飛樓) 안으로 웅대한 인민광장을 품고 있는 이 건물은 베이징의 천단(天壇)을 모델로 하여 지은 것이라고 한다. 중국에서도 손꼽히는 현대 건축물 중 하나이다.

쌴샤박물관   쌴샤댐 형상으로 2005년 신축 개관한 쌴샤박물관은 전 세계가 주목한 쌴샤 수리(水利) 공정, 그리고 쌴샤 지역의 자연, 역사, 문화 등을 소개한다. 쌴샤댐의 아이디어는 100년 전인 1919년 쑨원이 창안했고, 이후 수십 년 동안 국가적 차원의 숙고를 거친 끝에 1994년 기공, 1997년 댐 완공, 2003년 담수 시작, 2006년 담수 목표 185미터를 달성했다. 이러한 댐 건설로 140만 명의 주민이 중국 각 지역으로 이주했다고 하니 어마어마한 공사였음이 틀림없다.

항일투쟁과 중국 공산당 세력 확장   박물관 3층은 서남(西南) 소수민족 전시관이다. 중국에서 서남이란 충칭, 쓰촨, 윈난, 구이저우, 광시, 티베트를 지칭한다. 대부분 이번 여행길에 들렀던 곳이라 감회가 새롭다. 화폐 전시실과 항일전 특별전시실도 있는데 공산당의 북상과 항일전 참여, 국민당 정부의 충칭 이전과 팔로군 남방국의 활약상 등을 소개하고 있다. 항일전쟁은 중국의 가장 빛나는 승리 중 하나라고 기록되어 있는데, 사실 미국의 원자탄 투하로 싱겁게 끝난 전쟁이어서 승리했다는 표현은 적절치 않다고 생각한다. 하지만 공산당에게 중요한 입지를 제공한 항일 투쟁 역사를 중국 정부는 강조하는 것 같다.

우리 역사책에는 몇 줄의 소개로 끝나는 중일 전쟁이 우리가 알고 있는 것보다 훨씬 참혹하고 중국 입장에서는 매우 중요한 역사적 사건임을 깨닫는다. 2층은 충칭시 역사민속물박물관으로, 충칭의 성립과 각종 산업, 충칭의 과거와 현재를 대비한 사진들이 전시되어 있어 볼거리가 많다.

충칭 대한민국임시정부 청사

어렵게 찾아간 대한민국임시정부 마지막 여정으로 대한민국임시정부 청사를 찾는다. 지도에 표시되어 있지 않아 물어봐도 아는 사람이 없어 아주 어렵게 찾았다. 그런데 찾고 보니 시내 중심에 자리하고 있었다. 민생로(民生路)와 홍성화원로(興盛花園路)가 만나는 지점으로 충칭반점(重慶飯店)과 해방비(解放碑)에서 가깝다. 주소는 '칠성강(七星岡) 연화지(蓮花池) 38호'다.

1919년 상하이에서 수립된 대한민국임시정부는 1939년 윤봉길 의사의 홍커우공원(虹口公園) 의거 후 일본군의 압박이 심해지자 항저우, 광저우 등 여러 지역을 거쳐 마침내 1940년 충칭에 정착했다. 충칭에서도 여러 지역을 전전했는데 내가 방문한 곳은 1945년 1~12월까지 머물던 곳으로, 일본의 패전과 조국의 광복을 맞이한 곳이다. 충칭시 도심개발로 존폐 위기가 있었으나 국내 대기업들이 힘을 모아 1995년에 복원, 일반인들에게 공개되었다. 머물던 곳으로, 일본의 패전과 조국의 광복을 맞이한 곳이다. 충칭시 도심개발로 존폐 위기가 있었으나 국내 대기업들이 힘을 모아 1995년에 복원, 일반인들에게 공개되었다.

외삼촌 윤재현 박사　충칭 임시정부는 한국광복군을 창설해 전쟁 수행 및 조국광복 이후 활동에 대비했다. 군사 활동 전시실에 한국광복군의 기록이 있는데, 필자의 외삼촌 윤재현(尹在賢) 박사가 광복군이었기에 그 기록들을 더욱 꼼꼼히 살폈다.

윤재현 박사는 일본 교토 도시샤(同志社) 대학을 다니다 강제 징병되어 중국 북부에 배속된 후 병영을 탈출, 중국 대륙을 종단한 끝에 후베이성 바둥(巴東)을 거쳐 충칭 임시정부에 도착한 후 광복군에 합류한 드라마틱한 사연을 지닌 분이다. 그를 통해 학병탈출기와 충칭 임시정부 시절 이야기를 종종 들었던 터라 이곳에 방문하니 감개무량하기 이를 데 없다. 암담했던 젊은 날, 그의 손때가 곳곳에 묻어 있는 것 같다.

광복군 활동　광복군은 영연합군(英聯合軍)으로 버마, 인도 전투에도 참전했고, 미국 OSS 특수훈련을 받아 공수부대 게릴라전으로 한반도에 투입될 계획도 있었다고 한다. 조국 광복에 대비하여 국내 질서 유지와 체제 확립을 위한 정진대(挺進隊)를 편성했다는 기록도 있다.

국내 정진대 제3지구 경상도반 2조에 편성된 외삼촌 윤재현 박사의 이름 석 자가 또렷하다. 우리가 잘 알고 있는 민주투사 장준하 선생은 경기도반 반장, 김준엽 전 고려대 총장은 강원도반 반장으로 기록되어 있다.

꺼져가는 촛불, 조국을 살리려 지금은 사방이 아파트로 변했지만 해외동포들의 성금과 중국 국민당 정부의 지원으로 활동했던 충칭 임시정부는 상하이 임시정부보다 훨씬 넓은 부지에서 체계적으로 활동했다. 김구 주석과 김규식 부주석의 근무실, 내각실 등의 시설을 둘러본다. 꺼져가는 촛불 같았던 조국의 운명을 되살리기 위해 이곳 타지에서 고군분투한 선열들에게 존경과 감사의 기도를 올렸다.

조국에 대한 사랑이 없었다면, 조국 광복을 위해 희생을 각오한 용기가 없었다면 여기 임시정부는 존재할 수 없었다.

충칭의 밤 충칭역으로 돌아가 맡겨둔 가방을 찾아 호텔로 향한다. 지하철 타는 곳을 물으니 어린 여학생이 몇 마디 영어로 설명을 시도하다가 아예 지하철역 입구까지 바래다준다. 참 고맙다. 현재 4개 노선을 운영 중인 충칭 지하철 안은 매우 쾌적하다. 숙소에 도착한 후 휴식을 취한다. 충칭의 야경을 보지 못하면 못내 아쉬울 것 같아 해지는 시간에 맞추어 무거운 몸을 이끌고 차오티엔먼 부두로 향한다.

차오티엔먼 광장에서는 수백 명의 시민들이 집단 율동을 하고 있다. 도시가 불을 밝힌다. 저 멀리 산언덕에서 쏘는 레이저 불빛이 도시를 종횡무진 가로지른다. 충칭의 멋진 밤이다.

23

충칭 → 완저우 → 양쯔강 크루즈 승선

일차 느지막이 호텔을 나선다. 오늘은 완저우(萬州)로 이동하여 양쯔강 유람선에 오르는 일정이다. 원래 양쯔강 유람선은 충칭에서 후베이성 이창(宜昌)까지 3박 4일을 운항하는 것이 대부분이지만 나의 경우 2박 3일의 여정이기 때문에 육로로 완저우까지 이동하는 것이다.

런던올림픽 개막　제30회 런던올림픽이 시작되었다. 중국은 제29회 베이징올림픽 개최 후 올림픽에 대한 관심이 매우 높아져 CCTV 종합채널인 1채널은 하루 종일 올림픽 방송을 중계한다. 각 종목에서 중국 선수들이 발군의 기량을 발휘하는 것을 보면 '체력이 국력'이 아니라 '국력이 체력'인 것 같다. 선진 스포츠 기술과 투자가 필요한 오늘날, 국가의 경제력이 곧 올림픽 메달 수를 결정하는 것 같다.

　1976년 제21회 몬트리올올림픽에서 양정모 선수가 레슬링으로 금메달을 딴 것이 우리나라 최초의 금메달이었다. 그러나 이제 우리나라는 매 대회 수십 개의 메달을 따는 나라가 되었다. 더불어 메달 수에 연연하지 않고 인류 화합의 대축제를 진심으로 즐기는 여유까지 갖춘 나라가 되었으니 이 얼마나 뿌듯한 일인가.

　매미 우는 소리와 함께 하루가 시작된다. 중국 여행사 가이드와 만나기로 한 차오티엔먼 부두로 향한다. 이제 여행이 일주일도 채 남지 않았다. 사실 그동안 시안, 구이린, 쿤밍, 청두 등 한국행 직항 노선이 있는 도시들을 지날 때마다 여행을 그만 끝내고 집으로 돌아갈까 하는 망설임이 없었던 것은 아니다. 그러나 일정이 일주일밖에 남지 않은

이 시점에 드는 생각은 시간가는 것이 너무도 아쉬워 하루하루가 무척 소중하게 느껴진다는 것이다.

투어 가이드 Mr. 우　투어 가이드 Mr. 우(吳)를 만났다. 영어를 꽤 잘하는 그는 여행사를 통해 쌴샤 유람을 신청한 사람들을 안내하는 프리랜서 투어 가이드이다. 내가 신청한 프로그램에서 소삼협은 옵션인데 그것을 신청하는 것이 어떻겠냐고 제안한다. 언제 다시 쌴샤 관광길에 오를 수 있을까 싶어 그의 의견을 따른다.

내가 다소 미덥지 않은 눈빛으로 대응했더니 Mr. 우는 중국인들은 열심히 일하는 사람들이라는 말과 함께 온갖 서류를 꺼내 보이며 나를 안심시킨다.

충칭에서 완저우까지 287킬로미터, 버스에는 중국인들이 대부분이지만 서양인들도 간간히 보인다. 양쯔강 크루즈는 중국인들 기준으로 상당히 비싼 프로그램인지라 버스 안에 있는 중국인들은 금전적으로 여유가 있는 사람들일 것이다. 어디서나 그렇지만 특히 중국에서는 행색으로 사람을 판단해서는 절대 안 된다. 외양에 별 신경을 쓰지 않는 실용주의와 함께 부유한 티를 내지 않으려는 사람들이 많기 때문이다. 공연히 범죄의 표적이 되지 않으려는 위장 동기도 많다고 한다.

양쯔강 크루즈에 오르다　버스는 4시간을 달려 저녁 7시 30분 완저우에 도착한다. 양쯔강 중류 깊숙한 산중에 펼쳐져 있는 거대한 도시를 보고 놀랐다. 한국으로 치면 지방 도청 소재지 규모의 대도시이다.

드디어 승선이다. 배는 수천 톤급인 양자명주(揚子明珠)호다. 내가 예약한 방은 2인 1실로 중국인 중년 남성과 공유한다. 갑판에 올라 강 바람을 쐬며 출항을 기다린다.

24 일차 양쯔강 크루즈

양쯔강과 싼샤 개관 완저우에서 싼샤댐까지는 275 로미터의 거리이다. 길이 6,500킬로미터의 양쯔강은 중국에서는 가장 긴 강으로 세계에서는 나일강, 아마존강에 이어 세 번째로 긴 강이다. 취탕샤(瞿塘峽), 우샤(巫峽), 시링샤(西陵峽) 3개의 협곡으로 이어지는 싼샤는 웅장, 험준, 기묘, 고요 등의 수식어로 표현되는 세계적인 명소이다.

칭하이성 티베트 고원에서 발원하는 양쯔강은 8개의 성(省)을 거치고, 700여 개의 지류까지 합치면 6개의 성을 더 지난다. 기름진 농토와 풍부한 수량 덕분에 양쯔강 유역은 중국 곡물 생산량의 40%(쌀만 따지면 70%), 면화의 35%, 민물고기의 48%를 산출한다. 양쯔강이 없는 중국은 존재할 수 없는 것이다. 근래 철도와 고속도로 개통으로 경제성이 다소 떨어졌다고는 하지만 수운(水運)은 여전히 중요한 교통수단이라고 한다.

손가락 화농을 치료하다 크루즈에서 뷔페식으로 아침식사를 한다. 오랜만에 제대로 된 아침식사를 하니 신이 난다. 그런데 지난 며칠 전부터 오른손 네 번째 손가락 첫 마디가 곪기 시작하더니 오늘 아침에는 쿡쿡 쑤시기까지 하다. 더운 날씨 탓에 상처가 덧난 것이다. 마침 선상 의사가 있어 그에게 상처를 보이니 보자마자 '화농'이라고 외친다. 신기할 정도로 우리말과 발음이 비슷해 놀랐다. 의사는 간단한 치료와 함께 3일 치의 약을 처방해준다. 금세 붓기가 가라앉았으니 안심이다.

백제성과 취탕샤 입구 기문 그새 배는 펑제(奉節) 선착장에 닿는다. 하룻밤 사이 119킬로미터의 물길을 헤쳐 왔다. 양쯔강을 따라 들어선 대부분의 도시들은 모두 수몰 이후 새로 조성된 신도시들이어서 환경이 깨끗하다. 펑제 또한 100미터 이상 수위가 상승한 지대에 새로 건설된 곳이다. 곧이어 백제성 관광에 나선다. 빌리(Billy)라는 이름의 아르바이트생이 나의 개인 가이드로 동행한다. 쓰촨성 청두 출신으로 충칭에서 대학을 다니는 이 청년은 방학을 맞아 아르바이트를 하는 것이라고 한다. 매우 예의 바르고 반듯한 청년이다. 즐거운 동행이 될 것 같다.

　배에서 내려 버스로 10분 정도 이동하니 백제성 입구다. 이곳은 두보가 20개월가량 머물면서 많은 시를 남긴 곳으로, 곳곳에 그의 흔적이 남아 있다. 백제성 초입에는 제갈공명 동상과 출사표 전문이 새겨진 부조가 있다. 선제(先帝) 유비가 세상을 떠난 후, 제갈공명이 위나라를 치기 위해 군사를 이끌고 북벌(北伐)에 나서며 후제(後帝) 유선에게 바친 글이다.

　"… 신은 원래 아무 벼슬도 없이 남양에서 밭을 갈며 어지러운 세상에 한목숨이나 지키며 지낼 뿐 … 그런데 선제(유비)께서는 신의 비천함을 돌보지 않으시고 귀하신 몸을 굽혀 친히 세 번이나 신의 초려(草

싼샤 중
첫 번째,
취탕샤
입구 기문

廬)를 찾아와 세상의 일을 의논하셨습니다. 신은 이에 감격하여 마침
내 선제를 따르게 되었습니다 …"라는 구절이 담긴 명문이다.

드디어 취탕샤 입구인 기문(夔門)이다. 두보는 기문을 두고 "모든
강이 여기서 만나 취탕샤로 쏠려간다"고 언급했다. 백제성에서 기문을
통해 취탕샤를 바라본다. 여기서부터 우샨(巫山)까지 이어지는 8킬로
미터의 대협곡이 바로 취탕샤이다. 중국 인민폐 10위안(약 1,800원)
지폐의 뒷면에 등장하는 익숙한 풍경으로, 직접 그 풍경을 보고 있으
니 가슴이 뛴다.

백제성은 《삼국지》(특히 촉나라 유비와 제갈량과 같은) 영웅들의 전
설 같은 이야기와 많이 얽혀 있다. 또한 촉나라와 오나라의 접경 지역
이었으니 전략적 요충지이기도 하다. 유비가 임종하며 제갈량에게 후
사를 부탁한 곳이기도 하다. 성안에는 유비와 제갈량의 동상과 밀랍
인형들이 전시되어 있어 1,700년 전 역사를 실감나게 전한다. 장비는
부하들에 의해 어이없는 죽음을 맞이한 후라 이곳에는 그의 동상이 없

다. 다만 멀지 않은 곳에 장비의 묘소와 사당이 있다.

유비 vs 조조 촉한은 삼국 중에서 국토 면적이나 군사력에 있어 열세이기는 했으나, 제갈량과 같은 전략가와 천하 명장을 가졌음에도 통일의 위업을 이루지 못하고 소멸한 이유가 새삼 궁금해진다. 유비의 성격이 우유부단하고 고집스러워 그런 것이라는 평이 있기도 하지만 납득은 가지 않는다. 그에 비해 조조는 교활한 사람이라는 평이 있지만 대다수가 뛰어난 용인술과 결단력을 지닌 빼어난 지도자이자 행정가라고 평한다. 어쨌거나 그는 삼국통일의 위업을 달성하지 않았는가?

백제성의 건물들은 명청 시대 양식으로 지어졌다. 나오는 길에 3개의 시비(詩碑)가 나란히 있어 사람들의 발길을 잡는다. 이백(李白)이 새벽안개 속에 백제성을 떠나 취탕샤로 들어서며 읊은 시를 마오쩌둥, 저우언라이, 장쩌민이 이곳을 방문했을 때 각자의 필체로 남긴 것이다. 대충 보아도 마오쩌둥의 필체는 대단한 흘림체였음을 알 수 있다. 가이드는 중국인들도 그의 글씨를 해석하지 못한다고 설명해준다.

배는 다시 출항하여 취탕샤로 접어든다. 양쯔강 싼샤의 첫 번째 협곡이다. 험하게 깎아지른 절벽이 좌우로 펼쳐진다. 절벽 중 가장 높은 곳은 1,500미터가 넘는다고 한다. 북쪽으로는 적갑산, 그 맞은편으로는 백염산이 버티고 있어 배는 거센 강물을 밀치며 내려간다.

《삼국지》를 모르는 서양인 충칭을 출발할 때부터 동행하는 서양인 팀에게 오늘 아침 왜 백제성에 가지 않았는지 물어보았다. 《삼국지》를 모른단다. 그들에게 제갈공명, 유비, 관우, 장비 등은 무의미한 인

물들인 것이다. 동양과 서양의 차이를 느낀다. 동양권에서 《삼국지》
는 필독서 아닌가?

그들은 내가 중국어를 하지 못해도 한자를 쓰고 읽을 줄 아는 것에
무척 놀란다. 게다가 영어까지 할 줄 아니 더욱 놀라는 눈치다. 어쨌거
나 그 후로는 식사시간 외에는 서양인 팀을 좀처럼 볼 수 없었다. 《삼
국지》가 빠진 싼샤 크루즈는 그들에게 양쯔강 협곡 탐험 이상의 의미
는 없을 듯싶다.

싼샤보다 낫다는 소삼협 점심 식사 후 배는 우산에 닿는다. 양쯔강의
또 다른 선물, 우산 또한 작지 않은 도시이다. 크루즈 승객들은 우산항
에서 여러 척의 작은 배로 나누어 타고 소삼협(小三峽)으로 들어간다.
소삼협은 그 경치가 싼샤를 축소한 듯해 붙여진 이름이다. 심지어 싼
샤보다 낫다는 평도 있다.

한낮의 더위가 맹위를 부린다. 용문협(龍門峽)에서 출발하여 좁은
뱃길을 따라 깊숙이 들어가니 비경이 펼쳐진다. 절벽 위에서 원숭이들
이 무리지어 노는 모습에 관광객들은 탄성을 지른다. 두보와 이백의
시에 어김없이 등장하는 바로 그 원숭이들이다. 자연의 신비로운 조화
앞에 경외하지 않을 수 없다.

까마득한 절벽 위에 누군가의 관(棺)이 걸려 있다. 2천 년 동안 저렇
게 걸려 있는 것이라고 한다. 줌 배율이 낮은 내 카메라로는 도저히 그
모습을 담을 수 없어 안타깝다. 가이드의 설명으로는 하늘에 있는 신
께 더 가까이 가기 위한 인간의 욕심 때문에 높은 곳에 관을 두기도 했
는데, 신분이 높을수록 관을 높은 곳에 두었다고 한다. 저 높은 곳까지

어떻게 관을 운반했는지에 대해서는 아직 밝혀지지 않았다고 하니 더욱 신기할 따름이다.

소삼협 깊숙한 곳까지 도달하니 더 작은 배로 옮겨 탄다. 소소삼협(小小三峽)의 좁은 수로를 지나기 위해서이다. 목선 선장의 걸쭉한 안내와 함께 이어지는 신나는 노랫가락에 승객들은 몹시 즐거워한다.

짜증나는 세일즈 공세 소소삼협까지 다녀와 우산항에 정박 중인 크루즈로 다시 이동한다. 승객들은 모두 더위에 지쳐 쉬고 싶어 하는데 선박 세일즈 팀은 이런 승객들을 가만히 두지 않는다. 확성기를 이용해 쉬지 않고 기념품을 판매한다. 중국인들은 소음에 무척이나 무디다. 조용히 쉴 권리가 있는데도 어느 누구 하나 이런 소음에 불평하지 않는다. 혹 일일이 불평하기에는 소음이 너무 많아 그런지도 모르겠다.

랴오닝성 여고생 돌아오는 길에 랴오닝 성에서 온 여고생과 대화를 나눴다. 혹시 한국인 아니냐며 먼저 말을 걸어오기에 그렇다고 대답했더니 한국인과는 처음으로 대화를 해본다며 뛸 듯이 기뻐한다. 한국 배우 이민호를 좋아한다고 한다.

부모님과 함께 45인 단체 관광을 하는 중이라고 하기에 은근슬쩍 여행 경비에 대해 물어보았다. 베이징 출발 기준 3인 가족의 비용으로 2만 위안(약 360만 원) 정도가 들었다고 한다. 다음번에는 그 비용으로 한국의 제주도를 가는 게 어떠냐고 추천했다. 덧붙여 가이드에게 끌려 다니지 않고 조용히 쉴 수 있는 아름다운 곳이라고 소개했다.

싼샤 중
두 번째,
우샤 입구

조물주께 영광을 돌리다   크루즈는 곧 두 번째 협곡인 우샤(巫峽)에
들어선다. 해가 구름에 갇히니 강바람이 무척 시원하다. 우샤는 오전
에 지나온 취탕샤보다 훨씬 멋진 듯하다. 웅장하다는 느낌보다는 아기
자기하고 그윽하며 기묘하다. 변화무쌍한 모습의 우샨 12봉을 지난
다. 그중에서도 선녀가 내려앉은 것 같은 형상을 한 신녀봉(神女峰)은
단연 압권이다.

천하 비경 …. 무릎을 꿇고 천지창조 조물주를 찬미하고 싶은 마음
이 절로 생긴다. 싼샤댐 완성 및 만수에 따른 수위 상승으로 100미터
가까이가 물에 잠겼지만 여전히 심오한 풍경을 연출한다. 꿈인지 생시
인지 모를 이 무아지경이 계속되었으면 좋겠지만 갈 길이 바쁜 배는 야
속하게도 속력을 내어 협곡을 빠져나간다.

저녁 식사를 준비하는 주방에서 식욕을 자극하는 맛있는 냄새가 풍
긴다. 저녁 식사 또한 성찬이다. 지난 23일간 부실했던 나의 식사를 한
번에 만회해주는 것 같다. 밤이 깊어간다. 싼샤의 마지막 구간 시링샤

는 아쉽게도 새벽 동트기 전에 지나쳐 볼 수 없었다.

　보름이 가까워 오고 점점 차오르는 달이 양쯔강에 드리운다. 골짜기들은 옅은 밤안개 속으로 숨어버렸다. 새벽에 눈을 뜨니 배는 벌써 마오핑(茅坪) 항에 도착했다. 댐으로 형성된 거대한 인공호수가 있는 항구이다. 짧지만 강렬했던 양쯔강 여행이 끝났다.

　배에서 내리려는데 어제 만난 랴오닝성 출신의 여고생이 내게 편지를 건넨다. 편지를 읽어보니 한국인과 난생 처음 대화한 것에 대한 감격과 자신의 앞날을 격려해준 것에 대한 고마움을 담은 내용이었다.

25
일차　양쯔강 크루즈 → 싼샤댐 → 이창 → 우한 → 항저우

싼샤댐　2박 3일의 양쯔강 크루즈 일정을 마치고 대기 중인 버스에 올라 인류 대역사라고 일컬어지는 싼샤댐 투어에 나선다. 30분 거리에 있는 싼샤댐 방문자센터에서는 항공기 탑승 절차와 같은 엄격한 보안검색이 이루어진다. 과거에 타이완 특공대가 싼샤댐을 폭파하려 한다는 제보가 있었다고 하니 엄격한 보안검색에 불평할 수 없다.

　싼샤의 마지막, 시링샤 끝자락, 물결이 가장 거센 곳에 댐이 생겼다. 선박들이 고정 장치(ship lock)로 낙차를 극복하는 모습을 보니 인간의 힘으로 배를 끌어올리던 때가 아주 먼 옛날이야기처럼 느껴진다. 싼샤댐 완성으로 양쯔강의 항행 안전도는 높아지고 선박 통행량은 10배로 증가해 양쯔강 유역의 지역 간 물류비용이 30~37% 감축하게 될 것이라고 한다.

쌴샤 전망대까지 옥외 에스컬레이터를 타고 오른다. 선박의 고정 장치가 한눈에 들어온다. 쌴샤댐에는 설계용량 연 847억kWh의 세계 최대 수력발전소가 있어 중국 전체 전기소비량의 1/5, 우리나라 발전용량의 2/3에 해당하는 전기를 생산한다. 고압송전선들이 어지럽게 얽혀 있다. 반경 1천 킬로미터까지 송전하여 중국 동남 해안 대부분 지역으로까지 혜택을 준다.

쌴샤댐 아래 강바닥은 화강암이라고 한다. 쌴샤 191킬로미터 구간 중 댐 부근의 31킬로미터만이 화강암 지역이어서 댐 건설이 가능했다고 한다. 중국은 이 또한 하늘의 축복이라며 자랑스러워한다.

이곳은 얼마나 더운지 옥외 공중화장실에도 에어컨이 있을 정도다. 쌴샤댐 투어를 마친 관광객들을 실은 버스는 이창으로 향한다. 양쯔강을 끼고 이어지는 고속도로를 한 시간정도 달리면 만나게 되는 항구도시이자 공업도시이다. 208년 촉·오 연합군이 조조가 이끄는 50만 대군을 물리친 적벽(赤壁)에서 가깝다. 쌴샤댐보다 먼저 생긴 갈주댐도 이곳에 있다.

이창 버스터미널에 도착하면 우한까지 교통편을 안내해줄 사람이 기다리고 있을 것이라 했는데 아무리 찾아도 없다. 충칭에서 버스 요금도 이미 지불했는데…. 충칭 여행사 Mr. 우와 안내원이 서로 연락이 안 되었거나 내게 사기를 친 것 둘 중 하나다. 연락 착오일 것이라 믿는다. 그동안 쌓은 중국인에 대한 좋은 이미지를 이러한 일로 망칠 수 없다(귀국 후 충칭 여행사에 이 일을 문의하니 연락 착오였다며 버스요금을 즉시 환불해주었다).

중국의 중심 우한 삼진   고속버스를 타고 4시간 정도 달리니 우한이다. 후베이성(湖北省) 청두로서 중국 6대 도시 중 하나로 동쪽은 안후이(安徽)성, 서쪽은 충칭, 남쪽은 후난(湖南)성, 북쪽은 허난(河南)성과 마주하고 있다. 우창(武昌), 한양(漢陽), 한커우(漢口) 세 도시가 서로 맞닿아 있는 3핵 도시인 우한은 예로부터 우한삼진(武漢三鎭)이라고 불렸다. 이곳에는 서울의 옛 이름과 같은 한양이라는 도시가 있고 양쯔강에 합류하는 한강(漢江)이란 이름의 강도 있다. 이름만 보면 우리나라와 무슨 인연이라도 있는 듯 오해하기 십상이다.

남북으로는 베이징과 광저우, 동서로는 상하이와 충칭을 잇는 중요한 십자로의 위치에 있지만 가마솥과 같은 뜨거운 열기로 사람들을 금방 지치게 한다. 이처럼 무더운 기후 조건에도 6대 도시로 손꼽히는 것은 위에서 언급한 것처럼 동서남북을 잇는 지리적 중심이라는 이유 때문일 것이다.

중국의 3대 화로   우창역에 도착하니 오후 6시이다. 공연히 트롤리버스를 타고 시내를 돈다. 트롤리버스의 종점은 강변 공원, 시민들의 휴식처이다. 깨끗해 보이지 않는 물이지만 시민들은 개의치 않고 수영을 즐긴다. 더운 우한에서의 여름나기 방식인가 보다. 역으로 돌아와 열차를 기다린다. 야간의 장거리 열차 이동도 오늘로써 마지막이다.

이번에는 르안워 하층 최고급 객실을 이용한다. 1천 킬로미터가 넘는 거리를 8시간 30분에 주파하는 초특급 열차다. 쾌적한 객실 내 침대에 누워 중국의 3대 화로를 빠져나간다.

26
항저우

일차 열차는 시속 150킬로미터의 속도로 칠흑 같은 어둠을 뚫고 나아
간다. 후베이성과 안후이성을 횡단한 열차는 새벽 6시 20분 저장(浙
江)성 항저우에 닿는다. 13세기 말 원나라 시절 마르코 폴로가 이곳을
방문한 후 세계에서 가장 아름다운 도시라고 칭송했다고 한다. 마침
예약해둔 호텔이 역 근처에 있다. 가방만 맡기고 바로 영은사(靈隱寺)
로 향한다.

두 개의 중국 항저우는 깨끗하고 세련된 도시이다. 사람들의 행색
또한 깔끔하다. 지금까지 둘러본 중국의 도시들과는 확연히 다른 이미
지의 도시이다. 이곳은 징항대운하(京杭大運河)의 출발점으로, 과거
남송(南宋) 수도 시절 수많은 세계인들이 드나들었던 국제도시이다.

  중국 내륙으로만 다니다 드디어 동해안 도시로 입성했다. 동해안과
그 나머지, 중국을 이렇게 구분하는 것이 과장이 아닐 정도로 동해안
은 내륙과 매우 다른 모습을 띠고 있다. 그 차이를 직접 눈으로 확인한
다. 서부지역의 대개발로 격차가 조금 완화되기는 했으나 동해안 지역
의 장쑤성, 저장성 같은 지역은 2012년 기준 1인당 소득이 1만 달러가
넘는 반면 간쑤성, 윈난성, 귀주성 같은 내륙 지역은 3천~3천 5백 달
러 수준이다. 베이징, 상하이, 톈진과 같은 특별시나 직할시와 비교하
면 해안과 내륙의 소득 격차는 4~5배로 더 벌어진다.

항저우 미인 거리에는 명품점이 즐비하고 고급 승용차들이 일렬로

늘어섰다. 일식집을 비롯한 고급 음식점 또한 많다. 버스는 시호(西湖)를 끼고 달린다. 항저우 내 숲 속 산책길은 어디를 가도 숲이 우거져 한낮의 뜨거운 태양을 피하며 걸을 수 있다. 항저우에는 미인도 많은데 흰 피부, 큰 눈, 그리고 곧은 다리의 여성을 자주 볼 수 있다. 예로부터 항저우는 동북 3성(랴오닝성, 지린성, 헤이룽장성), 쓰촨성, 충칭과 함께 미향(美鄕)으로 꼽힌다고 한다.

영은사로 올라가는 길은 완만하여 경치를 즐기며 오를 수 있고 계곡도 있어 피서지 역할을 톡톡히 한다. 풍경지구 입장권과 북고봉(北高峰) 케이블카 왕복표를 구입한다. 영은사 입구에는 조각상이 많은데 석회암 동굴 안과 바깥의 웬만한 공간에는 어김없이 크고 작은 불상들이 놓여 있다. 모두 330개라고 한다. 송나라 시절 융성했던 항저우의 불교문화를 말해준다.

윈린찬사, 항저우 영은사   영은사 경내에 들어서면 가장 먼저 톈왕뎬(天王殿)이 보인다. '윈린찬사'(雲林禪寺)라는 편액(문에 거는 액자)은 청나라 시절 강희제가 이곳에 와 구름에 가려진 영은사를 보고 친필로 쓴 것이라고 한다. 대웅보전 마당에는 9세기 송나라 시절에 건립된 두 개의 탑이 세월의 풍상을 머금고 서 있다. 톈왕뎬에 있는 사천왕상도 거대하지만 그 맞은편에 있는 대웅보전(大雄寶殿)의 여래불상 또한 무척 거대해 보는 이를 압도한다. 소박하고 그윽한 자태로 보는 이로 하여금 마음을 편안하게 하는 한국의 사찰과 대비된다. 영은사를 보니 한국 풍기의 부석사, 부여의 무량사가 그리워진다.

경내 한편에 있는 500개의 관음당 또한 영은사의 볼거리 중 하나이다. 1999년에 건립된 것으로 실제 모습을 보고 그 규모에 놀라 그만 말문이 막혀버렸다. 케이블카를 타고 북고봉(北高峰)에 오른다. 건너편으로는 비래봉이 보이고 멀리 서호 그 너머로 항저우 시내가 보인다. 전망대 부근에는 마오쩌둥이 남긴 시비가 있다. 1959년 그가 북고봉에 올라 남긴 것이다. 그저께 싼샤 입구 백제성에서 봤던 그 흘림체이다.

마르코 폴로가 극찬한 아름다운 도시 시내로 나가는 버스를 타고 단교(斷橋)에서 내린다. 서호 관광 지구 중에서도 가장 많은 사람들이 모이는 곳이라 사람들을 따라 내린 것이다. 3면이 산인 서호의 총 면적은 61㎢로, 서울시의 1/10이다. 안개가 자욱한 새벽, 해가 뜨는 아침, 달 밝은 밤 각각의 풍경이 매우 아름답다고 하지만 갈 길이 바쁜 여행자에게는 그런 호사를 누릴 시간적 여유가 없다. 그저 뙤약볕 아래서 서호를 볼 수밖에.

연꽃 군락, 유람선, 호수 너머 보이는 도시의 스카이라인, 그리고 사방을 둘러보다 심심할 때쯤이면 하나씩 눈에 들어오는 갖은 모양의 탑들. 원나라 쿠빌라이가 긴 기다림과 희생 끝에 항저우와 남송을 접수하고서야 대륙 통일의 마침표를 찍었던 이유를 알 것 같다.

육화탑에서 도시를 조망하다 마지막으로 육화탑(六和塔)을 찾았다. 북송시대인 970년에 건설된 것으로 첸탕강(錢塘江)의 거센 물살을 달래고 항해의 안전을 기원하기 위해 여러 차례 재건되었다고 한다. 겉모습은 13층의 구조로 보이지만 실제로는 7층으로 되어 있다. 탑 꼭대기를 향해 오른다. 60미터 높이의 꼭대기에 올라 도시를 조망한다. 벽

육화탑 꼭대기에서 보는 첸탄강과 항저우 시내

돌 골조에 나무를 씌워 만든 탑의 외부구조와 나선형으로 오르내리도
록 만들어진 내부구조가 인상적이다.

70미터 높이의 16층 윈난성 다리 충성사 삼탑이 날렵하다면 육화탑
은 육중한 느낌이다. 문득 유럽에서 본 탑들이 떠오른다. 유럽의 탑들
은 시내 한복판에 위치해 시내 주요 건물뿐 아니라 거리도 볼 수 있는
반면, 중국의 탑들은 도시 외곽에 위치해 멀리서 시내 전체를 조망할
수 있다. 이러한 것도 서양과 동양의 차이일까?

중국 지상파에서 밀려난 한류 콘텐츠 호텔로 돌아와 오랜만에 TV를
켠다. 중국 지상파에서 방송되는 한국 콘텐츠는 거의 없다. 혹시나 하
고 수없이 채널을 돌려보지만 그 어느 채널에서도 한국 프로그램을 찾
아 볼 수 없다. 혐한류(嫌韓流)까지는 아닐지라도 다른 곳에서는 기세
등등한 한류가 중국에서는 맥을 못 추고 있다니.

중국정부가 자문화 중심주의에 빠져 한국 콘텐츠를 견제하고 있기 때문일 것이라 생각한다. 게다가 저렴한 제작비로 다양한 콘텐츠를 생산해 낼 수 있는데 비싼 비용을 지불하면서까지 한류 콘텐츠를 수입할 이유가 없는 것이다. 한류가 큰 영향을 미친 일본이나 타이완과는 전혀 다른 양상이다. 그런데 의외인 것은 중국 대도시에 거주하는 부유층 사이에서 한국 여배우처럼 성형하는 것이 유행이 되어 한국으로 성형관광투어를 온다는 사실이다.

27일차 항저우 → 상하이 훙차오 국제공항 → 칭다오

초고속열차(CHR, China Highspeed Rail)는 항저우–상하이, 169킬로미터 구간을 55분 만에 주파한다. 아침 8시 열차가 항저우 역을 빠져나간다. 열차 안은 만석이지만 쾌적하고 조용하다. 내가 지금 중국에 있는 것이 맞는지 의아할 정도로 낯선 열차 내 풍경이다. 지역별 수준 차가 이렇게도 큰 것일까? 도시를 벗어나자 열차는 더욱 속도를 높인다. 삽시간에 300킬로미터를 넘는다. 선로 옆으로 펼쳐진 가지런한 농토와 집들의 모습이 도쿄 케이세이(京成) 공항철도에서 보았던 풍경과 흡사하다.

여전히 쓰임새가 많은 징항대운하 언뜻언뜻 대운하의 줄기들이 보인다. 징항대운하(京杭大運河)는 항저우와 베이징을 잇는 1,794킬로미터의 대운하로, 13세기 말 원나라 시절 쿠빌라이의 지시로 건설되었다고 한다. 운하 개통 후 양쯔강 이남의 풍부한 물자가 베이징을 비롯하여 북쪽 몽골 초원으로까지 흘러들어갔다. 19세기 이후 철도의 개통과 운하의 퇴적물 침전으로 남북 뱃길이 쇠락했지만 항저우를 중심으로 저장성 지역에서는 여전히 유용하게 쓰이고 있다고 한다.

중국에서는 맥을 못 추는 삼성, LG　상하이의 신공항은 푸둥(浦東) 국제공항이지만 훙차오(虹橋) 국제공항 또한 신공항 못지않게 분주하다. 훙차오는 열차 , 시내·시외버스, 지하철, 그리고 공항이 모두 연결되어 있어 이동이 편리하다. 공항 대합실로 가니 애석하게도 모든 모니터가 중국 하이얼(Haier) 제품이다. 전 세계 어느 공항을 가도 전자제품은 삼성 혹은 LG였는데 … .

　공항 이곳저곳을 둘러보며 비행기를 기다린다. 항공기 탑승, 이륙한 지 45분 후 산둥반도와 황해가 보인다. 이제 곧 칭다오다. 인천에서 바닷길 560킬로미터의 거리에 있는 곳으로 한국에서 가장 가까운 도시들 중 하나이다. 길었던 대륙여행을 마치고 귀국하는 길에 칭다오에서 2박 3일을 보내기로 한다.

독일과 일본이 잇달아 점령한 칭다오　중국에서 상하이, 닝보(寧波), 톈진에 이어 네 번째로 큰 항구도시인 칭다오는 인구 700만이 거주하는 대도시이다. 칭다오는 1891년 청나라 정부가 군대를 보내 개발을 시작했으나 청일전쟁 패배로 청나라의 약체가 분명해진 것을 확인한 독일이 1898년 자국 선교사 피살을 구실로 자오저우만의 조차권을 얻어 들어온다. 이후 1914년 제 1차 세계대전이 일어나고 독일이 전쟁에

석양에 물든 칭다오의 스카이라인

몰두하느라 조차지 경영에 소홀한 틈을 타 연합국 측에 가담한 일본이 독일에 선전포고를 하고 칭다오를 점령한다. 이러한 이유 때문에 도시 곳곳에는 독일식, 일본식 건축물이 혼재한다.

류팅(柳亭) 국제공항에서 칭다오 출신 제자 장쉬타오(張世濤) 군을 만나 안내를 받으니 한없이 마음이 편하다. 게다가 한국과 가까운 거리에 있다는 생각에 긴장도 풀린다. 공항버스를 타고 시내로 들어가는 길에 임해공업단지와 칭다오 맥주공장을 지난다. 시내에는 100년 가까이 된 유럽풍 건물들이 호텔, 레스토랑, 상점 등으로 쓰이고 있고 그 옆으로는 대형빌딩들이 늘어서 있다.

칭다오의 빼어난 풍광과 날씨　호텔에 들러 짐을 풀고 시내 탐방에 나선다. 칭다오의 여름 날씨는 시원하다. 바람이 유독 거세 장 군에게 물어보니 태풍이 예고돼 있다고 한다. 천혜의 날씨, 해변을 따라 이어지는 눈부신 풍광, 그리고 빼어난 항구의 모습까지 마음이 설렌다. 호텔에서 가까운 중산로 중심가의 작은 언덕 위에는 쌍둥이 첨탑의 천주교당 성 미카엘 성당이 있다. 칭다오의 랜드마크인 이 성당은 고딕 양식의 첨탑으로 소박하지만 우아한 모습을 띠고 있다. 마침 신혼부부 한 쌍이 결혼사진을 찍는다.

중산로 남쪽 끝에 있는 잔교(棧橋) 또한 칭다오의 상징이다. 해군 선박을 정박시키기 위한 시설이었다고 한다. 길이 440미터, 폭 10미터의 잔교 위로 태풍을 예고하는 파랑이 일고 있고 경찰 차량이 돌아다니며 시민들을 대피시키고 있다. 육지 방향의 잔교 끝자락에 위치한 잔교 공원은 수많은 관광객들로 발 디딜 틈이 없다. 내친김에 해안산책로를 따라 걷는다. 한참을 걷다 뒤돌아보니 칭다오 만 건너 멋진 스카이라인이 모습을 드러낸다. 구름에 가리어 은은하게 물들어가는 석양이 매우 아름답다.

바다관 풍경구, 대저택의 주인들　해변산책로는 아무리 걸어도 지루하지 않다. 빽빽한 해송, 해변의 크고 작은 바위섬들, 그리고 망망대해가 어우러진 풍경은 한 폭의 그림 같다. 소칭다오 입구를 지나 수족관, 해저세계를 지난다.

3킬로미터쯤 걸었을까? 바다관 풍경구(八大關 風景區)가 나타난다. 러시아, 영국, 프랑스, 독일, 스페인, 일본 등 24개국의 건축 양식을 대표하는 200여 개의 건축물들이 한자리에 모여 있는 곳이다. 탁 트인 바다, 우거진 수풀, 들리는 소리라고는 매미울음뿐인 이곳은 칭다오의 최고급 휴양주택지이다. 주택으로 들어가려면 수풀이 우거진 정원을 한참 지나야 하므로 바깥에서는 주택이 보일 듯 말 듯해 매우 사적인 공간으로 여겨진다.

놀라운 것은 이 집들이 감상용이 아니라 실제로 사용되고 있다는 점이다. 대부분 칭다오 해군 고관들의 자택이라고 한다. 중국 파워엘리트들의 삶의 단면을 엿본 것 같아 기분이 이상하다. 공공연한 권력 노출과 과시는 한국인인 나에게는 쉽게 받아들이기 어려운 모습이다. 그리고 기득권층의 이러한 호화 생활을 당연하게 여기는 시민들의 태도 또한 이해하기 어렵다.

추엔얼다이 푸얼다이 권력가 아버지 밑에서 권력가 아들이 나오고
(추엔얼다이, 權二代) 부자 아버지 밑에서 부자 아들이 나온다(푸얼다이, 富二代). 이 말처럼 중국에서는 부와 권력이 세습된다. 바꾸어 말하면 아무리 능력이 있고 성실한 젊은이라도 든든한 배경 없이는 정부 관리나 지도층이 될 수 없다는 뜻이다.

하늘이 무거운 내 마음을 읽었는지 거세게 비를 퍼붓는다.

시내로 나와 장 군과 함께 성찬을 즐긴다. 시간가는 줄 모르고 그동안의 여행길에서 벌어졌던 크고 작은 무용담을 들려준다.

28

칭다오

일차 비는 이튿날 아침까지 퍼붓는다. 오늘은 여유롭게 칭다오를 둘러보기로 하고 길을 나선다. 우선 시내 중심부에 있는 칭다오 맥주박물관으로 향한다. 박물관 입구 광장에는 칭다오 맥주 100주년 기념조형물이 있고 박물관 부근은 맥주 테마거리로 구성되어 볼거리와 먹을거리가 많다.

칭다오 맥주박물관　칭다오 맥주박물관에는 맥주에 관한 모든 것이 있다. 전시물 중 세계 맥주 컬렉션 코너가 눈길을 끈다. 내가 좋아하는 멕시코 코로나(Corona), 필리핀 산미구엘(San Miguel) 등이 눈에 띈다. 카스, 하이트와 같은 한국 맥주도 있다. 맥주 생산관에서 생산, 병입, 포장공정 등을 관람한 후 다기능관으로 이동해 맥주 시음을 한다. 신이 나 여러 잔 연거푸 마셨더니 금방 술기운이 오른다.

허망하게 칭다오를 뺏긴 독일　다음 방문지는 시내 장쑤루(江蘇路)에 있는 기독교회당이다. 1908년 중세 양식으로 지은 기독교회당은 어제 봤던 천주교당보다 훨씬 인상적이다. 종루에 걸린 시계는 백년이 지난 지금까지도 사람들에게 시간을 알려준다. 독일의 견고한 기술력을 입증한다고 할 수 있다.

　기독교당에서 가까이 있는 영빈관(구 독일총독관저) 또한 웅장하고 화려한 독일식 건축물 중 하나이다. 1905년에 건립된 영빈관은 제 1, 2대 독일 총독의 관저로 사용되었다. 다만 건물을 짓느라 막대한 비용을 투입한 2대 총독은 훗날 본국으로 소환되어 파면되었다고 한다. 마오쩌둥이 휴가차 이곳에 들러 가족들과 머물렀다는 기록도 있다.

초대형 공공시설   시간이 여유로워 칭다오시 동북쪽에 조성된 라오산구(嶗山區) 신시가지 탐방에 나선다. 321번 버스를 타고 먼 길을 이동한다. 출발한 지 40분쯤 지나자 창밖으로 펼쳐지는 신도시 풍경에 놀라지 않을 수 없다. 해안을 따라 방대한 지역에 형성된 신도시에 들어선 건물들은 하나같이 그 규모가 엄청나다. 중국의 수도 베이징도 아닌 지방도시에 지나친 투자라고 느껴질 정도이다. 대중교통이 거의 없다시피 한 신도시 외곽에 그러한 투자를 하는 중국의 모습이 허세로 보여 안쓰러운 마음도 든다.

시내 칭다오역 부근으로 돌아왔다. 여유로운 일정이 될 줄 알았는데 결국 동쪽의 신도시부터 칭다오 시내 중심까지 누비고 다니며 바쁜 하루를 보냈다. 하루 종일 가이드 겸 말동무가 되어준 장 군에게 무척 고맙다. 기나긴 중국 여행의 마지막 밤이다. 호텔로 돌아가는 길, 이어지는 네온사인의 이국적인 정취에 흠뻑 취한다.

29 칭다오 → 서울

일차   드디어 귀국일이다. 그리운 가족이 있는 집으로 돌아가니 한없이 기쁘지만 아쉬움 마음도 드는 것은 어쩔 수 없다. 시내 중산로에서 공항버스를 타고 약 1시간 정도 이동하니 칭다오국제공항에 도착한다.

칭다오의 상큼한 여름 날씨를 뒤로 하고 삼복더위가 기승을 부리고 있을 한국으로 돌아간다.

반가운 한국, 반가운 서울 인천행 대한항공 여객기는 만석이다. 칭다오 공항을 이륙한 여객기는 여유롭게 기내식을 즐길 겨를도 없이 착륙 준비에 들어간다. 그만큼 거리가 가깝다는 뜻이다. 기내에서 오랜만에 접한 한국 신문을 읽는데 북한인권운동가 김영환 씨가 중국 공안에 구금되어 고문을 당했다는 기사가 눈에 띈다. 고문 사실을 확인하려는 주중 한국대사에 오만한 자세를 취하는 중국 정부에 왠지 모를 배신감을 느낀다. 그러는 사이 항공기는 대한민국 인천국제공항에 도착한다. 유난히 한국의 풍경이 정갈해 보인다. 집으로 향하는 공항버스 안은 조용하고 쾌적하다. 근 한 달 만에 느껴보는 안락함이다.

긴 여운 중국 단수관광비자 기한 30일을 채우며 무사히 여행을 끝냈다. 거대한 대륙이다. 중국 면적은 남한의 97배, 인구는 27배이다. 중국 내에서만 항공으로 2,400킬로미터, 선박으로 270킬로미터, 그리고 철도와 버스로 6,300킬로미터를 이동하면서 12개의 직할시, 성, 자치구를 거쳤다.

가까운 곳이라 편하게 생각하고 떠났으나 이번 여행은 그동안의 그 어떤 여행보다도 힘들었다. 그만큼 긴 여운을 남긴다. 중국인들이 떠드는 소리가 환청으로 들리고 내게 중국의 냄새가 배어 있는 것 같다. 중국에 젖은 오감을 일상으로 돌리려면 꽤 시간이 흘러야 할 듯하다.

이번 여행에서 가장 강렬하게 나를 압도했던 것은 대륙의 규모이다. 전 세계에서 오로지 중국만이 할 수 있는 불가사의한 일들을 목격하고 왔다. 논리적으로는 설명할 수 없는 중국의 미스터리를 목격하며 때로는 경탄했고 때로는 당혹감을 느꼈다. 이번 여행을 통해 중국에 대한 나의 인식, 더 나아가서는 세계관까지 확장된 것 같아 뿌듯하다.

이 복잡하고 큰 나라를 겨우 30일 여행하고서 감히 소감을 이야기하려니 쑥스럽다. 5천 년 역사가 중첩되어 있는 대국을 어떻게 몇 번의 방문만으로 이해할 수 있겠는가? 이번 여행을 그 시작으로 삼는다.

한국에게 중국은 피할 수 없는 숙명과도 같은 존재이다. 그 숙명이 우리에게 축복인지 재앙인지, 기회인지 불행인지에 대해 판단내리는 것은 쉽지 않지만 도전적으로, 긍정적으로 대면해야 할 것이다. 또한 중국에 대한 관심과 분석을 멈추지 말아야 할 것이다.

동아프리카 – 두바이 여행

East Africa - Dubai

2013. 2. 16 ~ 2013. 3. 1

서울·인천 — 광저우 — 두바이 — 아디스아바바 — 잔지바르 — 다르에스살람 — 몸바사 — 나이로비 — 아디스아바바 — 두바이 — 아부다비 — 두바이 — 서울·인천

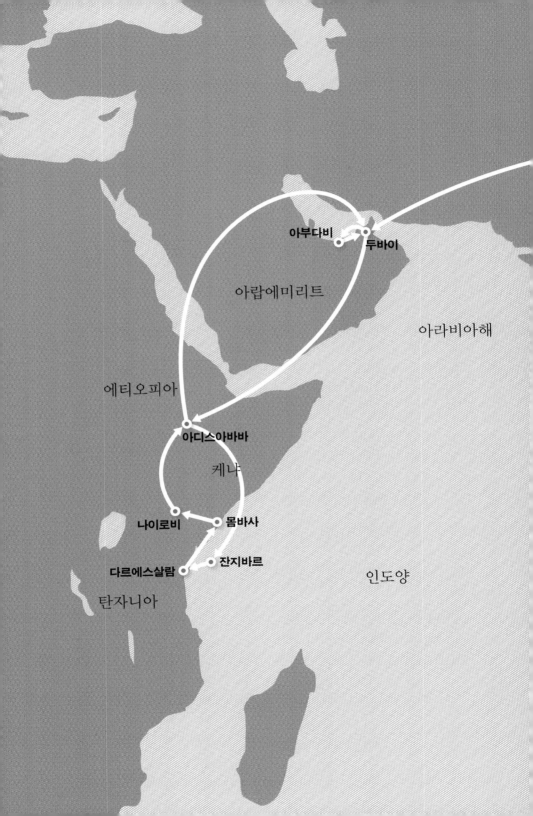

아부다비 두바이

아랍에미리트

아라비아해

에티오피아

아디스아바바

케냐

나이로비 몸바사

다르에스살람 잔지바르

탄자니아

인도양

중국

인도

출발

광저우

사하라 이남 아프리카 국가 중에서 우리에게 가장 익숙한 남아프리카공화국까지 다녀왔으나 아프리카에 대한 호기심이 멈추지 않았다. '진짜' 아프리카는 북아프리카도 남아프리카공화국도 아닌 그 사이에 있는 적도(赤道) 아프리카가 아닐까? 아직 발견조차 되지 않은 무한한 자원이 땅속에서 잠자고 있을 아프리카의 모습을 보고 싶었다.

그러나 사하라 이남 아프리카는 폐쇄적인 곳이기에 방문이 쉽지 않다. 그중에서도 서아프리카와 중부 아프리카가 특히 그러하다. 대한민국 여권 소지자가 비자 없이 관광목적으로 입국할 수 있는 라이베리아(Liberia), 모잠비크(Mozambique), 모리셔스(Mauritius) 정도를 제외하고는 비자 발급조건이 까다로워 초청장과 은행잔고 증명서까지 필요한 경우도 있고, 아예 관광비자제도 자체가 없는 경우도 있다. 북아프리카나 남아프리카공화국의 개방적인 분위기와는 사뭇 다르다.

결국 상대적으로 접근이 용이하고 치안이 안정적인 나라를 고르다 보니 탄자니아, 케냐, 에티오피아가 남는다.

나는 여행을 떠나기 전 현지 이동수단까지 가급적 모두 예약을 하고 출발하는 편이다. 불확실성을 최대한 줄이고 비용과 시간을 효율적으로 사용하기 위해서이다. 그러나 탄자니아, 케냐 같은 나라의 페리 혹은 시외버스 예약 사이트가 있을 리 만무하다. 그나마 다행인 것은 론리플래닛과 같은 사이트에 현지 교통 시간표와 요금에 관한 정보가 올라와 있어 많은 도움이 되었다.

북아프리카와 남아프리카공화국을 제외한 대부분의 아프리카지역 여행을 위해서는 황열병 예방접종이 필수다. 황열병은 모기에 의해 바이러스가 감염되는 병으로, 발병하면 치사율이 20~60%에 이르는 무서운 병이다. 이번 여행지 중에서는 유일하게 탄자니아 입국 시 옐로카드가 필요하다. 접종 후 10일 이후에 효력이 나타나므로 여행 출발 보름 전 국립의료원에서 접종했다.

1

서울 → 중국 광저우 → 두바이

웬만해선 중국을 피할 수 없다 오후 1시 무렵, 인천공항 탑승동에서 광저우행 중국남방항공 여객기 출발을 기다린다. 이번 여정에서도 중국을 경유한다. 대한항공을 이용하면 케냐 나이로비로 직항할 수 있지만 항공기 티켓이 비싸다. 중국을 경유하지만 상대적으로 티켓이 저렴한 중국남방항공을 이용하기로 한 것이다.

성가신 광저우공항 환승 인천 공항에서 이륙한 지 3시간 40분 만에 광저우 바이윈(白雲) 국제공항에 닿는다. 공항 이름을 닮아서인지 두꺼운 구름이 상공을 덮고 있어 항공기는 요동치며 착륙한다. 그러나 하기(下機) 허가를 해주어야 할 공항 직원이 도착하지 않아 계류장에 15분 동안 갇혀 있어야 했다. 중국에서는 얼마든지 있을 수 있는 일이다.

이곳은 환승 절차가 복잡하다. 국제선끼리의 환승은 별다른 절차 없이 게이트만 찾아가면 되는 것이 보통인데 이곳에서는 이민국 출입국에 준하는 절차를 거쳐야만 이동한다. 항공기 티켓 요금이 저렴한 중국 경유 항공기를 이용하려면 이 정도의 불편은 감수해야 하는가 보다.

중국남방항공 B-777의 이상한 좌석 배열 광저우공항 대합실에 가득 찬 중국 냄새와 광둥어의 요란한 억양이 오늘따라 무척 낯설다. 대기시간이 짧으니 천만다행이다. 드디어 두바이행 남방항공기에 오른다. 내가 탄 남방항공 B-777 여객기는 좌석배열이 특이하다. 3-4-3 좌석배열인 것이다. 보통 3-3-3인데 남방항공은 좌석 하나를 더 넣었다. 공간이 매우 좁은데 9시간(5,800킬로미터)의 먼 길이 심히 걱정된다.

이슬람 세계의 십자로 두바이　남방항공기는 중국 윈난성을 지나 미얀마를 건너 인도 북부지역을 관통한다. 인구가 많은 나라답게 창밖으로 도시의 수많은 불빛이 펼쳐진다. 파키스탄 상공을 지나 페르시아 만을 살짝 스치니 두바이다. 두바이공항에는 유럽, 아시아, 중동, 서남아시아 등 세계 각 지역으로 향하는 항공노선이 모두 모여 있다.

이븐 바투타를 생각하다　자국인 20%, 외국인 80%의 비율로 구성된 도시답게 두바이에서는 다양한 국적의 사람들을 만날 수 있다. 문명의 교차로인 셈이다. 700년 전 이븐 바투타(Ibn Battutah)가 여행했을 당시 아라비아 반도도 그랬을 것이다. 모로코 탕헤르 출신인 이븐 바투타는 마르코 폴로보다 50년 늦게 여행길에 올랐지만 3차례의 여행을 통해 마르코 폴로의 3배에 가까운 여정을 소화했다.

　이븐 바투타와 똑같은 루트로 탐사 후 여행기를 쓴 일본인 작가 야지마 히코이치는 이동의 제약으로 곳곳에서 애를 많이 먹었다고 기술한다. 글로벌 시대라고 하지만 정치, 이데올로기, 안보 등에 따른 제약으로 국가 간 이동이 자유롭지 않은 지역이 생각보다 많은가 보다. 이제 시작인 앞으로의 여정이 걱정된다.

2

두바이 → 아디스아바바 → 잔지바르

일차 **에티오피아항공 1** 동서양을 잇는 지리적 위치와 시간 차이로 대부분의 항공기 환승이 심야에 이루어지는 두바이공항 터미널의 새벽 2시는 대낮처럼 분주하다. 아디스아바바(Addis Ababa)행 에티오피아 항공기 게이트 앞. 아디스아바바에서 환승하면 웬만한 아프리카 지역 으로 다 연결되기 때문에 제3국행 승객들 또한 많다. 옆자리에 앉은 사람은 어디를 가는지 궁금해 물어보니 나이지리아 수도 아부자 (Abuja)로 간다고 한다.

중국항공기도 그랬지만 에티오피아항공기 또한 승객들의 수하물이 매우 많다. 선반이 꽉 차 내 가방은 의자 밑에 구겨 넣는다. 항공기는 만석이지만 기내는 차분하고 조용하다. 이 점은 중국항공기와 달라 다 행이다.

두바이공항에서 이륙한 지 3시간 후 아라비아 반도 남서쪽 끝에서 홍해를 만나더니 곧 아프리카 대륙 상공으로 진입한다. 홍해가 아덴만 과 만나면서 매우 좁아지는 지점이다. 아프리카 북동부 아비시니아 (Abyssinia) 고원의 메마르고 거친 광야가 한없이 펼쳐지더니 곧 아디 스아바바공항에 닿는다. 고원의 아침 공기가 서늘하다.

마침내 잔지바르 도착 아프리카 각 지역으로 환승이 이루어지는 시간 의 공항은 매우 분주하다. 탄자니아의 제1도시 다르에스살람을 경유 하는 잔지바르(Zanzibar)행 항공기에는 빈 좌석이 많다. 한국을 떠난 후 벌써 4번째 항공 구간이다. 27시간째 이동 중인데 다르에스살람까지는 1,700킬로미터로 2시간 20분 정도 더 이동하면 된다. 에티오피아와 케냐를 종단한 항공기는 적도를 건너 인도양 위를 지난다. 물이 맑아 하늘에서도 바다 속이 훤히 보인다. 항공기는 다르에스살람공항에 잠시 기착하여 일부 승객을 내려준 뒤 잔지바르를 향해 다시 이륙한다.

드디어 잔지바르공항이다. 서둘러 내리려 했으나 작은 해프닝이 벌어졌다. 무슨 연유인지 항공기 기장이 활주로에서 계류장으로 진입하는 도중 길을 잘못 들었다. 한참을 기다린 끝에 견인 트럭이 항공기를 원래 위치로 돌려놓는다. 족히 1시간을 항공기에 갇혀 있어야 했다. 드디어 '진짜' 아프리카에 도착했다. 참으로 긴 이동이었다.

한국 여권 소지자는 탄자니아 입국을 위해 미화 50달러(약 5만 5천 원)를 내면 도착비자를 즉석에서 받을 수 있다고 한다. 복잡한 비자신청 서류를 어렵사리 작성해 제출했으나 입국 관리자는 서류는 보지도 않고 50달러만 챙기고는 비자를 내준다.

탄자니아 소개 적도 바로 아래쪽에 위치한 탄자니아는 1964년 탕가니카(Tanganyika)와 잔지바르가 합중국이 되면서 탄생한 국가이다. 이에 앞서 탕가니카는 1961년 영국으로부터 독립했고, 잔지바르는 1963년 아랍의 통치로부터 벗어났다. 자연 및 인문 환경을 모두 합쳐 가장 아프리카다운 모습을 지닌 나라라고 평가되는 탄자니아에는 동물의 왕국 세렝게티(Serengeti) 국립공원과 화산 분화구로 유명한 응고롱고로(Ngorongoro) 국립공원이 있다.

또한 탄자니아에는 아프리카를 대표하는 산과 호수가 있는데, 높이 5,895미터로 만년설을 이고 있는 킬리만자로(Kilimanjaro), 우간다와 케냐 접경지역의 빅토리아(Victoria) 호, 콩고와 잠비아 국경지역의 탕가니카 호, 모잠비크와 말라위 국경의 니아사(Nyasa) 호 등이 그것이다. 그러나 모두 너무 멀리 있는 탓에 가볼 엄두는 내지 못한다. 예컨대 사파리 관광의 대명사인 세렝게티까지는 1천 킬로미터, 웅고롱고로 국립공원까지는 800킬로미터이다.

유네스코 세계문화유산 스톤타운　잔지바르공항에서 택시를 타고 잔지바르 중심 스톤타운(Stone Town)으로 이동한다. 숙소에 짐을 풀자마자 거리 탐방에 나선다. 오만 술탄 지배시절 번성했던 도시로 이슬람풍, 인도풍, 그리고 스와힐리풍이 혼합되어 묘한 분위기를 느끼게 하는 곳이다.

　잔지바르는 페르시아어로 잔지(검은)와 바르(해안)를 합친 검은 해안이라는 뜻이다. 2천 년 전 아프리카 내륙에서 반투족이 건너와 살던 이래, 기원전 7세기부터는 아라비아인들이 들어오기 시작해 마침내 1840년 오만 술탄 세이드 사이드(Seyyid Said)가 수도를 잔지바르로 옮겨 노예무역과 향신료 생산의 중심 기지로 키웠다.

　바다를 건너 인도에서도 많은 사람들이 들어왔다. 바로 이런 이유에서 스톤타운이 최근 유네스코 세계문화유산에 등재된 것이라고 한다.

축제로 들뜬 거리　시내로 나가는 길에 내일 출발하는 다르에스살람행 페리 티켓부터 구입했다. 해변에서는 어린이들이 다이빙 솜씨를 뽐내고 있고, 이 광경을 구경하는 사람들은 박수로 그들을 격려해준다. 시원한 바닷바람이 견디기 힘든 무더위를 조금이나마 식혀준다. 올드 타운 중심인 아랍요새와 국립박물관으로 쓰이고 있는 하우스 오브 원더스(House of Wonders) 주변은 영국식 공원처럼 예쁘게 가꾸어져 있어 사람들에게 휴식과 만남의 장소로 이용된다.

인도양의 석양 무렵　근처 고궁박물관(Palace Museum)에 들른다. 오만 술탄의 거처로 하얀 벽, 아라베스크 무늬가 오묘하게 새겨진 창, 아치형 문틀 등이 보는 이를 압도하지만 그것보다 더 멋진 것은 2층 발코니에서 바라보는 인도양 풍경이다. 갯내음에 실려 오는 인도양의 정취는 마침 서쪽 하늘에 드리워진 노을과 함께 이국적인 풍경을 선사한다. 가로등이 없는 도시는 해가 지면 금세 어두워진다. 항구에 정박 중인 대형 선박에서 새어나오는 불빛이 유일한 빛이다.

무더웠던 하루를 결산하려는 듯 날이 어두워지니 작은 벌레들이 열심히 나를 물어뜯는다. 반갑게도 숙소에서 인터넷 사용이 가능해 한국에 있는 가족들과 통화를 했다. 31시간 동안의 긴 이동, 6시간의 시차까지 겹치니 쏟아지는 잠을 이길 수 없다.

3

일차　잔지바르 → 다르에스살람

영화를 대체한 위성 TV　시차 때문에 여러 번 뒤척이다 코란 낭송 소리에 잠에서 깼다. 적도 아프리카에서 맞이하는 아침이다. 호텔 옥상에 올라 아직은 잠들어 있는 도시를 조망한다. 이곳에서는 위성 수신시설을 통해 전 세계 채널을 모두 볼 수 있다. 그래서인지 시내 한복판에 위치한 영화관은 현재 관공서 건물로 쓰이고 있다.

신경 쓸 것이 많은 아프리카 여행　아침 9시 반, 도시 탐방에 나선다. 아침부터 더운 것이 예사롭지 않다. 여기는 적도 부근이지만 엄연히 남반구이다. 따라서 연중 가장 더운 계절인 2월은 탄자니아와 케냐 해안 지방을 여행하기에는 적절치 않은 시기이지만 힘을 내기로 한다. 론리플래닛 등 수많은 여행 사이트에서 강도와 소매치기 등의 치안 문제를 경고해 긴장하며 다닌다.

　동아프리카에서 관광은 매우 중요한 산업이다. 탄자니아만 해도 관광산업은 50만 개의 일자리를 창출하고 국가의 중요한 외화 수입원 역할을 한다. 외국인 관광객들이 현지에서 강도를 만나는 등 위험한 일을 당하면 글로벌 미디어는 여지없이 그 사건을 대서특필하고, 해당 국가는 이미지 개선을 위해 관광객 보호에 힘쓰지만 일일이 감시할 수는 없는 노릇이니 늘 조심하는 것이 좋다. 더위만으로도 힘든데 주위 경계에도 신경 써야 한다니 ….

　달라달라(미니버스) 터미널을 지난다. 이곳의 소형버스는 대부분 낡은 일본산 차량이다. 버스 외관에는 '유치원 통학버스'라는 일본어가 적혀있다. 탄자니아는 일본과 마찬가지로 좌측통행이어서 일본 중고차가 인기다. 달라달라 터미널 맞은편에는 중앙시장이 있고 그 안으로는 미로의 스톤타운 구시가지가 펼쳐진다.

탄자니아 잔지바르 노예
거래장에 세워진 추념
조형물

오만 술탄이 시작한 노예무역　스톤타운 초입에 노예시장이 있다. 노예
시장이 섰던 바로 그 자리에는 인간의 죄악을 뉘우치는 듯 영국 성공회
(Anglican church)가 있다. 아프리카 서해안(대서양) 노예무역을 유럽
인들이 주도했다면, 아프리카 동해안(인도양) 노예무역은 아랍인들이
주도했다.

　1804~1856년까지 잔지바르를 통치했던 오만은 수도를 무스카트
(Muscat)에서 잔지바르로 옮겼다. 향신료 재배에 알맞은 기후 조건 때
문에 섬 곳곳에 향신료 농장을 만들었고 바로 여기에 인력을 공급하기
위해 노예무역을 시작한 것이다. 1806년부터 시작된 노예무역은 1873
년 잔지바르 술탄의 노예무역 금지 선포가 있기까지 67년간 이어졌고
매년 평균 1만 5천 명 정도가 거래되었다고 한다.

노예무역 폐지에 힘쓴 리빙스턴　이곳에 와서 새롭게 알게 된 것은 영
국의 탐험가이자 선교사인 리빙스턴(David Livingstone)이 아프리카

노예무역 폐지에 공헌했다는 사실이다. 그는 1857년 노예무역의 실상을 영국 정부, 그리고 옥스퍼드(Oxford)와 케임브리지(Cambridge) 대학에 알려 잔지바르 술탄의 노예무역 폐지에 영향을 미친 것이다. 빅토리아 폭포를 탐험하고 잠베지강, 나일강을 답사한 탐험가로 알려진 리빙스턴이 노예거래 문제를 국제 사회에 환기시킨 중요한 역할도 한 것이다.

노예 거래장에 남겨진 수용소(slave chamber)에 들어가니 어둠 속에 습기가 밀려와 숨이 막힌다. 무더위와 함께 그 참혹함은 오래도록 기억에 남을 것 같다.

가슴 저미는 노예시장　노예 거래장 자리에 들어선 성공회 내부에는 예수 고난 성화와 함께 아프리카의 기독교 복음 전파에 기여한 리빙스턴 기념 동판이 있고, 마당에는 세계평화 기원비와 노예추념 조형물이 있다. 사슬에 목이 묶인 채 땅에 몸이 반쯤 묻힌 조형물은 인류 역사의 쓰라린 한 토막을 보여준다.

교회 옆에는 유치원과 학교가 있는데, 마침 쉬는 시간인지 아이들이 쏟아져 나온다. 아이들은 'ㅇㅇ유치원'이라는 한국어가 적힌 가방을 메고 있어 눈길을 끈다. 우리가 한두 번 쓰다 버린 가방이 지구 반대편 이곳에 와 소중히 쓰이고 있는 것이다.

긴장 속의 종교 공존　노예시장을 나와 아랍 거리로 접어든다. 모스크 사이사이에 힌두교 사원, 성당, 그리고 교회가 번갈아 나타날 만큼 외양은 조화로워 보이지만 잔지바르 주민들은 대부분 이슬람교도들이라고 한다. 종교 간에는 보이지 않은 긴장감이 감돈다고 하는데 최근 일만 보아도 알 수 있다. 지난주에는 잔지바르 가톨릭 교구 주교가 살해되었고, 시내에 건축 중인 실로암 교회에는 괴한들이 침입하는 등 종교 간 갈등을 유발하는 일이 빈번히 발생한다고 한다.

아름다운 거리　길을 잃어도 상관없을 만큼 골목 구석구석에는 갤러리, 공방, 예쁜 카페가 많아 눈이 즐겁다. 아라비아식 건축물과 아라베스크 문양 대문의 집, 그 사이사이에는 그늘에 앉아 한낮의 더위를 피하는 잔지바르 사람들이 있다. 기억에 오랫동안 남을 풍경들이다. 거리에는 인도 사람, 모잠비크 사람, 아랍 사람, 그리고 스와힐리 아프리카 사람들까지 매우 다양한 인종들이 한데 모여 있다. 이 다양한 인종은 겹겹이 농축된 잔지바르의 역사를 말해주는 듯하다.

올드 타운을 나오니 푸른 인도양의 시원한 바람이 나를 반긴다. 눈을 감고 더위를 식히고 있는데 호객꾼들이 말을 건다. 앞 바다에 떠 있는 작은 프리즌 섬(Prison Island)에 가보지 않겠느냐는 것이다. 아라비아로 팔려 나가는 노예들을 임시로 가둬두었던 감옥이 있고, 100살 넘은 대형 거북도 볼 수 있는 산호섬이라고 나를 유혹하지만 오후에 예정된 다르에스살람행 페리 승선을 앞두고 있어 어쩔 수 없이 거절한다.

심한 뱃멀미　인도양의 멋진 풍경을 뒤로 하고 곧 출항하는 쾌속선 킬리만자로에 몸을 싣는다. 축제 기간이라 그런지 배는 이미 만석인데도 사람들을 더 태운다. 1년 전 바로 이 뱃길에서 배가 전복돼 수백 명이 수장되었는데도 승선정원에 대한 개념 없이 사람들을 마구 태운다. 배는 물살을 가르며 빠르게 달린다. 2시간이 소요되는 항해이다.

어제는 비행기를 타고 눈 깜짝할 사이에 건너온 바다이지만 뱃길은 멀고도 험하다. 갑판으로 나가 바람을 쐬려는데 멀미가 난다. 파도가 거세기도 하지만 긴 여행의 피로와 긴장이 겹쳐 뱃멀미가 심하게 오는 듯하다. 다르에스살람에 내릴 즈음에는 온몸이 식은땀으로 젖어 있었다. 여행은 젊어서 하라는 말이 맞는가 보다. 인도양 72킬로미터의 뱃길은 만만한 거리가 아니었다.

악전고투 끝에 다르에스살람에 도착하여 육지를 밟으니 그나마 살 것 같다. 그러나 여전히 울렁거리는 속을 달래기 위해 그늘진 곳에 멍하니 앉아 쉬고 있으니 현지인 여성 몇이 다가와 걱정스런 눈으로 쳐다본다. 인정 많은 사람들이다.

재주 많은 소말리아인 호텔 주인　내가 머무는 쥬바 호텔(Juba Hotel)은 식당도 운영해 편리하다. 끼니마다 식당을 찾아다니며 무얼 먹을지 고민하는 데 시간을 보내지 않아도 되니 참 좋다. 호텔은 평범한데 호텔 주인 술레이만(Suleiman)이 평범하지 않다. 소말리아 이민자 출신으로 호텔과 식당을 소유하고 있으니 나름대로 성공한 이민자다.

그는 소말리어는 물론이고 영어 또한 유창하다. 스와힐리어, 힌두어, 그리고 아랍어도 할 줄 안다고 하니 놀라울 따름이다. 정치, 경제 하물며 세계사에도 해박해 대화 도중 그의 말을 따라가지 못할 정도이다. 인도 뭄바이에서 대학을 다녔고 회계학을 전공했다고 하니 셈도 빠를 것이다. 이처럼 그와 많은 대화를 나누면서 소말리아인들은 오랜 내전으로 아무 것도 남지 않은, 홍해 아덴만에서 해적질이나 일삼는 사람들이라는 나의 선입견을 버리게 되었다.

4 다르에스살람

일차 **동아프리카의 상대적 이점** 스와힐리 해안(Swahili Coast)이라
고도 불리는 동아프리카 인도양을 이틀에 걸쳐 열심히 관광한다. 1인
당 소득이라고 해봤자 에티오피아 410달러, 탄자니아 609달러, 그나
마 낫다는 케냐도 862달러 수준이지만(2012, World Bank) 동아프리카
는 다른 아프리카 지역보다 발전 가능성이 높은 곳이다.

  우선 나날이 성장하는 아시아(특히 인도, 중국)와 가깝고 언어 소통
이 자유로운데다 탄자니아(4,500만 명), 케냐(4,400만 명), 에티오피
아(8,700만 명)(2012년 기준) 모두 인구가 많다는 강점을 가지고 있기
때문이다. 그리고 아프리카의 다른 지역(특히 서아프리카)에 비해 정치
적으로 안정적이라는 점도 한몫 한다(탄자니아와 같은 나라는 국가성립
이후 단 한 번도 내전을 겪지 않았다).

개발로 분주한 다르에스살람 다르에스살람은 탄자니아의 경제·문
화 중심지이자 동아프리카 인도양의 중요한 항구로서 중앙아프리카의
여러 내륙국들에게는 없어서는 안 될 해양 출구이다. 1996년 지리적
중심에 해당하는 도도마(Dodoma)로 일부 정부기관과 의회를 옮기기
전까지는 탄자니아 정치의 중심, 즉 수도이기도 했다.

  다르에스살람 시내도 어김없이 개발이 한창이다. 곳곳에 온갖 종류

의 건물이 신축 중이다. 도시 곳곳이 공사판인 것은 중국과 비슷하다. 그만큼 경제가 역동적으로 움직인다고 볼 수 있다. 이질성을 극복하여 다양성으로 승화시키고 역사의 아픔과 질곡을 국가 정신으로 바꾸면서 아프리카는 빠른 속도로 성장하고 있다.

한국이 기증한 '작은 도서관'　　오늘의 첫 탐방 목적지는 국립박물관이다. 국립박물관에 가기 전 내일 출발하는 케냐 몸바사(Mombasa) 행 버스 티켓을 구입한다. 뭐든지 미리미리 준비해야 직성이 풀리는 나의 성격은 아마도 병인 듯싶다. VIP 단독 좌석이라고 하기에 편히 가려고 3만 5천 실링(약 2만 4천 원)을 지불해 구매한다.

　이제 국립박물관으로 이동한다. 도시 중심가를 살짝 벗어난 지점에 위치해 있는데, 그곳까지 가는 대중교통이 없어 택시를 이용한다. 관청, 금융가, 그리고 각국 대사관들이 몰려 있는 우아한 거리가 끝나는

작은 도서관

지점쯤에 있다. 박물관 입구에는 '작은 도서관'이라는 한국어가 쓰여있다. 태극기 또한 걸려 있으니 무척 반갑다. 어찌된 영문인지 물어보니 한국의 문화체육관광부가 이 도서관에 도서, 사무용 가구, IT 시설 등을 기증했다고 한다.

소박한 국립박물관　1940년에 건립된 국립박물관의 시설은 너무나도 소박하다. 생물학, 인류학 전시관을 지나니 동아프리카 동굴예술 전시실과 아프리카 인류 기원 전시실이 있다. 박물관 마당에는 1998년 8월 7일 미국 대사관 및 다르에스살람 시내 여러 지역에서 일어난 연쇄 폭발로 인해 사망한 사람들을 위한 위령 조형물이 있다.

당시 미국 대사관 폭발로 12명 사망, 77명 부상했고, 시내 각 지역 연쇄 폭발로는 219명 사망, 5천 명이 부상했다. 이 테러 사건을 계기로 오사마 빈 라덴(Osama Bin Laden)의 존재가 세상에 알려졌다.

잠시 존재했던 독일 동아프리카　탄자니아 역사전시관에는 리빙스턴의 노예반대운동 기록이 상세히 정리되어 있고, 19세기 말부터 제1차 세계대전 시까지 이 지역에 존재했던 독일령 동아프리카(German East Africa)에 관한 기록도 있어 꼼꼼히 보았다. 박물관에 유익한 자료들이 꽤 많았지만 더위를 견디지 못하고 서둘러 나왔다. 그 정도의 더위다. 한 걸음, 한 걸음 발을 뗄 때마다 땀방울이 떨어지는 것 같다.

신문을 탐독하는 시민들　시내 중심의 포스타(Posta) 지역으로 향한다. 중앙우체국이 있어서 포스타라고 불린다. 해변 공원의 나무그늘에서 더위를 피하는 중년들 틈에 끼여 커피를 마신다. 시민들은 두꺼운 신문 하나씩 들고 있다. 신문이 사양 매체인 선진국과 달리 이 나라에서는 신문을 읽는 것이 하루의 중요한 일상이라고 한다.

비록 몸은 인류 문명의 중심에서 멀리 떨어진 변방에 있지만, 인류에 대한 관심과 지성만큼은 문명 중심에 있는 사람들 못지않은 것이다. 진정한 지구촌의 모습이라고 생각한다. 또한 이는 아프리카의 밝은 미래의 원동력이 되지 않을까 예상한다.

5

일차 다르에스살람 → 케냐 몸바사

눅눅한 아침이다. 새벽 6시에 호텔을 나와 케냐 몸바사행 국제버스 승차장으로 향한다. 어제 VIP 좌석을 예약했으나 해당 버스의 고장으로 일반 좌석표로 교체해주며 차액을 돌려준다. 승객들이 하나둘 모인다. 육로 이동의 경우 국경 도착비자 발급이 가능한지 알 수 없어 서울에서 미리 비자를 받아두었더니 안심이다.

다르에스살람 출근길 풍경 타흐미드(Tahmeed) 버스는 새벽 6시 45분 정시에 출발한다. 케냐에서 제작한 이 대형버스는 디젤 엔진의 굉음을 내며 길을 재촉한다. 도시 외곽은 벌써부터 자동차들로 가득 메워져 있다. 사람들이 일터로 향하는 아침 풍경은 세계 여느 도시나 다를 게 없다. 버스 기사는 이리 저리 차선을 바꾸며 교통 체증을 헤쳐 나간다. 교차로마다 갇혔다 하면 30분이다. 나만 안절부절이다. 이곳 사

몸바사행 국제버스의 위용

람들은 그러한 교통체증을 웃음으로 넘긴다.

볼 것 많은 탄자니아 버스 여행　에어컨도 없이 창문을 통해 들어오는 열풍으로 겨우 호흡하며 황량한 벌판을 달린다. 그나마 이 상황을 버티게 하는 것은 창밖으로 펼쳐지는 대륙의 농촌, 어촌, 산촌의 풍경이다. 동아프리카 해안 지역은 다양한 기후대가 나타난다. 다르에스살람, 잔지바르, 그리고 오늘의 목적지인 몸바사 같은 해안 저지대는 적도의 태양이 작열하는 열대우림 기후이지만 내륙으로 가면 스텝 지대의 반 건조 기후, 좀더 들어가면 건조 기후가 나타난다. 케냐 수도 나이로비는 적도에 위치하지만 해발 1,700미터 고원에 자리하고 있어 쾌적한 기후이다.

메마른 2월의 대지　버스는 다양한 기후대가 선사하는 여러 풍광을 지나치며 달린다. 간간이 비포장도로도 만난다. 벌써 몇 달째 지속되고 있는 건기를 버티느라 2월의 대지는 바짝 메말랐다. 바로 이 건기를 피해 물과 먹을 것이 있는 곳으로 이동하는 야생동물들의 대장정이 큰 볼거리 아닌가? 해마다 건기가 오면 여기보다 내륙, 더 건조한 열대 사바나(savanna) 초원에서는 1,200만 마리의 야생 동물들이 탄자니아 세렝게티에서 케냐 마사이마라(Masai Mara)까지 총 2,900킬로미터의 거리를 이동하는 세계의 최대 볼거리가 연출된다. 그 과정에서 수십, 수백만 마리의 동물들이 굶어죽거나 먹이 사슬에 의해 희생되는 등 장엄한 생존경쟁의 모습이 펼쳐진다. 직접 보지는 못했지만 내셔널지오그래픽 채널을 통해 무수히 보았던 장면이기에 창밖을 바라보며 그 광경을 상상해본다.

메마른 반사막, 푸른 초원, 그리고 무성한 열대림까지 풍경이 바뀌기를 여러 번, 크고 작은 마을들을 수없이 지난다. 출발 6시간 후 항구도시 탕가(Tanga)에 도착했다. 내륙구릉지대를 지날 때는 몰랐으나 해안 저지대로 내려오니 날씨가 푹푹 찐다. 승객이 많이 내리고 그 승객 수만큼 화물도 빠진다. 환전상들이 몰려들어 저마다 좋은 교환율로 사람들을 유혹한다. 국경이 멀지 않았다는 뜻이다.

버스기사는 승객들에게 점심 식사를 할 시간도 충분히 주지 않고 길을 재촉한다. 아직 갈 길이 멀었나 보다.

엄중히 지켜지는 국경　탕가에서 2시간정도 더 달리니 국경이다. 탄자니아 출경, 케냐 입경 절차를 차례로 거친다. 황량한 열대 사막 아무 곳에나 금을 긋고 국경이라고 한 듯하다. 절차는 성가시지만 국경은 국경인지라 꼼꼼한 여권 검사가 이루어진다. 내가 보기에 변한 것은 아무 것도 없는데 국경을 지나 나라가 바뀌었다고 한다. 사실 아프리카 대부분의 지역에서 국경의 의미는 모호하다. 호수나 산맥 등 일부 자연적 경계를 제외하고는 과거 식민통치 시절 유럽인들이 자신들의 편의에 따라 그어 놓은 지도상의 선이라는 의미 외에는 특별한 의미가 없는데도 그 국경선을 지키고 있는 모습이 신기할 따름이다.

영어 vs 스와힐리어   버스 옆자리에 앉은 인도계 케냐 여성이 내게 이런저런 정보를 살뜰히 알려준다. 영어를 유창하게 하기에 어디서 배운 것이냐고 물으니 케냐에서는 학교 수업을 영어로 진행하므로 잘할 수밖에 없다고 한다. 케냐와는 달리 탄자니아의 학교에서는 스와힐리어로 수업을 진행한다고 한다. 지역마다 방언이 따로 있지만 동아프리카 지역에서 널리 통용되는 언어는 스와힐리어라고 한다. 스와힐리어는 토착어에 아랍어, 포르투갈어, 영어, 인도어까지 섞인 융합언어라고 하는데 언어만으로도 이 지역의 복잡한 문명 교류 역사를 보여주는 것 같아 신기하다.

드디어 몸바사가 눈앞에 보인다. 몸바사는 남과 북으로 바다를 안은 반도의 지형이기에 페리를 통해 아주 짧은 해협을 건너야만 들어갈 수 있다. 푸른 바다를 보며 시원한 바닷바람을 맞으니 피로가 풀리는 듯하다.

인도를 닮은 케냐 몸바사   몸바사의 좁은 땅에 사람, 차량, 툭툭(Tuk Tuk, 오토릭샤)까지 한데 섞여 있는 광경을 보니 인도 어디쯤에 와있는 것 같다. 몸바사 터미널에 도착하자마자 이틀 후 나이로비행 버스표를

구입한다. 작열했던 적도 태양이 꺼진 몸바사 저녁 무렵 풍경은 고즈
넉하다.

6 몸바사

일차 **외세의 각축장 스와힐리 해안**   케냐 면적은 남한의 6배이며,
인구는 4,400만 명, 1인당 GDP는 862달러로 아프리카에서 경제 규모
가 가장 큰 국가 중 하나이다. 몸바사는 나이로비에서 동남쪽으로 480
킬로미터 떨어진 인도양 해안에 위치한 항구 도시로, 1888년 대영제국
동아프리카회사(Imperial British East Africa Company) 설립에 이어
1895년 영국 보호령이 되었고, 1920년 식민지가 되었다가 1963년 독
립했다.

　그러나 영국보다 훨씬 먼저 이 지역에 발을 디딘 외부 세력이 있었는
데, 바로 아랍 상인들이다. 이미 1세기경부터 아라비아 반도의 세력이
건너오기 시작했고 8세기에는 아랍과 페르시아의 식민지와 정착지를
건설했을 정도로 교류가 많았다. 아랍을 통해 이슬람교와 아랍어가 들
어오면서 이른바 반투 스와힐리(Bantu Swahili) 언어와 문화가 정착하
게 된 것이다. 그중에서도 몸바사는 페르시아, 아랍, 그리고 인도와의
교역 중심지로서 아랍 세력의 도시국가로 성장했으니 오늘날 그 흔적
을 곳곳에서 볼 수 있다.

동아프리카와 인도   동아프리카와 인도는 생각보다 긴밀한 역사적 관

계를 가지고 있다. 인도가 동아프리카의 문화, 종교, 언어에 끼친 영향은 말할 것도 없거니와 동아프리카의 독립과 민족주의에도 영향을 주었다. 마하트마 간디는 남아프리카공화국 아파르트헤이트 철폐의 철학적 뒷받침을 제공했는가 하면 자와할랄 네루는 1960년대 동서냉전 시대에 비동맹운동을 펼치며 제3세계의 자존심을 세웠다. 인도양을 사이에 두고 마주보고 있는 동아프리카와 인도는 세계경제 위기를 무색하게 할 정도로 빠르게 성장하였다.

유럽인들의 케냐 진출 1869년 수에즈 운하 개통 이후 동아프리카로의 유럽인 진출은 더욱 활발해졌다. 영국인들을 비롯하여 많은 유럽인들이 케냐로 진출하여 커피와 차를 재배했고 그 결과 1930년대에는 케냐 정착 백인 인구가 3만 명에 이르렀다. 덴마크 여류작가 카렌 블릭센(Karen Blixen)의 소설을 기초로 한 영화 〈아웃 오브 아프리카〉(*Out of Africa*)는 바로 이 시기의 케냐를 배경으로 한다. 영화 속 서정적인 분위기와 달리 그 이면에는 유럽인들의 케냐 찬탈이란 슬픈 역사가 숨어 있어 영화를 보는 내내 마음이 먹먹했던 기억이 난다.

엘리자베스 여왕에 대한 일화 케냐와 영국 여왕 엘리자베스 2세에 관한 일화를 소개한다. 1952년 공주였던 엘리자베스는 휴가차 케냐에 들러 우듬지 호텔(Treetops Hotel)에 머무르던 중 아버지 조지 4세의 부음을 접한다. 이후 엘리자베스는 1953년 왕위에 오른다. 사람들은 이를 가리켜 공주라는 신분으로 아프리카 '나무 위'(Tree Top)에 있다가 여왕이 되어 내려왔다고 농담 삼아 이야기하곤 한다.

몸바사 올드포트 골목

2007년 선거 폭동 도시 탐방에 나선다. 마주치는 사람들마다 반갑
게 인사를 건넨다. 포트 지저스(Fort Jesus)로 향한다. 도착하니 충격
적인 사진전이 열리고 있다. 2007년 12월 나이로비에서 대통령 선거
및 총선 전후로 부정 선거와 관련하여 폭동이 일어났는데 이와 관련된
사진들이 전시된 것이다. 곧 치러질 대통령 선거에 대비해 시민들에게
폭동의 참혹성을 일깨우기 위함인 듯하다. 그들이 무사히 대통령 선거
를 치르기를 기원한다.

주인이 여러 번 바뀐 포트 지저스 유네스코 지정 세계문화유산인 포
트 지저스의 원래 명칭은 '몸바사의 포트 지저스'(Fort Jesus of
Mombasa)로, 1593년 선단을 이끌고 이곳에 도착한 포르투갈 탐험가
바르보사(Duarte Barbosa)가 인도 뱃길의 안전성을 확보하고 동아프
리카에 영향력을 행사하기 위해 건설했다고 한다. 남아프리카 희망봉
을 돌아 인도로 가는 뱃길에서 스와힐리 해안이 얼마나 중요한 중간 기

착지였는지 확인할 수 있다.

풍광명미한 인도양 인도양이 깊숙이 파고든 곳에 위치한 천혜의 항구가 있었으니 이곳을 전진기지로 삼아 아프리카 내륙으로 진출하려는 서구 세력과 아랍 세력의 각축이 있었음은 당연하다. 아랍식 망루와 수많은 방으로 설계된 이곳은 오만 통치 시절 형무소로 사용되기도 했다. 왼쪽으로는 몸바사 올드 타운, 오른쪽으로는 인도양이 보이는 풍광은 지금까지 내가 방문한 요새 중에서 가장 멋진 위치에 있는 것 같다. 성벽에 드문드문 뚫어 놓은 포안(砲眼)을 통해 불어오는 바닷바람은 천연 에어컨이다. 성곽 위에서 인도양의 장엄한 풍경을 한없이 바라본다.

몸바사 올드 포트의 단상 포트 지저스를 나와 올드 포트(Old Port)로 향한다. 잔지바르의 분위기와 비슷하지만 그곳에서는 느끼지 못한 고즈넉함이 있다. 항구 앞 모스크의 하얀 탑이 이 고장의 역사의 풍상을 말해주는 것 같다. 인부들이 저 아래 정박해놓은 화물선에서 무언가를 꺼내 연이어 창고로 옮긴다. 이 더위에 경사진 길을 오르며 물건을 나르는 모습이 애처롭다.

이곳에도 노예시장이 있었다고 한다. 아랍인들은 향신료 재배와 노예무역으로 도시를 번성하게 했다고 자랑스러워 할지 모르나 케냐 사람들에게는 가슴 저미는 역사일 것이다. 도시의 규모가 작아 탐방은 곧 끝나지만 더운 날씨로 심신이 금방 지치니 큰일이다.

몸바사에 펼쳐진 지구촌의 모습 현지시각 밤 8시, 선거 유세 차량이 하루 종일 거리를 오간다. AU(아프리카 연합)에서 선거감시단을 파견해 공정선거를 도울 것이라고 하니 2007년의 비극은 되풀이되지 않을 것 같다.

내가 머물고 있는 몸바사 팜 트리 호텔(Mombasa Palm Tree Hotel)은 외국인 여행자들이 많이 머무는 국제적인 장소이다. 옆방 젊은이 맥스(Max)는 스웨덴 저널리스트로, 동아프리카 해적을 취재하러 왔다고 한다. 두 방 건너에 있는 끌레망(Clement)은 콩고민주공화국 사람으로 사업 아이템을 찾기 위해 여행 중이라고 한다. 아프리카 대륙 동쪽에 붙어 있는 항구 도시에 제각각 목적과 사연을 가지고 모인 것이다.

7
몸바사 → 케냐 나이로비

일차 **내륙 국가들의 해양 출구, 몸바사 항구** 현지시각 오전 10시, 나이로비행 모던 코스트(Modern Coast) 버스가 출발한다. 몸바사-나이로비의 480킬로미터 구간은 이 회사 말고도 여러 회사에서 버스를 운행하지만 나는 에어컨이 가동되는 최신식 스카니아(Scania) 버스를 이용하려고 모던 코스트를 선택했다.

몸바사 항구 지역은 북쪽 멀리까지 이어지기에 그곳을 드나드는 대형트럭들로 인해 좁은 도로는 몸살을 앓는다. 그러나 이곳에서 수단, 우간다, 루안다, 콩고 등 내륙 국가들로 생필품과 자재 등을 공급하기에 불평할 수는 없다. 다르에스살람에도 항구가 있지만 그곳에서 아프리카 내륙까지는 거리가 너무 멀고 도로 사정도 나쁘기 때문에 몸바사 항구는 더욱 분주하다.

해안에서 내륙 초원으로 도시를 빠져나오니 광활한 사바나 초원이 펼쳐진다. 내륙으로 들어갈수록 건조 기후로 바뀌며 마을은 거의 찾아볼수 없다. 도로 양옆은 야생동물 보호구역이자 국립공원이다. 여기서조금 더 들어가면 이른바 빅(Big) 5, 즉 사자, 표범, 코끼리, 버필로, 코뿔소가 뛰노는 곳이 나온다. 빅 5는 보지 못했지만 버스 이동 중 낙타, 얼룩말 정도의 동물은 수없이 본다. 문명의 흔적은 벌판을 가로지르는 송전선뿐이다.

버스는 잠시 휴게소에 들른다. 버스에서 내리니 열기가 대단하다. 버스 에어컨 덕분에 뜨거운 사막을 지나고 있음을 잊은 것이다. 대지가 타들어갈 것만 같은 열기다. 버스 기사는 서둘러 다시 출발한다. 허름한 모텔, 식당, 교회, 차량 사이를 누비며 과일을 파는 여인들 …. 참으로 아프리카다운 풍경이다. 동아프리카는 내륙으로 들어갈수록 더욱 토착적인 분위기를 풍기고 사람들의 피부색 또한 더욱 짙어진다.

나이로비 버스터미널의 긴장 긴 언덕을 오르니 고원이다. 그 너머로 나이로비가 보인다. 인구 300~400만을 헤아리는 나이로비는 1905년 영국 보호령 시절을 시작으로 케냐의 수도로서 정치, 경제, 문화의 중심지이다. 드디어 나이로비 외곽이다. 아파트, 주택 건설이 한창이고 곳곳에는 공장들이 많아 공업단지를 이루고 있다. 동아프리카 중심이라는 지정학적 장점을 완벽히 누리고 있는 셈이다. 스카니아 버스는 퇴근 차량 사이에 끼어 겨우 나이로비 터미널에 도착했다.

늦은 밤, 호텔을 찾아가야 한다. 나이로비의 불량한 치안에 대한 경고를 수없이 들었던 터라 머리털이 쭈뼛쭈뼛 선다. 점잖게 차려 입은 중년 신사를 붙들고 길을 물으니 손수 택시를 잡아 요금까지 흥정해준다. 호텔에 무사히 도착해 늦은 저녁 식사까지 챙겨 먹으니 비로소 안심이다. 뜨거웠던 한낮의 태양은 사라지고 밤이 오니 공기가 선선하다. 지난 1주일 동안 동아프리카 해안 저지대의 무더위와 씨름하며 지내다가 시원한 곳에 오니 천국이 따로 없다.

8
일차 케냐 나이로비 → 에티오피아 아디스아바바

호텔 지배인의 조언 저녁 6시 에티오피아행 항공기에 몸을 싣기 전까지 나이로비 도심을 탐방한다. 사실 이번 여행에서 나이로비는 항공기 이용을 위해 잠시 들른 것이기에 특별한 일정은 없다. 숙소를 나오니 아침 공기는 선선하다 못해 쌀쌀하다.

먼저 국립박물관으로 향한다. 숙소에서 가까운데다 상대적으로 안전한 지역이라고는 하지만 가야할지 고민이다. 호텔 지배인의 조언대로 여권과 지갑은 호텔에 맡기고 길을 나선다. 박물관 입장료 정도의 금액만 챙기고 걸어서 가기로 한다. 호텔 지배인이 길을 상세히 알려준 덕분에 박물관을 쉽게 찾았다. 개관한 지 102년 가까이 된 곳으로 갤러리로 시작하여 케냐 역사전시관으로 이어진다. 박물관 전시물의 주 내용은 아프리카 대륙의 각 방향에서 인구 이동이 이루어진 결과 오

나이로비 국립박물관

늘날 아프리카 대륙에 다양한 인종과 언어가 형성되었다는 것이다. 역사 전시관에서는 아랍, 중국 등과의 오랜 교류와 오만 지배하의 모습과 오만이 물러나고 19세기 후반부터 영국, 독일 등 유럽 세력이 동아프리카를 분할 점령하며 각축을 벌였던 역사를 소개한다. 그 다음은 자연사 및 인류학전시관이다. 조류와 포유류의 컬렉션이 대단하다. 치안이 매우 취약하다는 나이로비 거리를 상당히 걸어야 한다는 부담이 있었지만 의미 있게 관람하고 무사히 숙소로 돌아오니 뿌듯하다.

나이로비대학 중앙경찰서를 지나니 나이로비대학이 보인다. 토요일인데도 강의가 열려 캠퍼스에는 활기가 넘친다. 대학 곳곳에 남아있는 간디의 존재를 확인한다. 중앙도서관의 이름은 마하트마 간디 도서관으로, 중앙 건물에는 간디동(Ghandi wing)이라는 이름의 건물도 있다.

터무니없는 택시 요금 공항으로 갈 채비를 한다. 공항까지 어떻게 가야할지 고민이다. 택시를 이용하는 것이 좋겠지만 나이로비의 택시 요금은 터무니없이 비싸 썩 내키지 않는다. 다행히 우간다 젊은이가 비슷한 시각에 공항으로 간다고 하기에 요금을 반반씩 부담하기로 하고 택시에 몸을 싣는다. 예상대로 심각한 교통체증을 뚫고 공항에 도착했다. 나이로비의 조모케냐타 국제공항(Jomo Kenyatta International Airport) 은 아프리카의 동쪽 관문답게 유럽, 중동, 아시아 등은 물론 아프리카 대륙의 동서남북 방향으로 항공기를 운행한다.

나이로비에서 하루밤에 머물지 않았지만 관광이 국가의 주요산업이자 수입원이 되어야 하는 나라에서 치안문제와 교통체증 등의 불량한 인프라로 인해 충분한 산업 경쟁력을 만들어내지 못하는 듯해 안타깝다. 나이로비공항을 이륙한 항공기는 약 2시간 동안 불빛이라고는 전혀 찾아볼 수 없는 황량한 광야를 건넌다.

드디어 아디스아바바공항이다. 20달러(약 2만 2천 원)에 도착비자를 발급받는다. 케냐, 탄자니아 도착비자 요금이 50달러(약 5만 5천 원)인 것에 비하면 참 합리적인 가격이다. 비자 수수료까지 악착같이 챙길 만큼 가난하지 않다는 자존심의 표현이라고 생각된다. 공항 밖으로 나가니 예약한 게스트하우스에서 약속대로 차량을 보내왔다.

완전히 어두워진 아디스아바바 외곽, 시내로 들어가는 길은 가로등 불빛 하나 없는 암흑 세상이다.

9 아디스아바바

일차 아프리카의 뿔   에티오피아는 에리트레아(Eritrea), 소말리아 (Somalia), 지부티(Djibouti)가 있는 아프리카 북동부의 '아프리카의 뿔'(Horn of Africa)에 위치한다. 1993년 에리트레아가 분리 독립한 이후 에티오피아는 홍 해로 나가는 출구를 잃고 졸지에 내륙국이 되었다. 에티오피아 전역에 걸쳐 유네스코가 지정한 세계문화유산이 9곳이나 있다고 하니 이 나라의 장구한 역사와 문화의 깊이를 짐작할 수 있다.

에티오피아의 수도 아디스아바바의 해발고도는 평균 2,355미터로, 볼리비아 라파스(해발 3,800미터), 에콰도르 키토(해발 2,800미터)에 이어 3번째로 높은 곳에 위치한 수도이다. 한낮에는 25도를 웃돌기도 하지만 밤에는 5도까지 내려가는 곳으로, 연교차보다 일교차가 훨씬 큰 전형적인 고산 기후지역이다.

자랑스러운 역사   1974년 쿠데타로 끝난 에티오피아의 군주제 역사는 기원전 8세기에 시작되었다. 1세기경 현재 에티오피아 북부, 에리트레아, 아라비아 반도, 그리고 예멘까지 통치했던 악숨(Axum) 왕국은 당시 세계에서 가장 강한 국가들 중 하나였다.

15세기 들어 에티오피아는 악숨 왕조 이후 처음으로 유럽 지역과 접촉을 시작해 영국 및 스페인의 아라곤 왕조와 사신을 교환하기도 했고 16세기 초에는 포르투갈과 정식 외교관계를 맺으며 오스만 제국에 대항했다. 17세기 초반에는 왕실을 중심으로 가톨릭으로 개종하기도 했으나 곧 에티오피아 정교를 회복했다. 1855년 테오드로스 시대에 이르러 황제가 등장해 강한 통치력을 구축하지만 북쪽 이민족의 반란과 오스만 제국 및 홍해 지역에서의 이집트와의 마찰을 겪고, 1868년 영국 원정대와의 전쟁에서 패배하면서 막을 내린다.

이후에도 19세기 후반 오스만·이집트 연합군을 비롯하여 유럽 세력 등이 끊임없이 침략해왔지만 매번 외침 세력들을 격퇴한 주권 수호의 자랑스러운 역사를 가지고 있다. 19세기 말~20세기 초 메넬리크(Menelik) 황제 시대에는 더욱 강력해진 통치력을 통해 에티오피아의 국경을 현재 모습으로 갖추게 되었고 도로, 전기, 교육, 조세 등 근대적 제도의 도입과 함께 아디스아바바에 수도를 건설하였다.

숙적 이탈리아　이탈리아와의 관계는 조금 복잡하다. 이탈리아는 1889년 에티오피아와 조약을 맺어 에리트레아 북부 좁은 지역을 관할하는 대신 에티오피아의 주권에 간섭하지 않기로 한다. 그러나 이탈리아는 조약 서명과 발효 사이의 짧은 기간을 틈타 영토 침략 전쟁을 일으키지만 결국 패배한다. 그리고 제2차 세계대전 중 에티오피아-영국 연합군과의 전쟁에서 패한 후 영원히 에티오피아를 떠나게 된다. 이탈리아는 점령 당시 에티오피아에서 반출한 거대한 오벨리스크를 2005년이 되어서야 돌려주었는데, 당시 반환 과정에서 발생한 운송비용을 모두 이탈리아가 부담하는 등 두 나라 관계 정상화에 성의를 보였다.

하일레 셀라시에　당시 이탈리아의 점령 문제를 국제사회 및 국제연맹(League of Nations)에 제소하는 등 독립운동을 벌인 하일레 셀라시에 황제는 국민 영웅이 된다. 그러나 그가 합병한 에리트레아가 반발

적색 테러로 인해
희생된 사람들을 추모하기 위해 건립된 박물관

을 일으켜 1993년 자주독립하기에 이른다. 하일레 셀라시에 황제는 1963년 아프리카 통일기구(OAU, Organization of African Unity) 창립을 주도하는 등 아프리카에서뿐만 아니라 세계무대에서도 영향력을 행사하는 통치자였다. 그러나 그의 통치는 에너지 위기와 식량 부족 등으로 위기를 맞았고, 1974년 구소련이 지원한 에티오피아 군인 멩기스투(Mengistu) 반군의 쿠데타로 권좌에서 축출된다.

적색 테러 vs 백색 테러　이렇게 들어선 공산주의 체제인 에티오피아 인민민주주의공화국은 공산국가들의 지원으로 유지되었지만, 반 공산 세력의 강렬한 저항과 전 세계적으로 퍼진 공산체제 붕괴 흐름에 따라 1990년 무너졌다. 공산체제 동안 이루어진 공포 정치(Red Terror)와 그에 대항했던 반 공산세력들(White Terror)의 저항운동은 수백만 명의 인명 희생과 함께 에티오피아를 세계 최빈국 중 하나로 전락시켰다.

17년간 이어진 이념 충돌과 내전은 심각한 가뭄, 기근, 그리고 삼림 파괴까지 맞닥뜨려 에티오피아를 참혹한 나락으로 떨어뜨리고 만다. 소모적인 이념 논쟁과 갈등은 품격과 주권을 유지하며 수천 년간 지켜왔던 나라를 가난과 절망의 땅으로 바꾸었다. 에리트레아와의 갈등 또한 갈 길이 바쁜 에티오피아의 발목을 붙잡았다. 1998년 국경 충돌로 시작한 두 나라의 전쟁은 2000년까지 지속되면서 국가 경제를 더욱 어렵게 만들었다. 현재 에티오피아는 다시 발동을 걸어 빠르게 성장하는 등 경제 회복의 길로 들어서고 있으니 정말 다행스런 일이다.

아프리카의 물 창고, 그러나…　농업 국가이면서도 농업 생산력이 취약한 국가 아프리카. 국토 황폐화, 물 부족, 광범위한 절대 빈곤층 등의 문제는 에티오피아뿐 아니라 아프리카 대부분의 국가들이 안고 있는 고질적인 문제이다. 특히 에티오피아의 경우, '아프리카의 물 창고'라고 불릴 정도로 지표면에 수자원이 풍부함에도 불구하고 관개 시설이 미비해 물 부족 현상이 초래되는 것이라고 하니 무척 안타깝다.

에티오피아 사람들　거주인구 8,800만 명, 에티오피아는 어려운 정치 상황과 경제 여건 속에서도 연 2.5%의 인구성장을 이어가고 있다. 2060년에는 2억 1천만 명이 될 것으로 추산되는 인구는 어마어마한 성장력이다. 인구 구성 또한 매우 다양하다. 사용되는 언어를 기준으로 분류한다면 암하라(Amharic)어 사용자 26%, 오로모(Oromo)어 사용자 35%, 티그라이(Tigray)어 사용자 7% 등 80여 개의 언어를 사용하는 종족들이 에티오피아에서 살고 있다.

에티오피아 유대인   한때는 소수민족으로서 유대인도 10만 명가량 있었다고 한다. 주로 에티오피아 북서 지역에 거주한 그들은 기원전 6세기 유대왕국 멸망 이후 이스라엘에서 이집트 알렉산드리아로 이주해 살다가 기원전 31년 클레오파트라의 악티움 해전 패전과 사망 이후 에티오피아로 이주해온 사람들의 후손이다. 기독교도들의 박해로 난민촌에 머물던 그들은 1980년대 시작된 이스라엘 정부의 유대인 본국 송환정책을 통해 이스라엘로 이동했다.

커피의 원산지   호텔 조식 후 후식으로 마신 에티오피아 커피의 풍미는 무척이나 부드럽다. 커피 원산지, 에티오피아의 커피이니 그 맛과 향은 최고일 수밖에 없다. 에티오피아의 커피는 '검은 금'(black gold)이라고 불릴 만큼 효자 수출품이라고 한다.

　오전 9시, 아침 날씨는 쌀쌀하지만 오후에 기온이 상승할 것에 대비해 간편히 입고 길을 나선다. 호텔을 나서자마자 도로공사 먼지로 인해 눈과 목이 따갑다. 게다가 곳곳에서 분주히 움직이는 타워 크레인 때문에 정신이 없다. 휴일인데도 도로에는 차량이 많다. 빠르게 성장하고 있음을 보여주는 증거라고 좋게 생각한다. 거리를 오가는 에티오피아인들의 얼굴을 살피며, 책에서만 본 이곳에 실제로 와있다는 것에 깊은 감흥을 느끼며 거리를 걷는다.

피아차 주변   미니버스를 타고 피아차 지역으로 향한다. 불과 6년간

중국의 기술과 자본으로
건설 중인 아디스아바바
노면전차

의 점령이었지만 이탈리아는 피아차(Piazza, 광장)라는 지명을 비롯하여 메르카토(Mercato, 시장), 피자, 스파게티를 남겼다. 피아차 언덕 마루에서 도시를 내려다본다. 가까운 곳에 가톨릭 성당이 있고 부근에는 거대한 시장이 있다.

메르카토라고 불리는 이 시장은 이탈리아 점령 시절 에티오피아인과 이탈리아인이 이용하는 장터를 구분하기 위해 지어진 것이라고 한다. 아프리카 최대 옥외시장이라는 명성에 걸맞게 여러 블록에 걸쳐 거대한 규모를 자랑하고 있다. 거리를 좀더 걸으니 인근에 러시아 과학문화센터가 있다. 멩기스투 공산정부를 후원하면서 시작된 러시아와의 관계가 아직도 유지되고 있다고 한다.

중국의 구애 시의회 건물 뒤에는 성 조지 성당(St. George Cathedral)이 있다. 이탈리아에 승리한 것을 기념하여 1896년 건립한 에티오피아 정교회당으로, 8각형의 외관이 인상적이다. 교회 주변에는 노면전차(LRT) 공사가 한창이다. 중국 수출입은행의 투자와 중국의 기술 지원으로 진행 중인 공사라고 한다. 중국이 생각보다 깊이 아프리카에 들어와 있는 것에 놀랐다. 에티오피아에 대한 중국의 구애는 결실을 맺어 에티오피아에서 수입하는 중국산 상품은 면세 혜택을 누릴 수 있게 되었다고 한다.

걷기 편한 아디스아바바　메르카토 시장을 지나 아디스아바바 최대 규모의 모스크인 안와르 모스크(Anwar Mosque)로 향한다. 케냐 나이로비와는 달리 아디스아바바는 비교적 마음 편히 걸을 수 있어 좋다. 시장 부근 거리는 삼성과 LG 광고로 도배되어 있다.

　거리 곳곳에는 교회, 성당 또한 많은데 특히 오늘은 일요일이라 교회 주변에 사람들이 많다. 교회 안에서 퍼지는 아이들의 합창 소리가 에티오피아의 밝은 미래를 말해 주는 듯 청아하게 들린다.

역사의 교훈 공산혁명 기념탑　드디어 아디스아바바의 중심 거리 처칠 대로(Churchil Avenue)에 도착했다. 거리 중심에는 공산혁명 기념탑이 있다. 멩키스투 공산정부 시절 러시아, 중국 등의 원조로 건립된 기념비는 상처만 남긴 공산주의가 물러난 지 오랜 시간이 지난 오늘날까지도 자리를 지키고 있다. 역사의 가르침을 잊지 말자는 의미이기도 하지만 해체 비용을 감당할 수 없어서 그냥 남겨두었다고 한다.

우아한 도심의 거리　바로 옆 ERTA(Ethiopian Radio-TV Authority) 건물은 경비가 삼엄하다. 이곳만 그런 것이 아니다. 웬만한 국가 기구는 외부 사진 촬영조차 금지되어 있다. 내친김에 시내 중심까지 걷는다. 노천카페가 늘어선 거리 주위로는 광장과 녹지가 잘 가꾸어져 걸기에 무척 좋은 환경이다.

10 아디스아바바

일차 어제에 이어 도시 탐방에 나선다. 어제가 일요일이라 휴관한 박물관을 중심으로 다닐 계획이다. 월요일 아침, 도시는 분주하다. 미니버스를 타고 아라트 킬로(Arat Kilo) 지역으로 향한다. 택시를 타고 이동했다면 약 2만 원 정도를 써야 했겠지만 버스를 타고 이동하니 단돈 300원밖에 들지 않는다.

엘리아스의 언어 재능 에티오피아 정교 총대주교(patriarch) 공관 옆에 있는 성 메리(St. Mary) 교회를 둘러보는데 엘리아스(Elias)라는 중년 남성이 다가와 도와줄 일이 없느냐고 묻는다. 이런 경우 보통 가이드를 자청하고 돈을 요구하는 사람들인데, 몇 마디 주고받으니 그런 사람은 아닌 듯하다.

에티오피아 동부 디레다와(Dire Dawa) 출신인 엘리아스는 영어뿐만 아니라 암하라어, 오로모어, 티그라이어 등 에티오피아의 각종 언어를 비롯해 소말리아어, 아랍어까지 할 줄 안다고 한다. 어떻게 그것이 가능하냐고 물으니 어린 시절부터 많은 종족들과 함께 살기 때문에 자연스럽게 하게 된 것이라고 한다.

그는 세계정세와 경제에도 해박하다. 더 놀라운 것은 엘리아스와 같은 사람을 아프리카 곳곳에서 자주 볼 수 있다는 점이다. 가난한 나라

아디스아바바 이탈리아 승전 기념비

사람들이라고 무시하거나 우습게보면 큰코다칠 듯하다.

국립박물관과 인류학박물관　근처에 있는 국립박물관으로 이동한다. 많은 미술품들이 전시되어 있어 한참을 머문다. 방대한 컬렉션 중에서도 가장 으뜸인 것은 오스트랄로피테쿠스의 뼈 조각을 복원한 루시 (Lucy)이다. 1974년 에티오피아에서 발굴된 것으로, 인체를 이루는 전체 뼈 중 40%가 발견되었다. 320만 년 전 인류 조상의 모습을 제법 온전히 보여준다.

　박물관 옆에 아디스아바바대학(UAA, University of Addis Ababa)이 있다. 원래 이름이 하일레 셀라시에 대학이었던 UAA는 셀라시에 궁전이 있던 자리에 세워진 것으로, 입구부터 매우 아름답다. 인류학박물관은 UAA 구내 에티오피아연구소 안에 있는데, 이탈리아와의 전쟁을 묘사한 그림부터 의복, 생활, 섭생, 관혼상제 등 인류사회학 분야를

총체적으로 보여주고 있어 매우 재미있는 곳이다.

　근처 광장에는 이탈리아와의 전쟁에서 희생된 이들을 추모하기 위해 건립된 승전기념비(Victory Monument)가 있다.

엔토토 산에 오르다　택시를 불러 엔토토(Entoto) 산에 오른다. 택시는 가파른 언덕을 겨우 올라 정상에 닿는다. 조용한 산골 마을의 정취가 물씬 풍긴다. '언덕'이라는 뜻의 엔토토 산악지역은 마라토너들의 훈련장이기도 하다. 에티오피아가 전설의 마라토너 아베베 비킬라(Abebe Bikila)를 비롯하여 중장거리 육상 선수들을 많이 배출한 비결은 이러한 환경 덕분이지 않을까? 이곳에도 정교회가 있는데, 방문하는 신자들이 유독 많다. 주변에 물어보니 이곳에서 나오는 성수(聖水)가 HIV 감염 환자에게 효험이 있다고 소문이 나 전국 각지에서 사람들이 오는 것이라고 한다.

　해발 3천 미터의 엔토토 정상에서는 아디스아바바 시가지가 한눈에 보인다. 화려하지는 않지만 산으로 둘러싸인 분지에 그윽하게 자리한 도시의 모습은 평화로워 보인다. 다만 매연, 차량 배기가스 등에 대한 규제가 없어 수십 년 된 낡은 차량들이 뿜어내는 스모그로 인해 도시 전체가 뿌옇다.

멋진 모자이크 성화　산을 내려와 성삼위교회(Holy Trinity Church)에 들른다. 이탈리아로부터 해방한 것을 기념해 건립한 교회로, 아디스아바바에 있는 교회 중 가장 크다. 내부에 하일레 셀라시에의 묘가 있어 하일레 셀라시에 교회라고도 부른다. 교회 주변 마당과 지하 공간은 묘지로 사용되고 있는데, 이탈리아 전쟁으로 희생된 장병들과 한국전 참전 희생자들의 묘소도 있다. 성당 내부로 들어가니 아름다운 기둥 장식과 모자이크 성화가 눈길을 끈다.

여기에도 킬링 필드가　성당을 나와 메스켈 광장(Meskel Square)까지 걷는다. 내리막길인데다 힐튼 호텔, 대통령 궁, UN기구 등이 이어져 지루하지 않다. 메스켈 광장을 지나려니 레드 테러 희생자 추모박물관이 보인다. 1974∼1990년까지 이어진 멩기스투 공산당 정부의 만행에 대한 기록이 있는 곳으로, 유골실을 가득 채운 희생자들의 유골과 유품이 레드 테러라는 말을 실감나게 한다. 공산정부 통치기간 동안 약 200만 명 정도가 희생된 것으로 알려져 있다.

　박물관 2층 오디오실 앞에는 중국의 한 회사가 시설과 장비를 지원했다고 기재되어 있다. 당시 공산정부를 지원한 주요 세력 중 하나인 중국의 위로와 사과의 메시지인가 보다.

　이로써 아디스아바바 일정을 모두 마친다. 불안과 걱정을 가득 안은 채 떠났던 아프리카 여행이 무사히 끝나 안도한다. 무엇보다도 아프리카에 대한 나의 선입견을 불식한 의미 있는 여행이었다.

11

아디스아바바 → 아랍에미리트 두바이

일차 **아프리카를 떠나며** 게스트하우스에서 제공하는 차량을 타고 공항으로 향한다. 공항으로 가는 볼레 거리(Bole Road)는 모든 구간이 공사 중이라 엉망이다. 짧은 구간마저도 가다 서기를 반복하니 멀미가 날 지경이다. 에티오피아공항 라운지에서 두바이행 항공기를 기다린다. 최신 설비를 자랑하는 아디스아바바 국제선 터미널의 창밖으로 도시의 스카이라인과 함께 엔토토 산이 병풍처럼 도시를 감싸고 있는 풍경이 보인다. 이 아름다운 대륙을 떠나려니 섭섭하다.

오늘 아침 공항까지 데려다준 호텔 종업원 메스키(Meski) 양은 다시 한 번 꼭 이곳에 오라고 신신당부를 한다. 안락한 문명세계로 돌아가는 것인데 발걸음이 무겁다. 아프리카여 안녕.

두바이 하늘 길 두바이까지 2,500킬로미터, 4시간가량을 날아가야 한다. 아디스아바바를 이륙한 항공기는 고도를 높여 지부티를 지나 곧 홍해의 파란 바다를 지난다. 아라비아 반도로 진입할 때에는 1만 2천 미터 상공을 나는 여객기의 작은 창문으로 동아프리카, 홍해, 그리고 아라비아 반도가 한눈에 들어온다. 그만큼 아프리카와 아라비아가 가깝다는 뜻이다. 아라비아 반도의 험준한 산악지대를 지나니 거대한 아라비아 사막이 펼쳐진다. 사하라 사막에 이어 세계에서 두 번째로 큰 사막이다. 오로지 모래사막뿐인 그 끝, 페르시아만이 닿는 곳에 두바이가 있다.

사막의 오아시스 두바이 드디어 두바이에 도착했다. 전 세계의 돈이 이곳으로 몰려든 듯 풍요가 넘치고 넘친다. 아프리카 대륙을 벗어난 직후여서 그런지 그러한 풍요가 좋게만 보이지는 않는다. 복잡한 입국장을 겨우 빠져나와 메트로를 타고 시내 중심으로 향한다. 2월 하순 두바이의 날씨는 완벽하지만 여름에는 섭씨 50도까지 올라가 거리의 버스 정류장마다 실내 에어컨을 설치할 정도라고 한다. 관광하기 가장 좋은 계절인 지금 두바이에 들른 것은 행운이다.

이스라엘 스탬프 두바이, 즉 아랍에미리트(UAE) 입국 심사를 받을 때 긴장해야 하는 것이 하나 있다. 시리아, 이란, 이라크, 사우디아라비아 등의 중동국가에서는 이스라엘 여권 소지자는 말할 것도 없고 여권에 이스라엘 입국 스탬프만 찍혀 있어도 입국을 거부하는 것이다. 이스라엘과 우호적인 관계에 있는 이집트, 요르단, 터키, 모로코, 튀니지 정도가 예외로 통과된다. 아랍에미리트도 보수적인 아랍 국가이므로 당연히 그럴 것이라는 설이 분분하여 걱정되었다. 왜냐하면 나는 2년 전 이스라엘을 방문한 적이 있기 때문이다.

그러나 다행히도 아랍에미리트 이민국 관리자는 여권을 보는 둥 마는 둥 30일짜리 입국 비자를 찍어준다. 아무튼 두바이공항에서는 전 세계로 항공기가 드나들지만 유일하게 이스라엘과는 연결이 되지 않으니 이 지역에서 이스라엘은 '왕따' 같은 존재임이 확실하다.

인도 호텔 교통이 편리할 것 같아 예약한 호텔은 직접 와서 보니 알파히디(Al Fahidi) 메트로 부근으로 인도 커뮤니티 한복판에 있는 호텔이다. 호텔 주인을 비롯해 종업원, 손님마저 모두 인도사람이다. 인도에 있는 것 같다.

두바이의 2박 3일 여정을 위해 필요한 먹을거리를 사러 근처 슈퍼마켓에 들렀다. 아프리카를 다녀온 직후라 물품이 넉넉하게 진열되어 있는 모습이 무척 낯설다. 세계 각국의 음식이 모두 있다고 해도 과언이 아닐 만큼 먹을거리가 다양하다.

남자는 인도 출신, 여자는 필리핀 출신　두바이 인구 210만 명(2012 기준) 중 자국민은 20%, 외국인은 80%라고 하는데, 그 말이 정말 맞는 것 같다. 특히 남자의 경우 인도, 파키스탄 출신이 많은 듯하고, 여자는 필리핀 출신이 대부분인 것 같다. 자국민들은 대부분 전문직, 관리직에 종사하고 3D 업종과 같이 고된 직종은 모두 외국인 이주 노동자들의 몫이라고 하니 씁쓸한 기분이 드는 건 어쩔 수 없다.

12 두바이

일차　**아랍에미리트 소개**　아랍에미리트는 아라비아반도 동남부에 위치한 7개의 토후국 연방으로, 그중 두바이와 아부다비(Abu Dhabi)가 가장 영향력 있는 토후국이다. 두바이 지역에 인류가 정착한 것은 수천 년 전이지만 정식으로 정착한 시기는 1799년이라고 한다. 부족사회 형태였던 두바이는 1892년 오스만 제국으로부터 보호받아야 한다는 명분으로 영국의 보호를 받으며 세계사의 흐름을 타기 시작했다.

우마이야(Umayyad) 이슬람 왕조가 들어와 이슬람화되기 전까지는 비잔티움 제국과 사산왕조 페르시아의 통치를 받았다.

참고로 두바이라는 이름은 1580년 이 지역을 방문한 베네치아 진주 상인 발비(Balbi)에 의해 세계에 알려졌는데 초기에는 진주 조개잡이로 성장했으나, 1930년대 세계공황의 여파로 진주 조개잡이 산업이 몰락하면서 긴 침체기에 빠졌다. 그러나 1966년 석유가 발견되면서 두바이는 눈부신 속도로 성장했다. 1971년 영국이 떠나고 두바이를 비롯한 6개의 토후국들이 아랍에미리트 연방을 이루어 독립했다.

당초 두바이는 오일머니로 성장했지만 국가총생산에서 보면 석유와 천연가스의 비중은 7%에 불과하고, 부동산 22%, 무역 16%, 금융 11% 등 서비스산업이 훨씬 많은 비중을 차지한다.

유용한 일일패스 도시 탐방에 나선다. 두바이는 대중교통이 발달되어 있어 이동이 매우 편하다. 2명에 1명꼴로 차량을 소유하고 있어 실제 대중교통 이용률은 6%에 불과하지만 RTA(Road and Transportation Authority)에서 메트로와 시내버스를 철저하게 운영, 관리한다고 한다. 하루 동안 두바이를 마음껏 누비기 위해 일일패스를 구입했다(약 5천 원). 거리, 구간, 그리고 횟수에 상관없이 메트로와 시내버스를 무제한으로 이용할 수 있다.

여전히 건설 중 버스를 타고 인터내셔널 시티(International City)로 이동한다. 고층빌딩이 늘어선 도심을 지나 작은 언덕조차 없는 사막을 달려 남쪽 외곽으로 향한다. 아침 안개 속에 마천루가 뿌옇게 보인다.

사막 곳곳에서는 각종 공사가 한창이다. 2007년 말 세계 금융위기로 부동산 가치가 반 토막 나는 심각한 사태를 겪었음에도 두바이는 계속해서 건물을 짓는다. 곳곳에 분양임대 광고가 나부낀다.

사막을 한참 달리니 거대한 신도시가 나타난다. 러시아촌, 영국촌, 프랑스촌 등의 이름으로 단지를 구분한 서민용 아파트 밀집 지역이다. 신도시 초입에는 드래곤 마트(Dragon Mart)와 텍스타일 시티(Textile City) 등의 상업시설들이 있다.

수로와 시장   인터내셔널 시티를 둘러본 후 골드 수크(Gold Souk), 즉 금시장(金市場)으로 향한다. 250개의 소매점이 있을 정도로 규모가 커 두바이는 '금의 도시'(City of Gold)라고도 불린다. 상인들은 대부분 이란, 인도, 파키스탄 출신인데, 1900년대에는 이란에서, 1960년대 이후에는 인도와 파키스탄에서 이민자들이 많이 들어왔기 때문이라고 한다.

옛 항구 모습   골드 수크만 있는 것이 아니다. 데이라(Deira) 지역과 두바이 수로(Dubai Creek) 건너편 지역 모두 수크(시장)로 이루어져 있다. 보석, 의류, 잡화, 향신료, 전자제품 등 없는 게 없다. 수백 년 동안 두바이 수로를 통해 이루어진 아라비아 시장의 모습이 여전히 재연되고 있는 것이다.

두바이에는 수로를 따라 늘어선 옛 항구만 있는 것이 아니다. 1979년 도시 서쪽에 조성된 제벨 알리 항구(Jebel Ali Port)는 중동에서 가장 큰 무역항으로, 물동량 세계 7위의 항구이다. 수로 양쪽으로 펼쳐지는 풍경은 매우 근사하다. 배를 타고 건너편 알 사브카(Al Sabkha) 수크 지역으로 건너간다. 짧은 항행이지만 제법 분위기가 난다.

볼 것 많은 두바이 박물관　알 사브카 수크를 둘러보고 나오니 모스크가 있고 파히디(Fahidi) 요새와 성곽이 복원된 자리에 두바이 박물관이 있다. 다우 배(dhow, 삼각형의 큰 돛을 단 아랍의 배) 모형이 있는 마당을 지나 전시실로 향한다. 두바이 방어사, 변천사, 그리고 올드 수크를 재현한 전시실이 연달아 이어진다. 이어서 사막과 베두인족(Bedouin, 아랍의 유목민)에 관한 내용이 펼쳐진다.

　두바이의 용수 공급에 관한 내용이 특히 흥미롭다. 인구가 급격히 증가하면서 지하 수원은 두바이 용수의 7.5%만 담당하고, 나머지는 염수를 담수화해 얻는다고 한다.

　이어서 해양관이다. 진주 조개잡이 어촌, 선박 건조와 어업 얘기에 이어 오늘의 두바이를 있게 한 페르시아만과 수로를 소개한다.

　탄자니아 국립박물관에서 손수건으로 연신 땀을 닦으며 힘들게 관람했던 것이 며칠 전이라 건물 전체에 에어컨이 가동되는 쾌적한 환경에서 전시물을 관람하는 것이 무척 호사스럽게 느껴진다.

부르즈 알 아랍 호텔　알 구바이바(Al Ghubaiba)에서 버스를 타고 해변을 바라보며 쥬메이라 거리(Jumeirah Road)를 달린다. 쥬메이라 해변을 지나 조금 더 가니 부르즈 알 아랍(Burj Al Arab, 아랍타워)이 보인다. 해변에서 280미터 거리에 있는 인공 섬(Palm Jumeirah, 팜 쥬메이라)에 지은 7성급 호텔로, 하루 숙박비가 180만 원쯤 한다고 한다.

두바이
부르즈 알 아랍 호텔

다우 배 모습을 본떠 지은 건축물로 두바이 어디에서든 보이는 랜드마
크 중 하나이다.

창조성 vs 자연에 대한 도전　버스는 팜 쥬메이라 입구를 지난다. 야
자나무를 형상화한 인공 섬 끝에는 아틀란티스(Atlantis) 호텔이 있다.
팜 쥬메이라 외에 3개의 인공 섬이 더 있다고 하니 상상력이 충만하다
못해 넘치는 것인지 혹은 무모한 것인지 알 수 없다. 뜨거운 사막 한가
운데 자리하고 있지만 두바이 시내에는 아이스링크와 실내 대형 스키
장이 있으니 그 규모는 실로 어마어마하다. 여름의 경우 섭씨 50도의
바깥환경에서 영하 5도를 유지하는 실내 공간을 만들어 스키를 탈 수
있도록 만들어 놓았다고 하니 대단하다 못해 광적으로 보이려 한다.
　버스는 인터넷 시티(Internet City), 미디어 시티(Media City) 등을
지난다. 20년 후 석유 자원이 고갈될 때를 대비해 석유 의존 경제를 벗

어나 IT, 금융, 물류 등 서비스 산업을 키우려는 두바이의 또 다른 랜드마크이다. 인터넷 시티에는 휴렛패커드, 오라클, 마이크로소프트와 같은 다국적 IT 기업들이 입주해 있으며, 미디어 시티에는 CNN, BBC, 로이터와 같은 다국적 미디어 기업들이 입주해 있다.

규모와 초현실성에 압도당하다 버스가 마지막으로 닿은 곳은 도시 서쪽에 있는 이븐 바투타 몰(Ibn Battuta Mall)이다. 14세기경 여행가 이븐 바투타가 방문했던 중국, 인도, 페르시아, 이집트, 튀니지, 스페인 안달루시아 지역을 테마로 해 지은 건축물로, 입구에는 이븐 바투타 동상이 있다. 대부분의 사람들은 전형적인 인공 도시로 싱가포르를 꼽지만, 두바이에 오니 싱가포르는 장난처럼 느껴진다.

두바이 몰 마지막으로 들른 곳은 부르즈 할리파(Burj Khalifa)와 두바이 몰(Dubai Mall)이다. 이븐 바투타 몰에서 메트로를 타고 한참을 이동해 두바이 몰에 도착했다. 매장 면적으로는 세계에서 가장 큰 몰이라고 한다. 관광과 쇼핑을 통해 세계의 돈을 두바이로 모은다는 야심과 딱 맞아떨어지게, 늦은 시각인데도 쇼핑몰은 많은 관광객들로 발디딜 틈이 없다. '중동의 쇼핑 수도'라는 명성처럼 두바이에는 70개의 크고 작은 쇼핑몰이 있다고 한다.

부르즈 할리파 두바이 몰 근처에 있는 부르즈 할리파 또한 두바이의 랜드마크이다. 최근까지 부르즈 두바이(Burj Dubai)라고 불리던 이 건물은 828미터(160층) 높이로 타이완의 101빌딩을 300미터 차이로 누르고 세계 최고층 빌딩으로 등극했다. 452미터 지점에 있는 전망대를 관람하려면 100디람(약 3만 원)의 입장료를 내야 하지만, 이것도 며칠 전에 표를 구입해야 한다고 한다. 당일에 표를 구하려 했던 나는 당연히 전망대에 오르지 못했다. 전망대에 올라 전경을 보지 않고서는 두바이를 떠날 수 없는 사람인 경우 400디람(약 12만 원)의 급행료를 내면 곧바로 오를 수 있다고 하니 선택은 자유다.

또 하나의 볼거리는 부르즈 두바이 호수(Burj Dubai Lake)에서 매일 저녁 30분 간격으로 진행되는 분수 쇼이다. 150미터 높이까지 물기둥을 쏘아 올리는 그 광경을 보고 탄성을 지르지 않는 사람은 아무도 없다.

13
일차 두바이 → 아부다비 왕복 → 두바이

드디어 내일 새벽 한국으로 돌아간다. 돌아가는 길도 중국 광저우에서 환승해 인천공항으로 들어가는 먼 길이다. 오늘 하루는 아부다비를 탐방하며 보낼 계획이다. 호텔을 나와 아부다비행 고속버스에 오른다.

석유 자원이 부족한 두바이와는 달리 아부다비에는 석유 자원이 풍부하다. 그리고 널찍한 도로와 함께 녹지와 공원이 잘 가꾸어진 사막의 오아시스이기도 하다. 아부다비에 거주하는 인구는 150만으로 두바이와 마찬가지로 자국민보다 외국인이 몇 배는 더 많다.

두바이처럼 되고 싶은 아부다비 아부다비의 시내중심 업무지구와 금

쥬메이라 해변에서 보이는 두바이 스카이라인

융지구에 밀집되어 있는 마천루들은 두바이 못지않게 멋진 스카이라인
을 연출한다. 두바이의 성공에 자극을 받아 아부다비도 많은 발전을
이루었지만 그래도 차이가 있다면 인프라, 특히 대중교통망에서 나타
난다. 버스터미널에서 도시 내 각 지점으로 이동할 수 있는 방법이 없
다. 버스노선표에는 20~30분마다 한 대씩 정차한다고 되어 있지만 버
스는 도무지 올 생각을 않는다. 대중교통 이용을 포기하고 걷기로 한
다. 이곳저곳을 거닐다가 두바이로 돌아온다.

쥬메이라 해변의 석양   두바이로 돌아와 쥬메이라 해변으로 간다. 석양에 타는 저녁놀과 함께 페르시아만을 바라본다. 해변에서는 이슬람 여성의 노출이 사진에 찍히는 것을 방지하고자 사진 촬영이 금지되어 있다. 몇 달 전에는 이 해변에서 젊은 서양인 커플이 지나친 애정 행각을 벌이다가 벌금형을 받았다고 한다. 해변에서 바라보는 두바이의 스카이라인은 정말 멋지다. 어둠이 내리니 마천루들의 곡선은 더욱 장관을 이룬다. 아쉬운 발걸음을 돌리며 호텔로 돌아와 짐을 챙겨 공항으로 향한다.

14
일차   두바이 → 중국 광저우 경유 → 서울 도착

광저우행 항공기에 몸을 싣는다. 시끄러운 중국인들 틈에 끼어 가는 것이 썩 내키지 않았지만 다른 방법이 없다. 중국 비행기는 요금이 저렴해 좋기는 하지만 그만큼 서비스가 미흡하고 불편하기 때문에 장거리 비행의 경우에는 이용할 만한 항공기가 아닌 것 같다.

지구 반 바퀴   긴 비행 끝에 광저우 바이윈 국제공항에 도착했다. 공항에서 4시간 정도 대기한 끝에 마지막 구간을 날아 인천 공항에 닿으니 한국 시각으로 밤 9시 40분이다. 아직 한국의 날씨는 춥다.

이번에도 긴 여행이었다. 항공기 탑승 총 8구간, 21,942킬로미터의 거리를 이동했다. 지구의 반 바퀴를 돈 셈이다. 이번 아프리카 여행은 오랫동안 잊지 못할 추억이 될 것이다.

전 세계 인구의 1/7이 살고 있는 광활한 대륙에 다녀왔다. 인류가 발상했던 대륙이 역사의 아픔을 딛고 근현대사의 질곡을 벗어나 도약하는 현장을 직접 목격하고 돌아왔다. 세계의 열강들이 아프리카의 환심을 사려 애쓰는 모습도 보았다. 수만 년의 역사 속에서 가능성을 제대로 보이지 못한 대륙이 이제 막 기지개를 켜기 시작했다. 아프리카는 아시아 다음으로 넓은 대륙이다. 나는 아프리카 대륙의 한쪽만 보고 왔지만 대륙의 다양성과 무한한 가능성에 대해 짐작할 수 있었다.

촉박한 시간과 정해진 비용에 맞춰 부지런히 이동해야 했기에 몸은 많이 힘들었지만 많은 것을 보고 느낄 수 있었다. 더불어 선량한 사람들을 무수히 만나며 세계 평화와 인류 행복이 개인의 행복과 직결되어 있음을 깨달았다. 또한 자신을 위해, 조국을 위해, 세계를 위해 세계 여러 나라의 언어, 역사, 경제, 사회, 문화 등을 끊임없이 공부하는 지구촌 사람들을 만날 수 있어 뜻깊은 여행이기도 했다.

아프리카 대륙 여행을 통해 느낀 모든 것들을 가슴에 새기며 대륙에 무한한 영광이 있기를 진심으로 기원한다.

시베리아-몽골 여행
Siberia - Mongol

2013. 8. 13 ~ 2013. 8. 24

서울·인천 — 블라디보스토크 — 하바롭스크 — 이르쿠르츠 — 울란우데 — 울란바토르 — 서울·인천

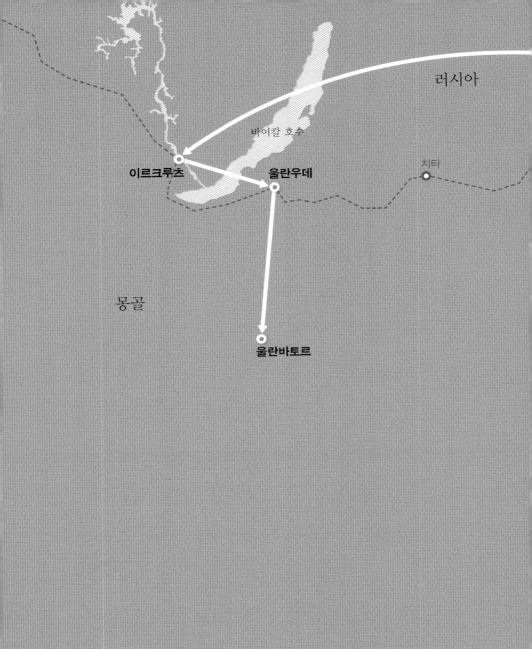

러시아

바이칼 호수

이르크루츠

울란우데

치타

몽골

울란바토르

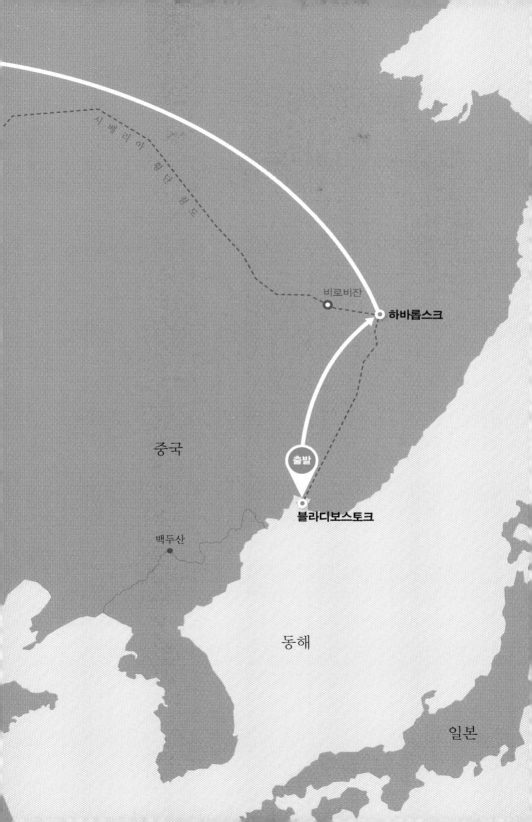

시베리아 횡단 철도

비로비잔

하바롭스크

중국

출발

블라디보스토크

백두산

동해

일본

세계일주가 끝나간다. 학교의 직책과 외부 학회장직을 마친 직후 여행길에 나선 지 4년 반이 지났다. 매 여름과 겨울을 이용해 짧게는 보름, 길게는 한 달씩 5대양 6대주 곳곳을 다니다 보니 56개국 수백 개 도시를 방문하게 되었다. 연장 30만 킬로미터, 지구 7바퀴가 넘는 거리이다.

여행은 또 다른 여행을 낳는다. 가까운 동남아 지역에서 시작한 여행은 인도네시아 도서(島嶼) 지역 깊숙한 곳까지 찾아가게 했고, 발리에서 힌두교 문화를 접한 후 그 본산을 찾아 자연스럽게 벵골만 건너 인도 여행으로 이어지더니 다음 여행에는 아라비아해 건너 중동, 북아프리카, 그리고 지중해를 건너 남유럽으로까지 가게 되었다. 그다음 방학에는 러시아와 유럽의 북쪽 지역을 다녀온 후 겨울을 기다려 남반구 남아프리카공화국과 남아메리카 5개국을 다녀왔다.

미국에 오래 살았지만 가보지 못한 멕시코는 그 이후에 다녀왔다. 또 다른 여름을 기다려 중국 서부와 내륙을 다녀와 이웃 나라에 대한 궁금증을 어느 정도 풀 수 있었다. 저예산으로 여러 곳을 다녀야 했던 그동안의 각박한 여정을 스스로 위로하기 위해 피지, 뉴질랜드, 호주, 동티모르 등 남태평양에도 다녀왔다. 틈틈이 짬을 내어 아시아 내륙 인도차이나, 중앙아시아 우즈베키스탄, 그리고 중국 동북 지방 여러 곳을 다녀오니 세계 지도는 내가 꽂은 깃발들로 빼곡히 채워졌다.

그러나 세계 지도에서 방대한 지역을 차지하는 극동 러시아, 시베리아, 그리고 몽골의 넓은 대지가 허전히 남아 있는 것이 끝끝내 뇌리에 남아 맴돌았다. 그리하여 결행한 것이 시베리아, 몽골 여행이다. 지리적으로는 가깝지만 언어가 매우 낯설고 이동도 불편해 다녀올 엄두를 내지 못했던 곳이다. 그럼에도 눈에 아른거리는 연해주, 시베리아 횡단열차, 아무르강, 바이칼 호수, 몽골 초원 같은 것들을 떨치기 어려워 세계 여행의 마지막 출정을 결행하게 되었다.

대륙의 동남쪽 끝 귀퉁이 작은 반도에서 태어나 한평생 삶의 무게에 허덕이며 지내지만 이상하게도 우리에게는 채워지지 않은 노스텔지어 같은 것이 있다. 광활한 대륙에서 웅지를 폈던 유목민들의 DNA가 우리에게도 움트고 있음을 느끼는 순간들이 있기 때문이다. 그 시원(始原)이 곧 시베리아이고 유라시아 대륙일지도 모른다는 생각에 우리의 상상은 어느덧 광활한 아시아 대륙 깊은 곳까지 나래를 편다.

이렇게 호기심이 한번 발동하면 지구 끝자락에 있는 미지의 세계일지라도 가보고 싶은 여행자 본능을 마냥 억누를 수 없었다. 국제선, 러시아 국내선 항공권, 열차표, 러시아-몽골 국제버스표 등을 예약하니 준비가 거의 끝났다. 하지만 언어가 발목을 잡았다. 러시아어 4주 완성 회화 책을 장만해 더듬거리지만 읽을 수 있을 정도로 익히니 어느 정도의 준비는 마친 셈이다. 자, 이제 떠나보자.

1 서울 → 러시아 블라디보스토크

일차 **가까운 극동 러시아** 새벽 1시 블라디보스토크(Vladivostok) 행 항공기에 몸을 실었다. 승객들은 대부분 러시아 사람들이다. 극동 러시아에 사는 사람들에게 인천국제공항은 전 세계와 통하는 환승구역이다. 기내 자리가 듬성듬성 빈 덕분에 편하게 이동하지만 이대로라면 과연 항공사가 이 노선을 계속 유지할 수 있을지 걱정된다.

블라디보스토크는 2시간 정도의 비행이면 닿을 수 있는 곳으로, 중국 헤이룽장성과 북한도 우리나라와 비슷한 거리에 있다. 중국과 북한 국경에서 육로로 5시간밖에 걸리지 않는다고 한다. 항공기는 현지시각 새벽 5시에 도착했다. 작년 아시아태평양경제협력체(APEC)를 준비하면서 공항시설을 크게 확충하고 새로운 터미널 건물도 지었지만, 그래서인지 공항 안은 매우 썰렁하다.

러시아 수도 모스크바에서는 육로 9,300킬로미터의 거리로, 시차가 7시간이나 나는 머나먼 변방이다. 이 변방에 도시를 건설해 유지하는 러시아 사람들이 대단하게 느껴진다.

목가적인 연해주 아침 풍경 입국수속이 금방 끝나 시내로 나가는 공항열차 시간까지 약 3시간이 남았다. 드디어 아침 8시, 시내로 향하는 공항열차가 출발한다. 시내는 공항에서 남서쪽으로 50킬로미터 떨어진 거리에 있다. 창밖으로는 뽀얀 아침 안개가 깔린 연해주 대평원과 함께 러시아식 농가 주택이 보인다. 참으로 목가적인 풍경이다. 열차는 무라비요프-아무르스키 반도(Muravyov-Amursky Peninsula)를 따라 남쪽 끝에 위치한 블라디보스토크를 향해 열심히 달린다.

러시아 열차표 구매　한 시간 후 열차는 길이 30킬로미터, 폭 12킬로미터로 남북으로 길게 뻗은 반도의 끝, 금각만(Zolotoy Rog)과 닿아 있는 도시에 도착했다.　아름다운 기차역이 여행자를 반긴다.　우선 열차매표소에 들러 내일 이용할 블라디보스토크-하바롭스크(khabarovsk) 구간 열차표와 일주일 후 이용할 이르쿠츠크(Irkutsk)-울란우데(Ulan-Ude) 구간 열차표를 구매한다.

인종의 불연속선　수천 년 세월에 걸쳐 서로 다른 인종들이 섞이며 점차 인종의 완만한 연속선을 형성하고 있지만 역사적 조건 때문에 아직이 지역에는 이른바 '인종의 불연속선'이 존재한다.　황인종이 사는 북한과 중국 동북 지역의 국경 너머에 유럽 백인들이 산다는 것이 낯설게 느껴진다.　원래 이 땅에 살던 중국인들은 이방인이 되어 도시를 배회하고 있다는 것이 서글프게 느껴진다.

　　서구 제국주의 말기 급작스럽게 백인들이 이주하면서 하루아침에 인종지도가 바뀐 곳이니 서세동점(西勢東漸)의 역사를 입증하는 지역이라고도 볼 수 있을 것이다.

샌프란시스코? 이스탄불?　블라디보스토크는 샌프란시스코와 이스탄불의 모습을 많이 닮아 도시의 동쪽 내해는 금각만, 바깥 바다는 동(東) 보스포러스 해협이라는 명칭이 붙여졌다.　소련의 정치가 니키타 호루쇼프(Nikita Khrushchev)는 이 도시를 샌프란시스코에 빗대기도

했다. 러시아어로 '동방의 지배자', 즉 보스토크(동쪽)와 블라디(지배)의 합성어로 명명된 이 도시는 러시아 극동 영토의 최고 요충지로서 짧은 역사에도 불구하고 갖은 역사의 풍파를 겪었다.

간단히 몇 가지를 소개하면, 1860년대에는 러시아인들이 블라디보스토크에 진입하여 중국인들을 내쫓는 과정에서 격렬한 충돌이 있었고, 1917년 러시아 혁명(Russia Revolution) 당시에는 백군(白軍)을 지원하기 위한 일본, 미국, 캐나다, 체코 등의 출병 및 일본의 점령(Siberian Expedition, 시베리아 원정)이 있었다. 1974년에는 당시 소련 서기장 레오니트 브레주네프(Leonid Brezhnev)와 미국 대통령 제럴드 포드(Gerald Ford)가 만나 전략무기 제한 협정(SALT, Strategic Arms Limitation Talks)을 체결한 곳이기도 하다.

놀랍게도 1989년 소비에트 블록 붕괴가 있기까지 블라디보스토크는 외국인들에게 개방되지 않은 군사보안지역이었다고 한다. 이토록 아름다운 항구도시가 외국인에게 개방된 지 20년 남짓밖에 되지 않은 것이다.

극동 러시아 인구 감소 블라디보스토크는 2010년 기준 59만 명의 인구가 거주하는 대도시이지만, 1989년 63만 명을 기록한 이후 계속해서 인구가 감소하고 있다고 한다. 머나먼 변방인데다 수산업과 해운업 외에는 이렇다 할 산업이 없어 취업 환경이나 경제 사정이 좋지 않고 물가가 비싸기까지 하니, 블라디보스토크를 비롯한 극동 러시아에 거주하는 인구가 점차 줄어드는 것은 어찌 보면 당연한 현상이다.

국경 너머에는 수천만 명의 중국인들이 살고 있는데, 억울하게 빼앗

긴 영토에 대한 울분을 중국이 상기한다면 중국과 러시아의 국경은 매우 아슬아슬해 보인다.

거리를 누비는 한국산 중고버스　거리를 메운 차량들 중 승용차는 일본산, 버스는 한국산이다. 한국의 노선 안내판과 행선지판을 그대로 달고 다니는 버스를 보니 기분이 이상하다. 블라디보스토크에서는 일본산 중고차 수입업도 중요한 산업 중 하나라고 한다. 이곳에 있는 항구를 통해 일본 중고차를 연간 25만 대 수입하는데, 그중 20만 대는 러시아 각지로 팔려 나간다고 한다.

태평양을 만나다　예약해둔 숙소에 들어가 잠시 휴식을 취한 후 시내 탐방에 나선다. 도시 곳곳이 공사로 분주하다. 경관이 좋은 곳마다 높은 아파트와 주상복합건물들이 들어선다. 그곳에서 일하는 노동자들은 대부분 중국인 또는 북한인이다.

　태평양을 바라보며 소담한 길을 오르내린다. 바닷바람이 시원하다. 오션 시네마를 지나 스포르티브나야 항만(Sportivnaya Harbor)까지 걷는다. 아무르스키만의 탁 트인 풍경이 가슴을 시원하게 해준다. 족히 100년은 넘은 듯해 보이는 건축물들과 현대식 건축물들이 서로 어우러진 모습이 재미있다.

넘쳐나는 중국인 관광객　자매도시 광장에는 부산을 비롯하여 친선우호관계를 맺은 세계 각국의 도시 이름이 새겨진 아치가 있고, 그 아래로 아담한 공원이 조성되어 있어 오가는 시민들이 머물다 간다. 계속

블라디보스토크 센트럴 광장

걸어 센트럴 광장(Ploschad Bortsov Revolutsy)으로 이동한다. 광장에는 러시아 혁명 전사들이 1922년 블라디보스토크를 장악하며 혁명을 이룬 것을 기리기 위해 1961년 건립한 기념 조형물들이 있다.

가는 곳마다 중국에서 온 관광객들이 넘쳐난다. 어느 곳에 가든 항상 있는 중국인 관광객을 보니 반가우면서도 씁쓸한 기분이 드는 것은 왜일까?

DBS 페리 그런 생각을 하는 즈음 금각만에 정박 중인 러시아 해군 군함들의 위용이 눈에 들어온다. 역과 닿아 있는 국제여객선 터미널에는 마침 한국 동해시를 떠나온 DBS 페리 이스턴 드림(Eastern Dream)호가 막 하역 작업을 마쳤다. 크고 작은 한국산 포클레인 수십 대가 항구에 쭉 늘어서 있다. 열차에 실려 러시아 각지로 팔려 나갈 장비들이다.

아르세니예프 박물관 알류츠카야 거리를 걸어 북쪽으로 오르니 곧 아르세니예프(Arsenyev) 박물관이 보인다. 마침 하얼빈 특별전이 열리고 있어, 중국 하얼빈으로 이주해 살았던 러시아인들의 애환을 소개한다. 할리우드 배우 율 브린너(Yul Brynner)와 그의 가족도 혁명을 피해 하얼빈으로 이주한 블라디보스토크 출신이라고 한다. 아르세니예프 박물관은 율 브린너 특별전, 러시아-미국 200년 관계 특별전 등 의미 있는 전시를 많이 하는 보배 같은 박물관이다.

길이 가파르지 않아 도시를 탐방하는 발걸음이 가볍다. 여유와 낭만이 넘치는 러시아의 태평양 연안 항구도시가 아름답다.

2

블라디보스토크 → 시베리아 횡단열차 → 하바롭스크

일차 **율 브린너 생가** 오전에 느긋이 호텔을 나서 역으로 향한다. 짐을 맡기고 열차 출발시각 전까지 시내 명소 탐방에 나선다. 시내 중심 프리모르스키미술관(Primorsky Art Gallery) 건너편에는 있는 율 브린너의 생가에 가본다. 도착하니 앞마당에 화강암으로 만든 그의 동상이 있다. 그에게 아카데미 남우주연상을 선사한 1956년 할리우드 명화 〈왕과 나〉(The King and I)에서 봤던 날카로운 눈매로 태평양을 응시하고 있다. 러시아에서 태어나 중국 하얼빈과 북한에서 어린 시절을 보냈고 파리에서 활동했다고 하니 그의 다문화 경험이 연기에 많은 도움을 주지 않았을까 추측해본다.

할리우드 배우 율 브리너
생가와 조각상

시내 중심 광장　시내 중심 광장으로 이동한다. 광장 주변에는 개념 없이 크기만 한 행정관청이 있고 혁명 기념 조형물 몇 점을 제외하고는 아스팔트로 포장된 광장만이 덩그러니 있다. 처음에는 삭막해보였지만 다시 와보니 여행자에게 휴식처를 제공하는 도심 속 고마운 공간이다. 광장에는 어제와는 비교도 안 되는 규모의 중국인 관광객이 모여 있다. 오늘은 어제보다 안개가 덜해 광장에서도 금각만 다리가 보인다.

코라벨나야 해변 이모저모　코라벨나야(Korabelnaya) 해변 제방은 온갖 볼거리로 가득하다. 태평양 함대사령부 건물에는 한국과 관련된 물건이 여럿 있어 놀랐다. 1993년 이곳을 찾은 한국 해군 방문단의 기념식수가 있고, 건물 현관 테라스 위에는 작은 거북선이 얹혀 있다. 인근에 있는 도시 설립 기념비에 이어 제 2차 세계대전 전몰자 위령비, 그리고 주변의 교회와 작은 공원을 차례로 들른다. 날은 덥지만 북방의 여름 한때 풍경은 평화롭기 그지없다.

제2차 세계대전 중 미국의 대소련 무상 공여　기차역에 오니 북한 남성 10여 명이 역 앞에 모여 있다. 인솔자로 보이는 남성은 양복을 말끔히 차려입었고, 나머지는 외화벌이 노동자로 보이는 허름한 차림새이다. 극동 러시아 각 지역의 공사현장에 투입되어 뿔뿔이 흩어지기 직전인 듯하다.

　열차 역 구내 플랫폼에 전시되어 있는 증기기관차는 러시아 표준에 맞추어 1942년 미국에서 제작하여 소련에 기증한 것이라고 한다. 미국은 제2차 세계대전을 자국에 유리하게 이끌기 위해 항공기, 탱크, 무기, 식량 등의 군수물자 800만 톤을 소련에 제공했다. 블라디보스토크를 통해 들어온 군사물자들은 러시아 각 지역으로 배급되었다. 당시 독일군이 유럽 대서양 연안을 모두 장악, 봉쇄했기 때문에 미국은 태평양의 항구인 블라디보스토크를 이용해 소련에 도움을 준 것이다.

시베리아 횡단열차　현지시각 오후 5시 9분, 열차가 출발한다. 하바롭스크까지 767킬로미터, 14시간 20분이 걸리는 머나먼 여정이다. 내가 탄 열차는 중간 정차역이 많아 시간이 많이 걸리는 보통급행 열차이다. 열차는 한동안 반도의 서해안을 따라 아무르스키만을 서쪽에 두고 북상한다. 열차가 스치고 지나는 해변마다 날씨가 몹시 더운 탓에 물놀이를 나온 시민들로 가득하다.

　극동 영토를 합리적, 효율적으로 관리하고, 극동을 노리는 영국, 일본 등 당시 열강들로부터 영토 주권을 확실하게 과시하기 위해 시작된 시베리아 철도(TSR, Trans-Siberian Railroad) 건설은 제정 러시아에게 매우 중요한 사업이었다. 1891년 공사를 시작한 시베리아 철도는 1903

년에 1차 완공하였고, 이후 임시 구조물을 보완하고 터널을 건설하여 1916년 아무르강 철교를 완성함으로써 완전 개통되었다.

광활한 연해주 대평원 열차는 우수리스크에 도착했다. 창밖으로 펼쳐진 대평원에는 사람 키만큼 자란 잡초만 무성하다. 넓은 연해주 대평원을 가꾸기에는 인구가 너무 적은 탓일까? 열차가 다시 출발한다. 삼림, 늪지, 초원을 지나며 열심히 달린다. 가도 가도 끝이 보이지 않는 대평원이다.

유라시아 랜드 브리즈 시베리아 횡단열차, 참으로 낭만적으로 들린다. 동양 사람들에게 열차를 타고 유럽으로 간다는 것이 낭만적으로 들리듯 유럽인들에게도 열차를 타고 동방에 간다는 것은 낭만적인 일일 것이다. 두런두런 승객들의 속삭임이 정겹다. 옆자리에 앉은 아이는 가방 속에 챙겨온 장난감을 하나씩 꺼내며 나에게 설명을 한다. 이처럼 열차 안 풍경은 즐겁고 훈훈하다.

잠 못 이루는 3등 침대칸 잠자리에 들기 위해 주변 정리를 하는데 열차 안이 너무 덥다. 과연 잠을 이룰 수 있을지 의문이다. 다행히 북쪽으로 올라가면서 거센 비가 내리기 시작한다. 열차는 천둥번개를 뚫고 묵묵히 달린다. 가만히 앉아 창문에 부딪히는 빗줄기를 보고 있으니 시원해지는 듯하다. 내륙으로 깊이 들어갈수록 열차는 완전한 어둠과 적막에 싸인다. 깊고 짙은 시베리아의 밤이다. 뒤척이는 사이 14시간의 열차 이동이 끝나간다.

3 하바롭스크

일차 하바롭스크는 블라디보스토크와 함께 극동 러시아의 양대 도시로, 17세기 중반 러시아 로마노프 왕조가 당시 유럽 귀족들에게 열풍적인 인기를 끌었던 모피를 확보하기 위해 이곳까지 왔다고 한다. 당시 원정대를 이끌고 이곳에 온 러시아 탐험가 하바로프의 이름을 따서 도시 이름이 지어졌다.

공업도시 하바롭스크 열차는 하바롭스크 도시 외곽으로 접근한다. 역에는 각종 화물열차가 가득하다. TSR이 매우 중요한 산업철도임을 입증한다. 또한 철강, 석유화학, 정유 등의 공업도시로서의 하바롭스크의 면모를 유감없이 발휘한다. 비는 여전히 내리고 있다.

밤사이 767킬로미터의 먼 길을 열심히 달려왔지만 모스크바까지는 아직 8,500킬로미터나 남았다. 참고로, 블라디보스토크-모스크바까지는 9,288킬로미터로 특급 열차로 이동하면 6~7일이 걸린다고 한다.

역으로 마중 나온 지인과 반갑게 해후한다. 지인은 하바롭스크 극동주립교통대학 아그라낫(Agranat) 교수로, 내가 근무하는 대학의 방문교수로 얼마간 한국에서 지냈다. 당시 내가 베풀어준 호의를 갚을 기회가 왔다며 나를 무척이나 반기니 고마울 따름이다. 낯선 땅에 와 든든한 지원군을 만나니 이제는 진정 즐기기만 하면 된다.

아무르강 철교

아무르강의 대역사 1916년 아무르강 철교 완공은 시베리아 횡단철도
뿐만 아니라 하바롭스크 역사에도 중요한 일이다. 이전까지는 여름에
는 열차 페리로, 겨울에는 얼어붙은 강물 위에 임시 철도를 가설하여
열차를 움직였던 것에 비하면 참으로 의미 있는 대역사인 것이다. 바
다처럼 넓은 아무르강에 놓인 2,165미터의 장대 교량은 당시의 모든
토목 기술을 집약한 건축물이다. 혹독한 겨울 날씨와 싸워가며 건설하
였을 당시의 모습을 떠올리니 존경심이 절로 생긴다.

극동주립교통대학 아그라낫 교수와 느긋하게 아침 식사를 하고 그가
근무하는 극동주립교통대학을 방문한다. 방대한 영토를 가진 러시아
에서는 대학 이름에 '교통'(transport)이 들어갈 정도로 교통에 관련된
모든 일들이 국가적 대사인 것이다. 방학이지만 몇몇 강의실에서는 중

국 유학생들을 위한 러시아어 강좌가 열리고 있다. 이 대학에는 중국 유학생 200여 명, 한국 유학생 3명, 북한 유학생 10여 명 정도가 있다고 한다.

잘나가는 러시아 경제   거리에 나선다. 몇 해 전 이 도시를 방문했을 때의 기억이 떠오른다. 도시는 그때보다 훨씬 더 정갈해졌다. 당시 여기저기 패여 있던 도로는 말끔히 보수되었고 곳곳에는 잘 가꾸어진 공원이 생겨 한때 융성했던 초강대국의 영화를 차츰 되찾고 있는 듯해 보인다. 도시 곳곳에 있는 타워 크레인은 고층 건물과 아파트를 짓느라 분주하다. 거리에는 일본산 승용차가 압도적으로 많지만 고급 독일 승용차와 SUV도 자주 눈에 띈다. 러시아 경제가 되살아나고 있음을 알리는 듯하다.

박물관의 도시   하바롭스크는 박물관으로 유명한 도시이다. 먼저 극동박물관(Far Eastern Museum, 향토박물관)을 찾는다. 100년은 족히 넘었을 빨간 벽돌의 박물관 외관이 인상적이다. 6개 전시관에 걸쳐 진열된 전시물의 양은 방대하다. 민속학 전시관에는 아무르강 유역에 살았던 원주민 나나이족(Nanai) 문화에 대해 상세히 기술해놓았다. 전시물 설명이 대부분 러시아어로만 되어 있어 답답한 것을 제외하면 시베리아 최고의 박물관이라는 평판에 손색이 없다.

    관람을 마치고 극동박물관 옆에 있는 극동미술관(Far Eastern Art Museum)으로 향한다. 극동 원주민의 예술, 러시아 정교 예술, 일본 자기, 그리고 러시아 예술가들의 작품이 전시되어 있다.

미술관 건너편의 극동군사박물관(Far Eastern Millitary Museum)에
는 냉전 시절 선전물들이 전시되어 있고, 야외에는 1930~1950년대
각종 무기와 항공기, 탱크, 군용차량들이 전시되어 있다.

아름다운 건축물들 광장에는 여름 꽃이 흐드러지게 피어 있다. 제각
기 뽐을 낸 건축물들로 둘러싸인 광장 한복판에는 파란 첨탑 지붕을 얹
은 아름다운 러시아 정교회 성당이 있다. 신앙심이 깊은 러시아 사람
들은 곳곳에 많은 성당과 교회를 지어 놓았다. 도시에서 가장 아름다
운 건축물은 대부분 성당이거나 교회일 정도이다.

콤소몰스크 광장에서 가까운 투르게네프 거리(Turgenev Street)를
따라가면 하바롭스크의 상징물 트랜스피구레이션(Transfiguration) 성
당이 있다. 2004년에 완공된 이 성당은 러시아에서 3번째로 높은 성당
이다. 규모가 클 뿐만 아니라 실내 장식 또한 매우 아름답다. 게다가 언
덕 위에 위치한 덕분에 시내 어디에서도 이 성당의 황금빛 돔을 볼 수
있다.

아무르강이 한눈에 보이는 인근 언덕에는 전쟁기념비와 꺼지지 않
는 불꽃이 있다. 그 옆으로 이어진 긴 벽면에는 이 지역 출신으로 제 2
차 세계대전으로 희생된 사람들의 이름이 빼곡히 새겨져 있어 숙연하
게 한다.

아무르강 우뚀스(Utyos) 전망대에서 아무르강을 굽어본다. 중국 지
린성에서 시작하여 이곳에 이른 후 다시 북쪽으로 수천 킬로미터를 흘
러 오호츠크해에서 태평양을 만나는 세계에서 10번째로 긴 국제하천

이다. 하바롭스크에 닿기 전 쏭화강(Sungari)이 아무르강에 먼저 합류하고 그에 이어 하바롭스크 부근에서 우수리강(Ussuri)이 아무르강에 합류한다. 강의 중류에 해당하는 이 도시의 제방 턱까지 강물이 찰랑거린다.

어제보다 수위가 15센티미터 상승했다고 시민들은 긴장한다. 강의 중상류 지역(중국 동북지방)에 내린 호우로 인해 강이 범람 수위에 이른 것이다. 도시 외곽 저지대에서는 임시 제방을 쌓아 범람에 대비할 정도이니 시민들이 긴장하는 것은 당연한 일이다. 그래도 강변 선착장에서는 아무르강 철교까지 유람선이 오간다. 여름에는 아무르 유람선뿐 아니라 콤소몰스크-아무르와 중국 헤이룽장성의 푸위안(Fuyuan)까지 수중익선(hydrofoil)도 다닌다고 한다.

멋진 유럽풍 거리 　도시의 중심인 무라비요프-아무르스키 거리를 따라 레닌 광장까지 걷는다. 북방의 늦은 오후, 여름해가 찬란하게 빛나고 있다. 웅장한 관청 건물, 부티크, 식당, 그리고 크고 작은 카페가 즐비한 거리는 어디에 내놓아도 손색없을 만큼 기품 있는 거리이다. 100년 이상 된 콜로니얼식 건물도 많아 우아한 분위기를 자아낸다.

반면 제2차 세계대전 직후에는 전범 재판소가 설치되어 관동군 및 731부대의 생체실험과 생물학 무기에 대한 전범재판이 열린 역사의 현장이기도 하다. 레닌 광장에서 잠시 휴식을 취한다. 시원한 분수가 뿜어 올라가는 광장 분위기에 취해 시간가는 줄 모른다.

주말 주택 다차 　저녁 무렵에는 아그라낫 교수를 따라 그의 주말 주택

다차(dacha)에 다녀왔다. 도시에서 30분 정도 거리에 있는 전원으로 더운 여름 주말을 보내기에 안성맞춤인 곳이다. 러시아 중산층 사람들의 일상을 엿본다. 발티카 맥주와 함께 정성스럽게 준비한 바비큐로 저녁 식사를 하고 시내로 돌아온다. 돌아오는 길에 러시아의 방대한 자연과 그 안에 사는 사람들의 여유를 부러워하니 아그라낫 교수는 한국의 초일류 도시문화를 동경한다고 말한다. 이런저런 이야기를 주고받다 보니 벌써 시내에 도착했다. 바쁜 여행 일정 속에서 재충전의 시간을 보낼 수 있도록 배려해준 아그라낫 교수에게 고맙다.

우수리 강변의 저녁 한때 이어서 자임카 리조트로 향한다. 자임카는 우수리 강변을 옆에 두고 리조트가 들어선 곳으로, 청나라 마지막 황제 푸이(溥儀)와도 관련 있는 곳이다. 1945년 제2차 세계대전 직후 만주 신징(新京, 현 창춘)을 탈출해 일본으로 가려했으나 소련군에게 잡혀 1950년 중국 공산당 정부에 인도되기 전까지 지낸 곳 중 하나이다.

중·소 국경분쟁 1969년 중·소 국경분쟁이 일어난 곳도 바로 이 지역이다. 우수리강 중간에 있는 작은 섬 다만스키 섬(眞寶島)에서 국경 군사충돌로 수십 명의 사상자가 발생한 것이다. 불평등 조약으로 땅을 빼앗긴 중국의 울분을 이해하고도 남는다. 이후 1987년 2월부터 국경 협상을 시작한 중국과 소련은 2005년 국경협정을 체결하여 양국 간 국경문제가 해결되었음을 선언하지만, 여전히 신경을 곤두세우고 있다. 이렇게 얽히고설킨 역사 속에서 우수리강은 잘도 흐른다. 고요하고 적막하지만 참으로 강렬한 국경이다.

4
일차 하바롭스크

아무르 철교 건설 역사 도시 외곽 아무르 철교로 향한다. 도시가 끝나는 지점에 걸린 2,165미터의 장대 교량은 열차와 자동차가 함께 이용하는 2층 구조의 복합교량이다. 철교 위로 열차가 지나간다. 철교 입구에 있는 아무르 철교역사박물관에 들른다. 황제의 독촉에 쫓겨 추운 겨울에도 아무르 철교를 건설한 과정이 소개된 박물관이다.

시민들의 여름 오후 한때 풍광이 좋은 아무르강 철교역사박물관 주변에서 마침 여러 쌍의 신혼부부들이 웨딩 촬영을 하고 있다. 1930년대 미국 시카고 갱스터 복장을 한 신랑, 신부 친구들의 퍼포먼스가 재미있다. 사진 촬영을 마친 신혼부부들은 인근 세라핌 성당으로 이동해 웨딩 촬영을 이어간다. 나도 그들을 따라가 즐거운 눈요기를 실컷 한다. 곳곳에 연못과 함께 널찍한 공원이 있어 많은 시민들이 시원하게 북방의 따가운 오후 해를 즐긴다.

5
일차 하바롭스크 → 항공 → 이르쿠츠크

공원 도시 오늘은 하바롭스크를 떠나는 날이다. 아쉬운 마음에 레닌 광장을 다시 둘러보고 무라비요바-아무르스키 거리를 따라 콤소몰스크 광장을 향해 걷는다. 비가 내리고 나니 날씨는 선선하고 청명하다. 거리 곳곳에는 혁명 시절 공산주의자들을 취조했던 차르(czar)

의 비밀경찰 가옥을 비롯하여 혁명 시절의 흔적이 많이 남아 있다.

큰길을 벗어나 꽃과 나무가 어우러진 도심공원 아무르스키 불바르를 지난다. 좀더 걸으니 디나모(Dynamo) 공원이 보인다. 우리나라 도심에도 이처럼 많은 공원이 조성되었으면 좋겠다는 생각을 해본다. 도심 거리로 나와 걸으니 영어학원과 해외여행 광고가 눈길을 끈다. 여기서도 영어는 매우 중요한 언어인가 보다.

국내선 터미널 풍경　아그라낫 교수가 공항까지 차로 데려다준다. 하바롭스크 도착부터 출발까지 풀코스 접대를 받으니 몸 둘 바를 모르겠다. 2014년부터 한국과 러시아 사이에 무비자 방문이 시행된다고 하니 앞으로는 자주 왕래하기를 기약하며 아쉬운 작별을 한다.

이르쿠츠크행 항공기는 정시에 이륙한다. 작은 불빛 하나 없는 캄캄한 시베리아의 밤하늘을 날아 이르쿠츠크에 도착한다. 현지시각 밤 11시이다. 밤공기가 차다. 갑자기 개 짖는 소리가 들려 깜짝 놀랐다. 머나먼 변방, 아시아 대륙 깊숙한 곳의 밤은 무척이나 낯설다.

6 이르쿠츠크

일차　망명자들이 키운 도시　17세기 후반부터 개발된 이르쿠츠크는 350년의 역사를 지닌 유서 깊은 도시이다. 아름다운 건축물, 교회, 그리고 바이칼 호로 유명한 이르쿠츠크는 거주하는 인구가 59만 명으로 인근 도시까지 합하면 100만에 이르는 큰 도시다. '동쪽으로 난 창문'

이라는 별명처럼 이르쿠츠크는 태평양으로 나가는 전진기지 역할을 하는 곳이었다. 그리고 데카브리스트, 볼셰비키 등 많은 양심수들이 이곳으로 유배를 와 도시발전에 많은 영향을 줬다.

데카브리스트 데카브리스트(Dekabrist)는 1825년 니콜라이 1세의 황제 대관식을 거부하며 반봉건 혁명을 일으킨 러시아 개혁파 장교집단이다. 이들은 12월에 거사를 일으켰다고 해서 영어로는 디셈브리스트(Decembrist)라고도 불린다. 거사 실패 후, 주모자는 처형되고 나머지는 시베리아 이르쿠츠크로 유배되었다. 어느 정도 규모의 유배였는가 하면, 이르쿠츠크 거주자 3명 중 1명이 망명객이었을 정도였다고 한다.

문화적으로 척박한 시베리아에 데카브리스트 귀족 장교들이 유배를 와 서구 문화를 전파한 덕에, 이르쿠츠크는 '시베리아의 파리'라는 별명을 얻고 시베리아 문화와 교육의 중심이 되었다.

중국 상인들 거리에는 한국산 중고버스가 매우 많다. 한국의 행선지 안내판이나 광고판을 미처 다 떼지 못한 채 달리는 시내버스가 매우 정겹게 느껴진다. 아침 공기가 쌀쌀한데다 거리에는 낙엽도 뒹구니 가을의 향기가 나는 것 같다. 호텔이 위치한 중앙시장 부근에서 중국 상인들이 분주하다. 중국에서 실어온 물건을 가게로 나르는 것이다. 이미 수백 년 전부터 중국의 비단, 차, 도자기 등의 생활용품들이 거래되었으니 중국인들은 이 땅에 매우 익숙한 사람들일 것이다.

바이칼 가는 길　바이칼(Baikal) 호수로 향한다. 가슴이 뛴다. 거리에 보이는 다양한 양식의 목조 건축물은 아무리 보아도 지루하지 않다. 이르쿠츠크 바로크 양식의 건축물은 문양을 비롯해 선명한 색채와 예술미 넘치는 외형 장식으로 유명하다. 그러한 건물들이 늘어선 거리를 걸으니 지루할 틈이 없다.

　리스트뱐카(Listvyanka) 행 미니버스는 안가라강 언덕과 호숫가를 배경삼아 빠른 속도로 달린다. 한 시간쯤 달렸을까? 전나무 숲이 끝나니 탁 트인 만(灣)이 나타난다. 드디어 바이칼에 다다른 것이다. 바이칼은 타타르어로 '풍요로운 호수'라는 뜻이라고 한다. 바이칼에서 안가라강이 갈라져 나오는 지점쯤에 위치한 바이칼 생태박물관에서 하차한다.

바이칼 생태박물관　박물관 마당에는 심해 잠수정이 전시되어 있다. 1976년 캐나다에서 제작된 잠수정으로 3명이 승선하여 2천 미터 깊이까지 80시간 동안 잠수할 수 있다고 한다. 박물관 입장료는 250루블(약 1만 원)로 비싼 편이지만 볼거리가 많아 아깝지 않다. 바이칼의 지질, 지형, 생물을 비롯하여 관련 학술 및 탐험에 관한 전시물들이 가득하다. 특히 바이칼에 서식하는 어종을 담은 수족관이 볼만한데 그중 바이칼 고유의 물고기인 '오물'(Omul, 연어과의 어류)과 바다표범이 눈길을 사로잡는다.

지구상에서 가장 깊은 호수　바이칼은 거대한 담수호다. 어찌나 거대한지 담수호라는 사실도 믿기 어려울 정도이다. 최저수심 1,637미터, 폭 27 ~80킬로미터, 길이 630킬로미터로 엄청난 양의 물을 담고 있다.

미국과 캐나다 국경 5대호(슈피리어호, 미시간호, 휴런호, 이리호, 온타리오호)의 물을 모두 합친 만큼의 양을 담고 있다면 설명이 될까? 바이칼 호 하나에만 지구 표면 민물의 20%가 담겨 있다는 말이 당연하게 느껴지는 규모이다.

환바이칼 철도   박물관 뒤 숲 속 길을 걸으며 바이칼 원시림을 체험한다. 곳곳에 만들어진 전망대는 다양한 호수 풍경을 선사한다. 리스트뱐카와 포트 바이칼을 하루에 두어 차례 오가는 페리가 마침 출항한다. 1950년대까지만 해도 시베리아 횡단철도가 지나던 길목이었으나 안가라강에 댐이 생기면서 이르쿠츠크-포트 바이칼 구간 철도가 수몰되어 현재의 노선으로 변경된 것이라고 한다. 대신 포트 바이칼에서 남쪽 슬류쟌카(Slyudyanka) 구간의 철도는 환바이칼 철도의 일부가 되어 방문자들에게 아름다운 호반 풍경을 선사한다. 환바이칼 열차(Circum-Baikal Railway)를 즐기려면 이곳에서 1박을 해야 하니 갈 길이 바쁜 여행자에게는 그저 아쉬울 뿐이다.

바이칼 호반 휴일 풍경   박물관에서 4킬로미터 정도 떨어진 리스트뱐카 시내는 작은 유원지이다. 늦여름 태양을 즐기기 위해 많은 시민들이 나와 있다. 호숫가에 내려가니 마셔도 괜찮을 만큼 물이 맑고 깨끗하다. 유람선에 올라 호안을 이리저리 둘러본다. 산들이 호수를 향해 뻗어 내려온 모습이 인상적이다.

이르쿠츠크 바이칼 호수

7 이르쿠츠크 → 야간열차 → 울란우데

일차 **사회주의 아파트 vs 민영 아파트** 오늘은 데카브리스토프 (Dekabristov) 거리를 걸어 슈카체프(Sukachev) 저택으로 이동한다. 19세기 이르쿠츠크 시장 저택에서 시베리아 목조 건물의 진수를 맛본다. 오로지 목조로만 지어진 건물 본관과 부속 건물 외에도 족히 수천 평은 되어 보이는 정원까지 볼거리가 많은 저택이다.

이르쿠츠크 거리로 나오니 100년이 넘은 목조 건물, 사회주의식 좁은 아파트, 그리고 근래에 들어선 민영아파트들이 혼재되어 있어 매우 어색해 보인다. 사회주의 시절에는 1인당 9㎡로 주거 면적에 제한을 두었다고 하니 4인 가족이면 36㎡, 즉 11평 밖에 안 되는 좁은 공간만이 허용된 것이다. 더 놀라운 것은 아직까지 이러한 아파트에 시민들이 살고 있다는 점이다. 버스를 타고 이동하며 질리게 보았던 민영아파트 공사장이 떠오르면서 마음이 무거워진다.

화려한 시베리아 목조 건축물 시외버스 터미널 부근에는 하우스 오브 유럽(House of Europe)이 있다. 울타리 안에는 이르쿠츠크 방문자 센터, 자매도시 광장, 시민생활박물관(Museum of City Life), 차(茶) 박물관이 있다. 여느 목조 건물과 마찬가지로 하우스 오브 유럽의 외관 또한 매우 아름답다. 상트페테르부르크에서 추방된 예술가와 장인들이 망명 생활의 무료함과 울분을 달래기 위해 직접 건축한 것이라고 하니 창틀 하나하나에도 의미가 있는 듯하다.

차 루트　자매도시 광장에 한국 강릉의 탈춤 가면이 있어 눈길을 사로
잡는다. 차 박물관에도 눈여겨볼 만한 전시물들이 많다. 그중에서도
차 루트(Tea Route) 지도가 흥미롭다. 중국에서 몽골을 거쳐 이르쿠츠
크, 톰스크, 노프고로드, 그리고 모스크바와 그 너머 유럽에까지 전달
된 차(茶)의 이동경로가 그려져 있다. 지도를 보면 육로 이동과정에서
이르쿠츠크가 매우 중요한 역할을 했음을 알 수 있다.

교회의 도시　이르쿠츠크는 19세기 말 이미 20여 개의 대형 교회가 있
을 정도로 교회가 많은 도시였다. 도시 곳곳에 산재한 형형색색의 아
름다운 교회만을 보는데도 족히 며칠은 걸릴 것 같다. 그중에서 나는
상대적으로 가장 멀리 있는 카잔(Kazan) 성당에 가보기로 한다. 버스
터미널을 지나 외곽까지 한참 걸어야 하지만 도착해서 본 카잔 성당의
아름다운 모습은 그러한 수고를 보상해주고도 남는다. 아름다운 성당
에서는 신앙심도 절로 생기는가 보다. 평소에는 잘 하지 않던 기도를
저절로 하게 된다.

러시아-아메리카 회사　오후부터 내리기 시작한 비는 그칠 줄 모른다.
대부분의 시민들은 우산 없이 비를 맞으며 걷는다. 카를라 마르크사
(Ulitsa Karla Marksa) 거리가 시작하는 지점에 있는 이르쿠츠크 역사박
물관으로 향한다. 17세기 러시아인들의 진출, 도시 성립, 모피 무역,
18세기 미국 알래스카 진출 등의 근현대사와 함께 여러 전시물이 있다.
당시 이르쿠츠크는 동방 진출의 거점으로 러시아-아메리카 회사가 있
어, 17세기 중반 3차례에 걸쳐 베링 해협과 알류샨(Aleutian) 열도를 건

너 알래스카까지 진출한 것이라고 한다. 도시 이곳저곳에 있는 수십 개의 교회 사진을 한데 모아놓은 것도 볼만하다.

키로프 광장과 안가라 강변　비가 오는 도심을 걸어 키로프(Kirov) 광장으로 향한다. 곳곳에는 도시 설립 350주년을 기념하는 페넌트가 걸려 있다. 강변으로 나가니 꺼지지 않는 불꽃이 이 지역 출신 전몰자들의 영혼을 기리며 타오르고 있다. 인류 최초의 우주인 유리 가가린(Yuri Gagarin)의 동상을 지나니 곧 안가라 강변 제방이다.

　안가라강은 바이칼 호수에서 시작해 북서쪽으로 흘러 예니세이강에 합류한다. 주변으로는 하얀 외벽의 석조 건축물인 스파스카야(Spasskaya) 교회와 시베리아 바로크 양식의 진수인 보고야블렌스키(Bogoyavlensky) 성당이 있다. 동화 속 나라를 연상하게 하는 오묘한 색과 모양을 한 성당은 자칫 우중충할 수 있는 제방의 안가라 강변을 화사하게 만든다.

한민족 바이칼 시원?　호텔로 돌아가 짐을 챙겨 역으로 향한다. 내가 탈 열차는 울란우데를 거쳐 울란바토르까지 가는 TMR, 트랜스몽골리안 열차다. 열차의 중간 목적지 울란우데는 부랴트(Buryat) 공화국의 수도인 만큼 열차 내 승객의 생김새는 매우 다양하다. 한국인과 매우 닮은 부랴트인들의 얼굴을 보고 있자니 한국인의 조상이 바이칼 지역에서 시원(始原)하여 한반도로 이동했다는 설이 나름대로 설득력 있어 보인다.

심야에 지나친 바이칼 호반　슬류잔카를 지날 즈음 열차는 바이칼 호반을 매우 가까이에 두고 달리지만 날이 저물어 아무 것도 볼 수 없으니 안타까울 뿐이다.　이르쿠츠크에서 울란우데까지는 456킬로미터, 8시간 30분이 걸리지만 이제 내게 그리 힘든 코스가 아니다.　게다가 열차 안은 매우 쾌적해 잠을 이루기에 좋다.　열차는 밤사이 바이칼 호수의 남쪽 호안을 돌아 아침 6시 39분 울란우데에 도착한다.

8 울란우데

일차　부랴트 공화국 수도　열차에서 내려 호텔로 향한다.　짐을 풀고 휴식을 취한 뒤 도시 탐방에 나선다.　울란우데는 1666년 성립한 이래 중국, 몽골, 러시아를 잇는 무역로의 주요 거점으로 TSR 개통과 함께 빠른 속도로 발전했다.　인구 40만 명이 거주하는 울란우데는 주민의 70%가 북방몽골계인 부랴트족이어서 러시아 도시 같지 않다.

깨끗한 변방　중앙광장에 있는 레닌 두상(頭像)을 먼저 찾는다.　1970년 레닌 탄생 100주년을 기념하며 세운 것으로, 지구상에서 가장 큰 레닌 두상이라고 한다.　중앙광장에는 시청, 의회 건물, 그리고 오페라하우스가 있고 인근에는 게르(Ger, 몽골의 이동식 집) 모양을 본뜬 몽골 대사관도 있다.　가지런한 아르바트(Arbat) 보행자 거리는 이곳이 변방임을 잊게 한다.　이 거리에 역사박물관, 자연사박물관 등 공공시설이 몰려 있고 거리의 끝 무렵에는 혁명 기념비가 있다.　기념비 뒷면에는

울란우데 소비에트 광장에
있는 레닌 두상

몽골어, 중국어, 한국어, 일본어로 "공산주의로 분투하다 전사한 동지
들에게"라는 글귀가 새겨져 있다.

티베트 라마불교 본산　점심 식사를 하고 도시에서 23킬로미터 떨어진
이볼진스키 사원(Ivolginsky Datsan)으로 이동한다. 사원으로 가는 길
양편으로는 광활한 스텝(steppe) 지대가 펼쳐진다. 중국 서역 같기도
하고 미국 중서부 사우스다코타 주 같기도 하다. 드넓은 지대를 바라
보는 것만으로도 가슴이 뻥 뚫리는 듯하다. 도착하니 형형색색의 크고
작은 건물들이 사원을 이루고 있다.

썩지 않는 육신　사원에서 특히 유명한 것은 판디도 캄보 라마 이티길
로프(Pandido Khambo Lama Itigilov) 수도승의 썩지 않는 육신이다.
20세기 초, 즉 100년 전 명상 도중 입적했다는 그의 육신은 살아 있는 모습 그대로이다. 100년 동안에도 썩지 않는 육신 … 등골이 오싹하다. 과학자들은 이 현상을 여전히 밝혀내지 못하고 있는데, 수도승의 육신을 측정한 결과 체온, 맥박, 발한(發汗) 등 반응을 나타낸다고 하니 불가사의다.

그의 육신을 알현하면 영생의 힘과 초자연적인 능력을 얻는다는 미신이 전해지면서 전 세계에서 수많은 사람들이 이곳을 방문한다. 러시아 대통령 블라디미르 푸틴 또한 두 차례나 방문했다고 한다. 과학으로는 설명할 수 없는 초자연적인 영적 능력에 압도당하며 새삼 인간의 초라함이 느껴지는 순간이다.

9 울란우데 → 울란바토르

일차 **국경 풍경** 울란바토르행 국제버스는 한국산 중고버스다. 이른 아침 버스는 승객을 가득 태우고 출발한다. 4시간을 달려 몽골 국경에 닿으니 인종이 바뀐다. 인종의 불연속선이 극동 러시아에 이어 이곳에도 존재한다. 세관 절차는 버스 밑바닥을 훑을 정도로 엄격하게 진행된다. 이민국 절차 또한 마찬가지다. 러시아 출경에 1시간 40분, 몽골 입경에 40분을 소요했다. 오래 걸려 심드렁해 있으니 어떤 사람이 다가와 열차로 국경을 건너려면 보통 5~6시간 걸리니 버스는 시간이 걸리는 것도 아니라고 말한다. 조금 더 가니 몽골 마을이 보인다. 러시아와 몽골의 소득 차이가 4배 정도 난다고 하는데, 그 차이가 여실히 드러난다.

가슴 터지는 초원 풍경　버스는 계속해서 남쪽으로 이동한다. 수호바타르(Sükhbaatar), 다르항(Darkhan) 같은 지방 도시들을 지난다. 구릉은 낮아지고 초원의 풀은 짧아졌다. 양과 소는 여름이 가는 것이 아쉬운 듯 부지런히 풀을 뜯고 있다. 8월의 태양 아래 농염하게 익어가는 초원은 다양한 색채와 모습으로 나를 설레게 한다. 내 인생에 의미 있는 기억을 하나 더 보태는 순간이다.

어수선한 도시　울란바토르 시내에 가까워질수록 거리에 차량이 붐비기 시작한다. 버스는 약 13시간을 달려 울란바토르역에 도착했다. 곳곳에서 각종 공사가 진행 중이다. 낯선 환경에 어수선하기까지 하니 괜히 긴장된다. 호텔을 찾느라 이리저리 헤매고 있는데 우연히 한국어를 할 줄 아는 몽골 젊은이를 만났다. 한국에서 대학을 다닌다는 이 젊은이는 친절하게도 호텔까지 데려다준다.

10 울란바토르

일차 고원의 아침　울란바토르는 '붉은 영웅'이라는 뜻으로, 1921년 소련의 도움으로 중국으로부터 독립을 이룬 뒤 지어진 이름이다. 북위 47.5도, 해발 1,350미터의 고원에 위치한 울란바토르의 아침은 차갑지만 청명하다. 몽골은 남한의 17배에 달하는 거대한 면적을 가지고 있지만 인구는 290만 명(2013년 기준)으로 전 세계에서 인구밀도가 가장 낮은 나라이다. 그나마 인구의 절반에 가까운 130만 명이 울란바토르에 거주하고 있다고 한다. 인구가 적은 탓에 도시를 조금만 벗어나면 대자연이 온통 내 것인 양 푸른 하늘, 드넓은 초원, 그리고 시원한 강을 마음껏 껴안을 수 있다. 그 어디에서도 본적 없는 초원 풍경을 마음껏 바라보니 가슴이 벅차오른다.

칭기즈칸　중국 역사에서 몽골은 빼놓을 수 없는 존재이다. 중국이 두려워했던 막북(漠北, 고비사막 북쪽) 흉노와 돌궐이 살던 곳이었고, 한때는 원(元) 나라를 세워 중원을 지배하기도 했다. 12세기 무렵 초원이 혼란한 틈에 등장한 불세출의 영웅 칭기즈칸은 만주부터 알타이 산맥 사이에 흩어져 살던 모든 몽골 부족을 통합하여 칸(Khan)이라 칭한 후 인류 역사상 가장 거대한 제국을 건설했다.

드라마틱한 역사　칭기즈칸이 건설한 제국은 동서 교류를 촉진함으로써 인류 역사에 커다란 변화를 가져왔으니 후세의 역사가들은 그를 지난 천년을 대표하는 인물이라고 말한다. 영원할 것 같던 제국은 거대 영토의 장거리 통치의 한계와 부족 간 내분으로 소멸된다. 1636년 만주족에게 내몽고의 대부분을 빼앗기고 외몽고(현재 몽골 공화국) 또한 18세기 초 청나라에 복속된 이후 200년 동안 지배를 받았으니 참으로 파란만장한 역사를 가진 나라라 할 수 있다.

중국으로부터 독립　1911년 신해혁명으로 청나라가 무너지면서 몽골은 자동적으로 독립을 이루었다. 하지만 이후 성립된 중화민국의 간섭에 시달리게 된다. 1921년이 되어서야 소련의 도움으로 독립을 이루지

만 그로 인해 몽골은 오랫동안 소련의 보호를 받아야 했다. 1991년 소
비에트 해체에 따라 몽골은 민주혁명을 겪고 자본주의 체제를 도입하
면서 1992년 새로 만든 헌법의 국명에서 '인민공화국'이라는 명칭을 삭
제했다.

몽골의 겨울 추위 지금은 찬란한 늦여름의 정취로 초원이 빛나지만
한쪽은 이미 누런빛으로 변하고 있다. 짧은 가을이 지나 곧 겨울이 올
것임을 예고하는 것이다. 몽골을 여행할 때 계절상 10월까지는 무리가
없지만 겨울이 시작되면 그 추위가 상상을 초월해 여행하기는 힘들다
고 한다. 겨울의 아침 최저 기온이 보통 영하 35~40도이고, 한낮이
되어도 영하 20도를 넘지 않는다고 한다.

　그러한 추위 속에서 유목민들은 홑겹 천막집 게르에서 겨울을 보낸
다고 하니 도무지 상상이 되지 않는다. 4~5년 주기로 찾아오는 강추
위도 있다고 하는데, 그때에는 가축의 1/4이 얼어 죽는다고 한다.

몽골의 국수주의 몽골에는 신 나치주의자나 스킨헤드(인종차별주의
자)와 같은 국수주의(ultra nationalism) 단체가 있어 혐오범죄가 종종
발생한다고 한다. 중국인과 서양인이 주 타깃이고 특히 몽골 여성과
교제하는 외국인은 영락없이 공격의 대상이 된다고 한다. 울란바토르
에는 한국인들이 현지 여성과 결혼하는 경우가 가끔 있다고 하는데 그
럴 경우 결혼 후에는 반드시 몽골을 떠나야 할 정도라고 하니 몽골인들
은 타민족에게 매우 폐쇄적인가 보다.

　오랜 세월 외세의 간섭과 침범에 따른 과민반응이나 과거 몽골 제국

의 영광에 대한 지나친 자부심, 혹은 수백 년 동안 바깥 세계와의 교류가 없었기 때문이 아닌지 조심스레 추측해본다.

한국인과 비슷한 몽골인의 용모 몽골인의 생김새는 한국인과 매우 비슷하다. 몽골의 인종은 몽골인 95.7%와 터키계 카자크인 4.3%로 구성되어 있다. 현지인들이 나에게 길을 물을 정도로 몽골인과 한국인의 생물학적 유사성은 매우 높다. 몽골인 중에는 비만으로 인한 심장병으로 사망하는 경우가 많다고 하는데 그 이유는 육식 위주의 식습관 때문이라고 한다. 추운 기후의 특성상 채소를 많이 섭취하지 못하는 것도 하나의 요인이지 않을까 싶다.

제자의 도움을 받다 울란바토르에서 동쪽으로 70킬로미터 떨어진 테렐지(Terelj) 국립공원에 가고 싶은데 버스가 하루에 딱 두 번 운행될 뿐만 아니라 제한된 지점까지만 간다고 해 다른 방법을 찾고 있었다.

그러던 중 한국에서 내 수업을 듣는 몽골인 유학생 제자와 연결되었다. 그 학생은 울란바토르에 살고 있는 친구들에게 수소문해 나에게 차량과 가이드 역할을 해줄 사람을 소개해주었다. 나를 도와주러 온 샘(몽골인의 이름은 복잡하고 길어서 '샘'처럼 약칭을 쓰는 경우가 많다)이라는 친구는 영어까지 유창해 테렐지 국립공원으로 가는 길이 지루하지 않을 것 같아 반갑다.

테렐지 국립공원 가는 길

난개발로 신음하는 도시　몽골의 도로는 매우 불량하다. 게다가 곳곳
에 웅덩이가 있어 멀미가 날 지경이다. 동서로 길게 뻗은 도시는 꽤 먼
외곽까지 이어지고 그 외곽에는 아파트와 주택 신축공사가 한창이다.
대책 없는 도시 개발은 온갖 문제를 유발하는데, 그중에서도 특히 겨
울철 대기 오염이 심각하다. 게르에서 난방용으로 사용되는 석탄이 주
요원인이라고 한다. 1년 365일 중 300일을 맑은 하늘을 볼 수 있어 '시
티 오브 블루 스카이'(City of Blue Sky)라는 별명을 가지고 있던 울란
바토르가 겨울에는 회색빛으로 변한다고 하니 믿을 수가 없다.

제구실 못하는 TMR　동쪽으로 뻗은 도로와 나란히 TMR(울란바토르 -베이징 구간)이 달린다. 그러나 이 구간은 단선이고 선로의 굴곡이 심해 무척 느리다. 부지런히 러시아를 횡단했지만 몽골 구간에서 효율성이 떨어져 철도가 제구실을 하지 못하는 것이다. 아시아에서 유럽으로 가는 철도 중 가장 짧은 구간인 TMR은 몽골 내 열악한 인프라로 인해 유명무실한 지역철도로 방치되고 있다.

몽골 초원에 발을 딛다　렉서스 SUV를 타고 테렐지로 향한다. 차가 너무 큰 것 아니냐고 물으니 몽골에서는 SUV가 쓸모가 많은데다 차가 클수록 안전하므로 경제적 여건이 된다면 대부분 큰 차를 구입한다고 말한다. 사방을 둘러싼 산들과 초원 곳곳에 흩어진 게르는 서로 어우러져 멋진 풍경을 자아낸다. 샘은 벌써부터 놀라기에는 아직 이르다며 나의 기대를 잔뜩 부풀린다. 게르는 실제 유목민들이 거주하기도 하지만 관광객 숙박용으로도 이용되기도 한다. 숙박비가 비싼 게르의 경우 샤워시설도 있다고 하니 신기할 따름이다.

자연이 모두 내 것이 되는 몽골　거북을 닮은 바위, 거북바위(turtle rock)에 도착했다. 드디어 테렐지 초입이다. 한 쌍의 서양인 관광객들이 커다란 배낭을 메고 초원을 건너 대자연으로 들어간다. 그들은 하룻밤 묵은 게르의 주인에게 내일 몇 시까지 모 지점으로 말을 가지고 와달라고 부탁한다.

　이곳에서는 기아자동차 소형트럭이 인기가 많다고 한다. 운전이 쉬운데다 가축을 나르거나 게르 천막을 옮기는 데 도움이 되기 때문이라고 한다. 어떤 이들은 기아자동차 소형트럭이 유목민들의 삶을 바꿔 놓았다고 찬양까지 한다니 어느 정도의 인기인지 실감할 수 있다.

낙원이 따로 없다   테렐지는 넓은 초원 사이로 여러 갈래의 강이 흐르는 물의 낙원이다. 초원에서 이렇게 수량이 풍부한 지역을 만나리라고는 상상도 못했다. 흐르는 물 위로 드리워진 나뭇가지와 물위에 비친 주변의 산 그림자가 선경(仙境)을 만든다. 풍광이 빼어난 이곳에는 몽골 유일의 5성급 호텔이 있고 골프코스도 있다고 한다.

트레킹 외에도 한 시간에 5~10달러(약 5천~1만 원)만 내면 말을 타고 초원을 거닐 수 있다고 하니 초원 관광의 또 다른 매력이다.

11 울란바토르 → 심야비행 → 서울

일차 **울란바토르 속 한국**   오늘은 한국으로 돌아가는 날이다. 출발 시간은 자정 무렵이니 남은 시간동안 열심히 이곳저곳을 다녀야겠다. 부지런히 다니면 한나절에 도시 전체를 둘러볼 수 있는 규모이기에 여유롭게 출발한다. 거리는 온통 한국풍이다. 서울 거리(Seoul Avenue)가 평화의 거리와 나란히 도시 중심가를 형성하고 있고 한국 음식점은 셀 수 없을 정도로 많다. 한국식 호텔, 술집, 슈퍼마켓 등이 즐비하니 한국에 있는 듯하다.

간단 사원   도로는 자동차로 가득 메워져 주차장을 연상하게 한다.

국영 백화점에서 15분쯤 걸었을까? 도시가 한눈에 내려다보이는 나지막한 언덕 위에 간단 사원(Gandan Monastery)이 있다. 1930년대 소련의 광기어린 종교 박해에서 살아남은 몇 안 되는 사원이라 희소가치가 높다. 형형색색의 크고 작은 탑들이 본전(本殿)을 둘러싸고 있는 모습이 매우 아름답다.

볼 것 많은 초이진 사원 수흐바타르 광장 부근에는 울란바토르의 랜드마크인 건축물들이 많다. 국립드라마극장, 국립과학아카데미, 중앙우체국, 국립오페라극장, 울란바토르에서 가장 높다는 스카이시티(Sky City) 등이 그것이다. 근처에 한국학 정보센터가 있어 눈길을 끈다.

초이진 사원(Choyjin Temple)도 빼놓을 수 없는 곳이다. 1938년까지 실제로 수도원으로 쓰였던 곳으로 현재는 박물관으로 이용되고 있다. 전시관을 둘러보니 라마불교 역사와 예술의 결정체를 유감없이 보여

울란바토르 수흐바타르 광장

준다. 특히 화려하게 멋을 낸 불교 건축물과 몽골의 유명한 조각가인 자나바자르(Zanabazar) 의 작품 수백 점을 볼 수 있어 의미 있는 관람이었다.

수흐바타르 광장 풍경 드디어 광장 한복판이다. 광장 남쪽 입구에는 수흐바타르의 기마상이 있다. 기마상이 선 자리는 1921년 독립전쟁을 위한 거사를 하던 날 수흐바타르의 말이 오줌을 눈 곳이라고 한다. 몽골에서는 말이 오줌을 누는 것을 길조라고 여기는 모양이다. 광장을 에워싼 건물들 중 북쪽에 있는 의사당 건물이 특히나 거대하다. 건물 정중앙, 현관 계단이 끝나는 지점에 있는 초대형 칭기즈칸 좌상은 몽골의 상징물 중 단연 으뜸이다.

몽골 국립박물관 국립박물관으로 향한다. 전시관은 선사 시대, 고대 유목국가 시대, 몽골제국 시대, 청나라 지배 시기, 사회주의 시대, 그리고 민주주의 시대 순으로 이어져 있어 관람하기에 매우 효율적이다. 고대 유목국가 시대 전시관에 흉노족과 돌궐족에 관한 기록을 많이 전시해놓은 것을 보면 몽골족이 두 부족을 자신의 먼 조상으로 여기고 있음을 짐작할 수 있다. 돌궐. 족 시대 전시관은 터키 정부의 지원으로 꾸며졌다고 한다. 따지고 보면 울란바토르 국제공항에 취항하는 몇 안 되는 항공사 중 터키항공이 있다는 사실은 몽골과 터키의 오랜 인연을 말해주는 것인지도 모르겠다. 호텔로 돌아가는 길에 자나바자르미술관(Zanabazar Museum of Fine Arts) 에 들른다. 아담한 규모의 이 미술관은 17세기 조각가인 자나바자르(Zanabazar) 의 작품을 비롯하여 몽골 미술품들을 소장하고 있어 볼거리가 많다.

열악한 도로 인프라　호텔로 돌아오니 오후 6시 30분이다. 항공기는 자정 무렵에 출발하니 시간은 아직 많이 남았지만 일찍 출발하기로 한다. 공항 가는 길은 극도로 혼란하다. 다리 위에서 발생한 접촉사고로 수십 대의 차량이 움직이지 못하고 있다. 한창 움직이는 차량이 많은 시간대에 일어나는 사고는 정말 치명적이다. 시간을 넉넉히 잡고 나왔으니 망정이지 하마터면 속이 까맣게 탈 뻔했다.

어디든 건설 현장　공항 주변에도 수천 세대의 대규모 아파트 단지가 건설 중에 있다. 건설 현장에 들고 나는 대형트럭들이 먼지를 날리며 황량한 들판을 달린다. 눈이 시리도록 푸른 초원이 난개발로 망가지는 것 같아 착잡하다. 인천행 대한항공 A-330 중대형 여객기는 만석이다. 한국행 승객 외에도 일본, 미국 등 제3국행 환승 승객들도 많은 것 같다. 여행이 무사히 끝난 것에 안도하며 여정을 하나하나 되짚어 본다.

고민 끝에 결정한 여행이라 만반의 준비를 하려 했지만 학기말의 여러 가지 업무로 인해 여행준비가 소홀했다. 진작 구입했어야 할 러시아어 회화책도 챙기지 못했으니 말이다. 그래도 장대한 시베리아 대륙을 만나 감회에 젖었고, 한민족의 시원일지도 모르는 바이칼에서 한국인과 DNA 구조가 비슷하다는 부랴트인들을 많이 만났다.

시베리아는 여전히 개척 중이지만 무한한 미래 가능성의 땅임을 확연히 느낄 수 있었다. 그리고 언젠가 우리나라가 통일이 된다면 유라시아 대륙의 동쪽 끝, 우리나라가 아시아의 관문으로서 재도약하는 날을 맞이할 수 있을 것이란 기대도 하게 되었다.

낭만의 길로만 알고 떠난 시베리아 여행은 '역사란 과거를 돌아보고 현재를 점검해 미래를 준비하기 위해 필요한 것'이라는 무거운 주제를 던졌다. 푸른 초원과 타이가(taiga)의 낭만쯤으로 여겼던 시베리아를 뒤늦게야 찾은 아쉬움을 이러한 깨달음으로 만회할 수 있어 다행이다.

백범일지 (白凡逸志)

백범 김구 (金九) 자서전

"아무리 못났다 하더라도 국민의 하나, 민족의 하나라는 사실을 믿음으로 내가 할 수 있는 일을 쉬지 않고 해온 것이다. 이것이 내 생애요, 이 생애의 기록이 이 책이다." 신국판 · 476면 · 12,000원

어린이와 청소년이 함께 읽는 백범일지

김 구 지음 · 신경림(시인) 풀어씀

백범 선생이 직접 쓰신《백범일지》는 어린이가 곧바로 읽기에는 너무 어려운 책이었다. 그러나《어린이와 청소년이 함께 읽는 백범일지》는 청소년뿐 아니라 어린이가 읽기에도 큰 어려움이 없다. 이제 어린이와 청소년이 '일지'를 직접 읽고 선생의 나라와 민족을 사랑하는 마음을 잘 알게 될 것을 기대해 볼 수 있겠다. 이 책이 어린이와 청소년에게 많이 읽혀 민족의 스승이신 선생의 뜻이 이들의 마음속에 깊이 뿌리내리기를 바란다. 신국판 변형 · 258면 · 8,800원

"나는 우리나라가 세계에서 가장 아름다운 나라가 되기를 원한다."

온 겨레가 읽는 백범일지

김 구 지음
김상렬 (소설가) 풀어씀

신국판 · 328면 · 9,800원

민족의 자서전!

흔들림 없는 믿음과 의지를 가졌던 민족의 아버지 백범 김구 선생의 담대한 생애를 마주한다.

031) 955-4601 **나남**
www.nanam.net nanam

어느
독립운동가의
조국

회령, 중경 그리고
보스턴

윤재현 지음·김현주 엮음 | 신국판 | 592면 | 35,000원

한 식민지 청년의 목숨을 건 학병 탈출!
6천 리 대장정 끝에 광복군의 품에 안기다
김준엽 〈장정〉·장준하의 〈돌베개〉를 잇는 역작

조국을 잃은 시대에 '나의 조국'을 찾기 위해 회령, 중경, 보스턴을 헤매던 한 조선 청년의 진솔하고 치열한 이야기가 여기에 있다. 알려지지 않아 잊힐 수도 없었던 슬픈 독립운동가의 삶을 통해 오늘날 '우리의 조국'을 돌아보게 한다. 김준엽, 장준하와 함께 항일잡지 〈등불〉 창간 3인방이었던 윤재현의 글솜씨로 절절하게 써내려간 조국 이야기.

어느 한국 젊은이의 불운을 연민하기에 앞서 자유와 정의를 향한 그의 고결한 의지가 이 시대를 사는 우리의 태만과 방종을 꾸짖는 것만 같다. 난데없이 '조국' 두 글자를 소리내어 읽어 본다. 태어났지만 땅은 내 조국 것이 아니고 태어나면서부터 2류 시민, 불령선인(不逞鮮人)으로 낙인찍힌 채 평생을 살아야 하는 운명을 어찌 우리가 쉬이 헤아릴 수 있겠는가? 우리는 자기 나라가 없다는 것의 의미를 잘 모른다. 자기 나라를 건설하지 못했거나 남에게 땅을 빼앗기고 떠도는 민족의 고난을 뉴스를 통해서 접하며 작은 동정을 보냈을 정도일 것이다. 작아도 조국은 조국이다. 스스로 국가 경제를 유지할 수 없을 정도로 작은 나라들이지만 가난과 희생을 각오하고 독립하는 이유를 우리들은 잘 알고 있다.
— 엮은이 머리말 중

031-955-4601 www.nanam.net 나남 nanam